Best
합격을 기원합니다!
굴삭기운전기능사

박광암 편저

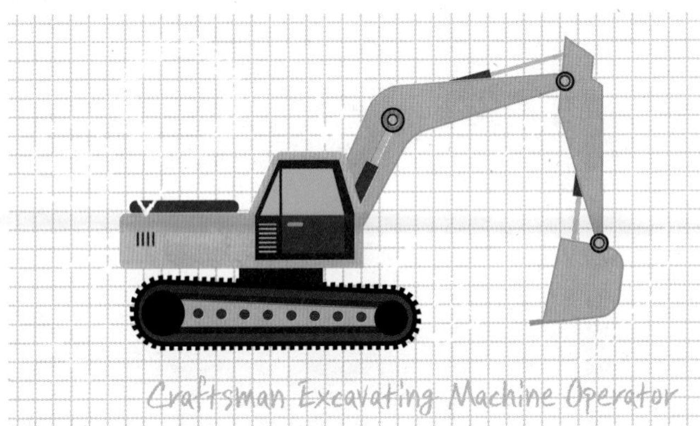
Craftsman Excavating Machine Operator

일진사

교통안전표지 일람표

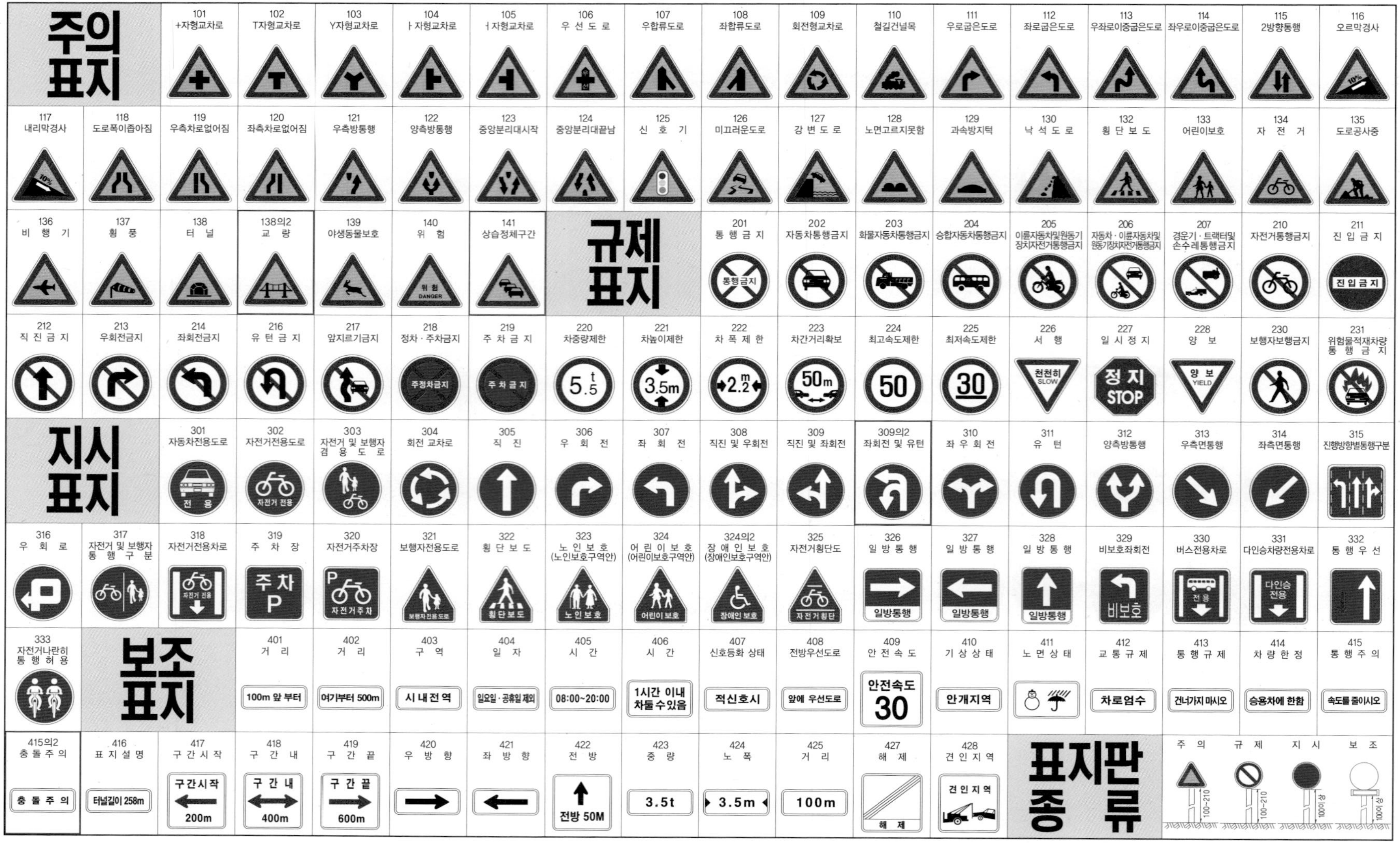
주의표지
101 +자형교차로
102 T자형교차로
103 Y자형교차로
104 ㅏ자형교차로
105 ㅓ자형교차로
106 우 선 도 로
107 우합류도로
108 좌합류도로
109 회전형교차로
110 철길건널목
111 우로굽은도로
112 좌로굽은도로
113 우좌로이중굽은도로
114 좌우로이중굽은도로
115 2방향통행
116 오르막경사
117 내리막경사
118 도로폭이좁아짐
119 우측차로없어짐
120 좌측차로없어짐
121 우측방통행
122 양측방통행
123 중앙분리대시작
124 중앙분리대끝남
125 신 호 기
126 미끄러운도로
127 강 변 도 로
128 노면고르지못함
129 과속방지턱
130 낙 석 도 로
132 횡 단 보 도
133 어린이보호
134 자 전 거
135 도로공사중
136 비 행 기
137 횡 풍
138 터 널
138의2 교 량
139 야생동물보호
140 위 험
위 험 DANGER
141 상습정체구간
규제표지
201 통 행 금 지
통행금지
202 자동차통행금지
203 화물자동차통행금지
204 승합자동차통행금지
205 이륜자동차및원동기장치자전거통행금지
206 자동차·이륜자동차및원동기장치자전거통행금지
207 경운기·트랙터및손수레통행금지
210 자전거통행금지
211 진 입 금 지
진 입 금 지
212 직 진 금 지
213 우회전금지
214 좌회전금지
216 유 턴 금 지
217 앞지르기금지
218 정차·주차금지
주정차금지
219 주 차 금 지
주 차 금 지
220 차중량제한
5.5 t
221 차높이제한
3.5m
222 차 폭 제 한
2.2 m
223 차간거리확보
50m
224 최고속도제한
50
225 최저속도제한
30
226 서 행
천천히 SLOW
227 일 시 정 지
정 지 STOP
228 양 보
양 보 YIELD
230 보행자보행금지
231 위험물적재차량 통 행 금 지
지시표지
301 자동차전용도로
전 용
302 자전거전용도로
자전거 전용
303 자전거 및 보행자 겸 용 도 로
304 회전 교차로
305 직 진
306 우 회 전
307 좌 회 전
308 직진 및 우회전
309 직진 및 좌회전
309의2 좌회전 및 유턴
310 좌 우 회 전
311 유 턴
312 양측방통행
313 우측면통행
314 좌측면통행
315 진행방향별통행구분
316 우 회 로
317 자전거 및 보행자 통 행 구 분
318 자전거전용차로
자전거 전용
319 주 차 장
주 차 P
320 자전거주차장
자전거주차
321 보행자전용도로
보행자전용도로
322 횡 단 보 도
횡 단 보 도
323 노 인 보 호 (노인보호구역안)
노 인 보 호
324 어 린 이 보 호 (어린이보호구역안)
어린이 보호
324의2 장 애 인 보 호 (장애인보호구역안)
장애인 보호
325 자전거횡단도
자전거횡단
326 일 방 통 행
일방통행
327 일 방 통 행
일방통행
328 일 방 통 행
일방통행
329 비보호좌회전
비보호
330 버스전용차로
전 용
331 다인승차량전용차로
다인승 전용
332 통 행 우 선
333 자전거나란히 통 행 허 용
보조표지
401 거 리
100m 앞 부터
402 거 리
여기부터 500m
403 구 역
시 내 전 역
404 일 자
일요일·공휴일 제외
405 시 간
08:00~20:00
406 시 간
1시간 이내 차둘 수 있음
407 신호등화 상태
적신호시
408 전방우선도로
앞에 우선도로
409 안 전 속 도
안전속도 30
410 기 상 상 태
안개지역
411 노 면 상 태
412 교 통 규 제
차로엄수
413 통 행 규 제
건너가지 마시오
414 차 량 한 정
승용차에 한함
415 통 행 주 의
속도를 줄이시오
415의2 충 돌 주 의
충 돌 주 의
416 표 지 설 명
터널길이 258m
417 구 간 시 작
구간시작 200m
418 구 간 내
구 간 내 400m
419 구 간 끝
구 간 끝 600m
420 우 방 향
421 좌 방 향
422 전 방
전방 50M
423 중 량
3.5t
424 노 폭
3.5m
425 거 리
100m
427 해 제
해 제
428 견 인 지 역
견 인 지 역
표지판 종류
주 의
규 제
지 시
보 조
100~210
100~210
100이상
100이상

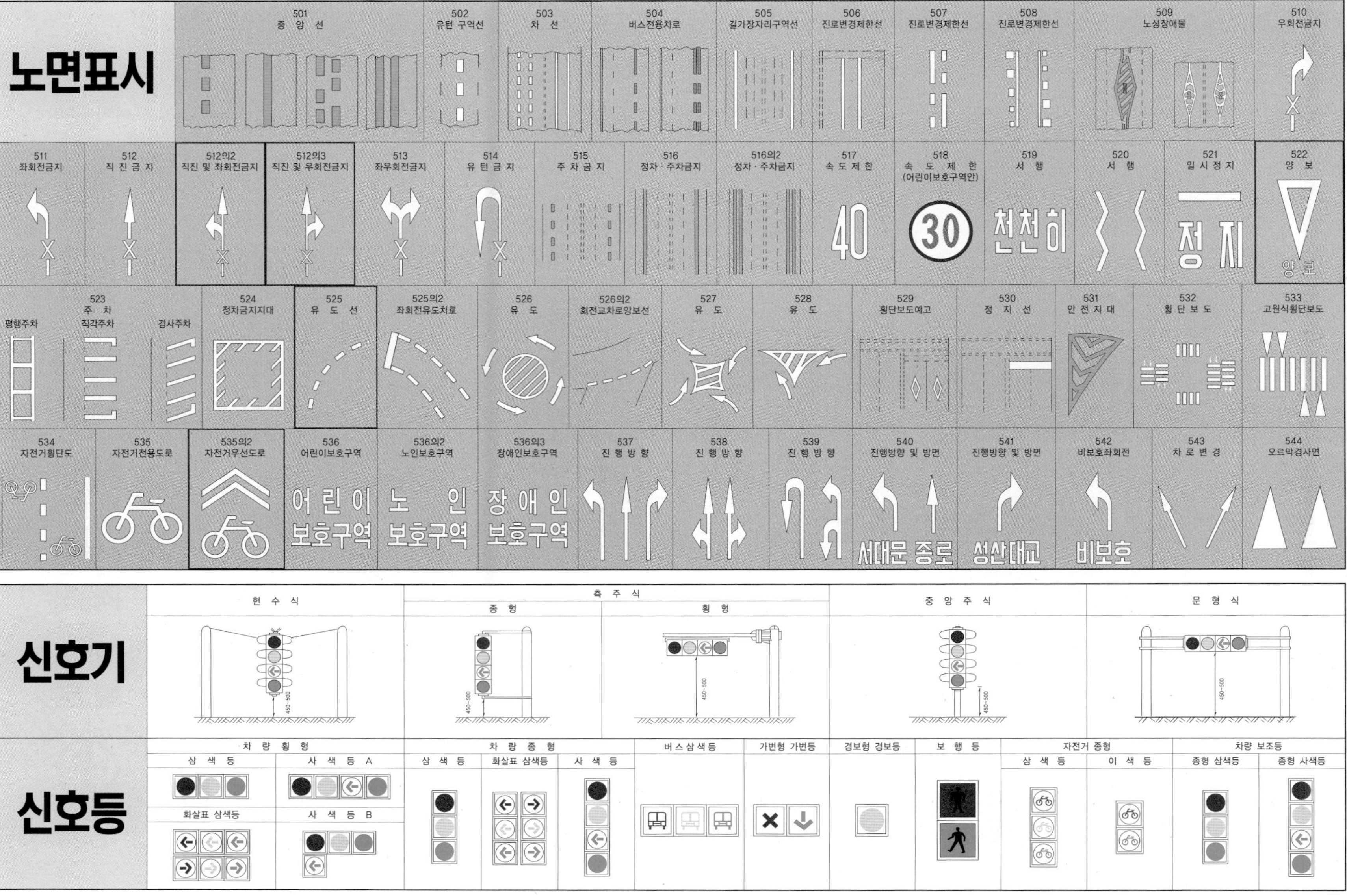

노면표시
501 중 앙 선
502 유턴 구역선
503 차 선
504 버스전용차로
505 길가장자리구역선
506 진로변경제한선
507 진로변경제한선
508 진로변경제한선
509 노상장애물
510 우회전금지
511 좌회전금지
512 직 진 금 지
512의2 직진 및 좌회전금지
512의3 직진 및 우회전금지
513 좌우회전금지
514 유 턴 금 지
515 주 차 금 지
516 정차 · 주차금지
516의2 정차 · 주차금지
517 속 도 제 한
40
518 속 도 제 한 (어린이보호구역안)
30
519 서 행
천천히
520 서 행
521 일 시 정 지
정 지
522 양 보
양 보
523 주 차
평행주차
직각주차
경사주차
524 정차금지지대
525 유 도 선
525의2 좌회전유도차로
526 유 도
526의2 회전교차로양보선
527 유 도
528 유 도
529 횡단보도예고
530 정 지 선
531 안 전 지 대
532 횡 단 보 도
533 고원식횡단보도
534 자전거횡단도
535 자전거전용도로
535의2 자전거우선도로
536 어린이보호구역
어 린 이
보호구역
536의2 노인보호구역
노 인
보호구역
536의3 장애인보호구역
장 애 인
보호구역
537 진 행 방 향
538 진 행 방 향
539 진 행 방 향
540 진행방향 및 방면
서대문 종로
541 진행방향 및 방면
성산대교
542 비보호좌회전
비보호
543 차 로 변 경
544 오르막경사면
신호기
현 수 식
측 주 식
종 형
횡 형
중 앙 주 식
문 형 식
450~500
신호등
차 량 횡 형
삼 색 등
사 색 등 A
화살표 삼색등
사 색 등 B
차 량 종 형
삼 색 등
화살표 삼색등
사 색 등
버 스 삼 색 등
가변형 가변등
경보형 경보등
보 행 등
자전거 종형
삼 색 등
이 색 등
차량 보조등
종형 삼색등
종형 사색등

산업안전 표지

금지 표지

출입 금지	차량 통행 금지	금연	탑승 금지	보행 금지	사용 금지	화기 금지	물체 이동 금지

경고 표지

인화성 물질 경고	산화성 물질 경고	폭발성 물질 경고	급성 독성 물질 경고	부식성 물질 경고	유해 물질 경고

방사성 물질 경고	고압 전기 경고	매달린 물체 경고	낙화물 경고	고온 경고	저온 경고

몸균형 상실 경고	레이저 광선 경고	위험 장소 경고			

지시 표지

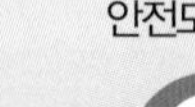

보안경 착용	방독 마스크 착용	방진 마스크 착용	보안면 착용	안전모 착용	귀마개 착용

안전화 착용	안전 장갑 착용	안전복 착용			

안내 표지

안전 제일	응급 구호 표시	들 것	세안 장치	비상구	좌측 비상구	우측 비상구	비상용 기구

유압 · 공기압 기호

기호	명칭	기호	명칭
	유압 펌프		공기압 모터
	가변조작 또는 조정수단	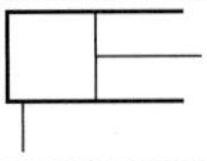	단동 실린더 편로드
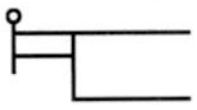	레버	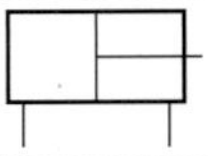	복동 실린더 편로드
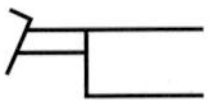	페달	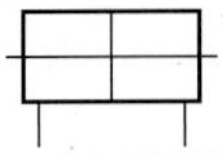	복동 실린더 양로드
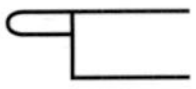	플런저	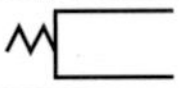	스프링
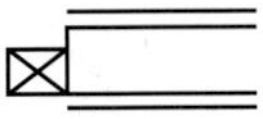	전기식 피드백		공기유압변환기 (단동형)
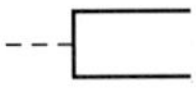	직접 파일럿 조작		드레인 배출기
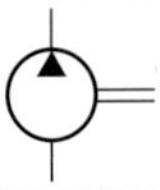	정용량형 유압펌프	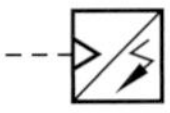	아날로그 변환기
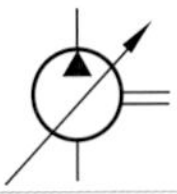	가변용량형 유압펌프	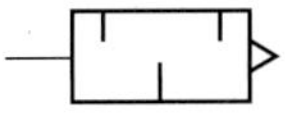	소음기
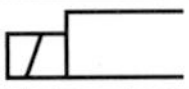	단동 솔레노이드		스톱 밸브
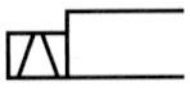	복동 솔레노이드		체크 밸브
	유압 동력원	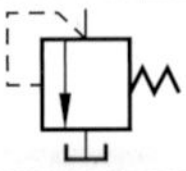	릴리프 밸브
	공기압 동력원	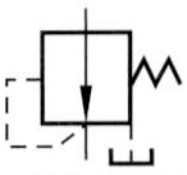	감압 밸브
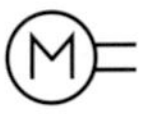 M	전동기	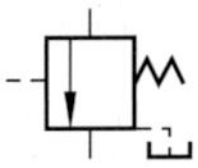	시퀀스 밸브
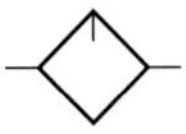	루브리케이터	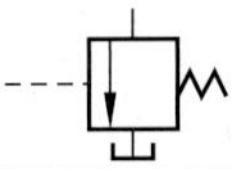	무부하 밸브
	기름탱크(통기식)		가변 교축 밸브
	공기탱크		어큐뮬레이터
	압력계	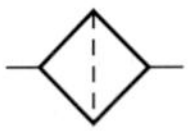	필터
	온도계	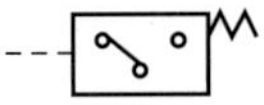	압력 스위치
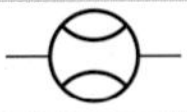	유량계	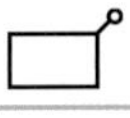	리밋스위치

한국산업인력공단에서 시행하는 국가기술자격검정 기능사 필기시험이 CBT 방식으로 달라졌습니다. CBT란 컴퓨터 기반 시험(Computer-Based Testing)의 약자로, 종이 시험지 없이 컴퓨터상에서 시험을 본다는 의미입니다. CBT 시험은 답안이 제출된 뒤 현장에서 바로 본인의 점수와 합격 여부를 확인할 수 있습니다.

Q-net에서 안내하는 CBT 시험 진행 절차는 다음과 같습니다.

신분 확인

시험 시작 전 수험자에게 배정된 좌석에 앉아 있으면 신분 확인 절차가 진행됩니다. 시험장 감독위원이 컴퓨터에 나온 수험자 정보와 신분증이 일치하는지를 확인하는 단계입니다.

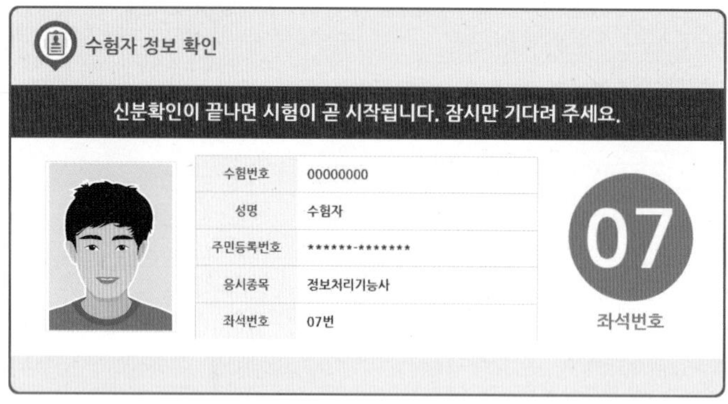

시험 준비

1. 안내사항

시험 안내사항을 확인합니다. 확인을 다하신 후 아래의 [다음] 버튼을 클릭합니다.

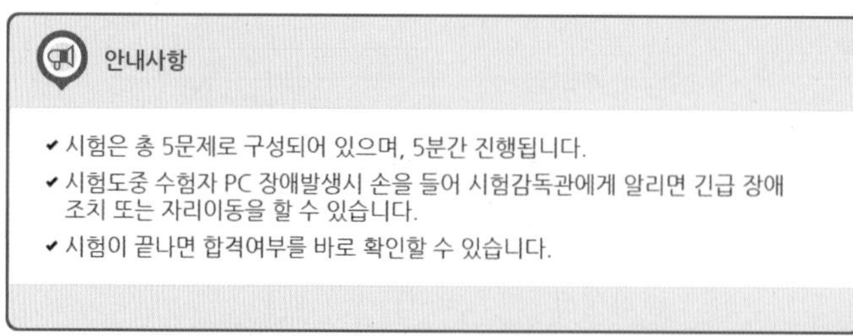

2. 유의사항

시험 유의사항을 확인합니다. [다음 유의사항 보기▶] 버튼을 클릭하여 유의사항 3쪽을 모두 확인합니다.

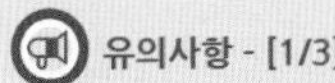

• 다음과 같은 부정행위가 발각될 경우 감독관의 지시에 따라 퇴실 조치되고, 시험은 무효로 처리되며, 3년간 국가기술자격검정에 응시할 자격이 정지됩니다.

✔ 시험 중 다른 수험자와 시험에 관련한 대화를 하는 행위
✔ 시험 중에 다른 수험자의 문제 및 답안을 엿보고 답안지를 작성하는 행위
✔ 다른 수험자를 위하여 답안을 알려주거나, 엿보게 하는 행위
✔ 시험 중 시험문제 내용과 관련된 물건을 휴대하여 사용하거나 이를 주고받는 행위

다음 유의사항 보기 ▶

3. 메뉴 설명

문제풀이 메뉴 설명을 확인하고 기능을 숙지합니다. 각 메뉴에 관한 모든 설명을 확인하신 후 아래의 [다음] 버튼을 클릭해 주세요.

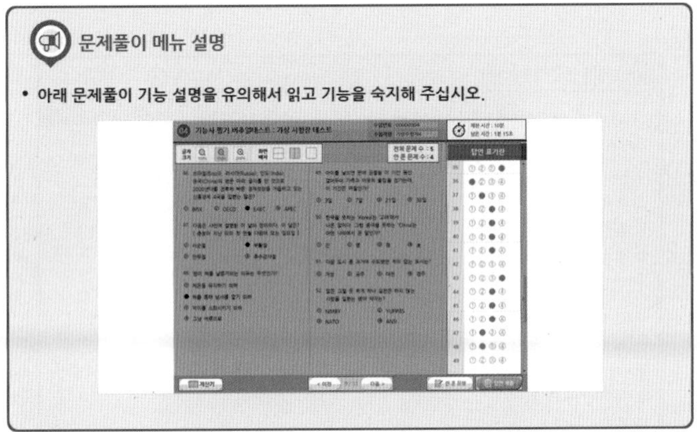

4. 문제풀이

자격검정 CBT 문제풀이 연습 버튼을 클릭하여 실제 시험과 동일한 방식의 문제풀이 연습을 준비합니다.

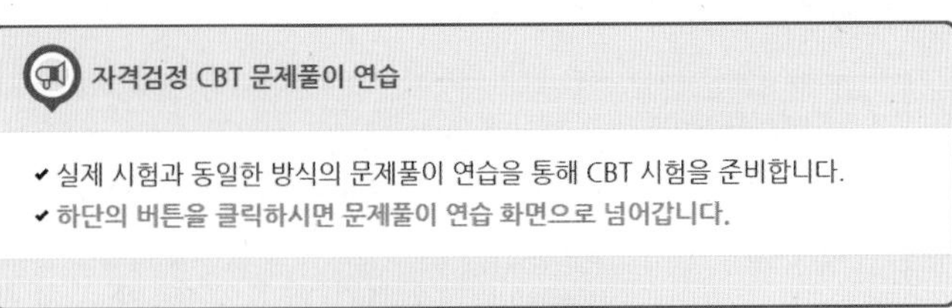

자격검정 CBT 문제풀이 연습

※ 조금 복잡한 자격검정 CBT 프로그램 사용법을 충분히 배웠습니다. [확인] 버튼을 클릭하세요.

5. 시험 준비 완료

시험 안내사항 및 문제풀이 연습까지 모두 마친 수험자는 시험 준비 완료 버튼을 클릭한 후 잠시 대기 합니다.

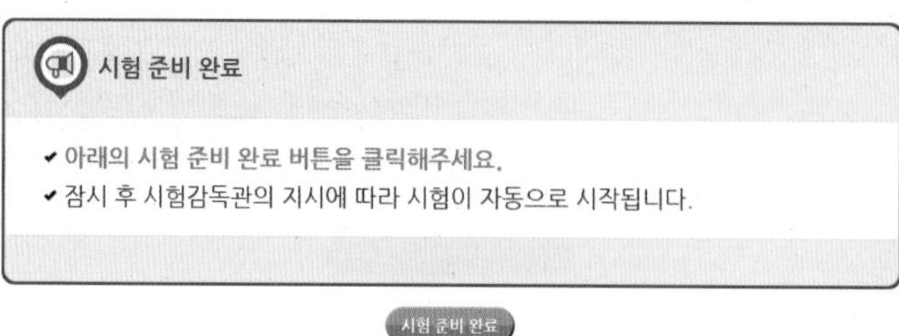

시험 시작

문제를 꼼꼼히 읽어보신 후 답안을 작성하시기 바랍니다. 시험을 다 보신 후 답안 제출 버튼을 클릭하세요.

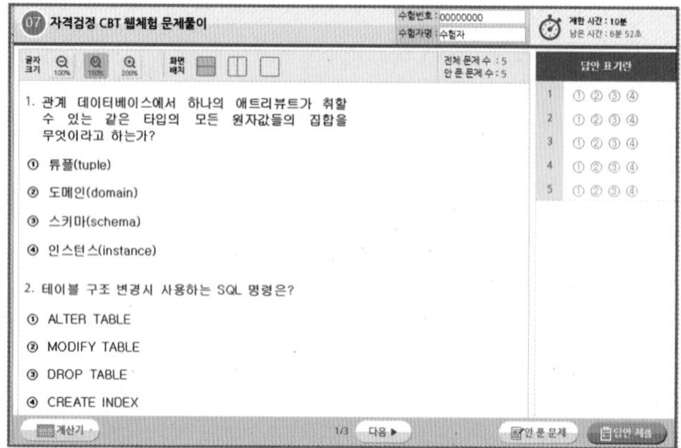

시험 종료

본인의 득점 및 합격 여부를 확인할 수 있습니다.

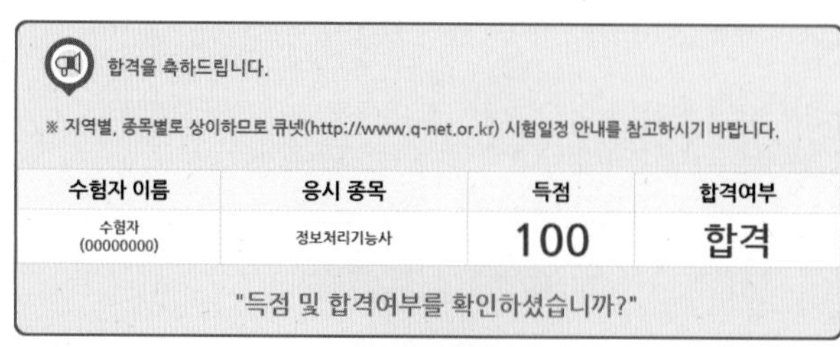

머리말

건설 산업 현장에서 건설기계는 그 효율성이 매우 높기 때문에 국가 산업 발전뿐만 아니라 각종 해외 공사에서까지 막대한 역할을 수행하고 있다.

최근 건설 및 토목 등의 분야에서 각종 건설기계가 다양하게 사용되고 있으며, 건설기계의 구조 및 성능도 날로 발전하고 있다.

이에 따라 건설 산업 현장에서 건설기계 조종사가 많이 필요하게 되었으나 현재는 이 기술 인력이 절대적으로 부족한 실정이다. 따라서 건설기계 조종사 면허증에 대한 효용가치가 그만큼 높아졌으며, 유망 직종으로 부각되고 있다.

이 책은 굴삭기운전기능사 필기시험을 준비하는 수험생들을 위해 새로 개정된 출제기준에 따라 짧은 시간 내에 마스터할 수 있도록 하는 데 중점을 두었으며, 다음과 같은 특징으로 구성하였다.

첫째, 개정된 출제기준에 맞추어 단원을 구성함으로써 수험생이 이해하기 쉽고 편리하도록 집필하였다.

둘째, 지금까지 출제된 기출문제들을 분석하여 각 단원별로 정리하였다.

셋째, 시험에 자주 출제되는 문제들의 핵심적인 내용을 정리하여 수록함으로써 시험 출제 경향을 파악할 수 있도록 하였다.

넷째, 부록으로 모의고사 문제를 수록하여 수험생들이 스스로 실력을 평가할 수 있도록 하였다.

끝으로 수험생 여러분들의 앞날에 합격의 기쁨과 발전이 있기를 기원하며, 부족한 점은 여러분들의 조언으로 계속하여 수정 · 보완할 것을 약속드린다. 또한 이 책이 세상에 나오기까지 물심양면으로 도와주신 **일진사** 직원 여러분께 깊은 감사의 말씀을 전한다.

저자 씀

굴삭기운전기능사 출제기준(필기)

직무 분야	건설	중직무 분야	건설기계운전	자격 종목	굴삭기운전기능사	적용 기간	2016.7.1. ~ 2021.6.30.
○ 직무내용 : 굴삭기운전은 건설 현장의 토목 공사를 위하여 장비를 조종하여 터파기, 깍기, 상차, 쌓기, 메우기 등의 작업을 수행하는 직무							
필기검정방법	객관식	문제 수	60	시험시간	1시간		

필기과목명	문제 수	주요항목	세부항목	세세항목
건설기계기관, 전기, 섀시, 굴삭기작업장치, 유압일반, 건설기계관리 법규 및 도로통행방법, 안전관리	60	1. 건설기계 기관장치	1. 기관의 구조, 기능 및 점검	1. 기관본체 2. 연료장치 3. 냉각장치 4. 윤활장치 5. 흡 · 배기장치
		2. 건설기계 전기장치	1. 전기장치의 구조, 기능 및 점검	1. 시동장치 2. 충전장치 3. 조명장치 4. 계기장치 5. 예열장치
		3. 건설기계 섀시장치	1. 섀시의 구조, 기능 및 점검	1. 동력전달장치 2. 제동장치 3. 조향장치 4. 주행장치
		4. 굴삭기 작업장치	1. 굴삭기 작업장치	1. 굴삭기 구조 2. 작업장치 기능 3. 작업방법
		5. 유압일반	1. 유압유	1. 유압유
			2. 유압기기	1. 유압펌프 2. 제어밸브 3. 유압실린더와 유압모터 4. 유압기호 및 회로 5. 기타 부속장치 등
		6. 건설기계관리법규 및 도로교통법	1. 건설기계 등록검사	1. 건설기계 등록 2. 건설기계 검사
			2. 면허 · 사업 · 벌칙	1. 건설기계 조종사의 면허 및 건설기계사업 2. 건설기계관리법규의 벌칙
			3. 건설기계의 도로교통법	1. 도로통행방법에 관한 사항 2. 도로교통법규의 벌칙
		7. 안전관리	1. 안전관리	1. 산업안전일반 2. 기계 · 기기 및 공구에 관한 사항 3. 환경오염방지장치
			2. 작업 안전	1. 작업 시 안전사항 2. 기타 안전 관련 사항

차 례

제1편 건설기계 기관장치

제2편 건설기계 전기장치

제3편 건설기계 섀시장치

제4편 굴삭기 작업장치

제5편 건설기계 유압장치

제6편 건설기계관리법 및 도로교통법

제7편 안전관리

부록 모의고사

굴삭기
운전기능사

제 1 편

건설기계 기관장치

제 1 장 기관의 개요 및 기관의 주요 부분

1-1 기관의 개요

(1) 기관(engine)의 정의

열기관(엔진)이란 열에너지를 기계적 에너지로 변환시키는 장치이다.

(2) 4행정 사이클 디젤기관의 작동 과정

① 피스톤이 흡입 → 압축 → 동력(폭발) → 배기의 4행정을 할 때 크랭크축은 2회전 하여 1사이클을 완성한다.

② 피스톤 행정이란 피스톤이 상사점(TDC)에서 하사점(BDC)으로 또는 하사점에서 상사점으로 이동한 거리이다.

1-2 기관의 주요 부분

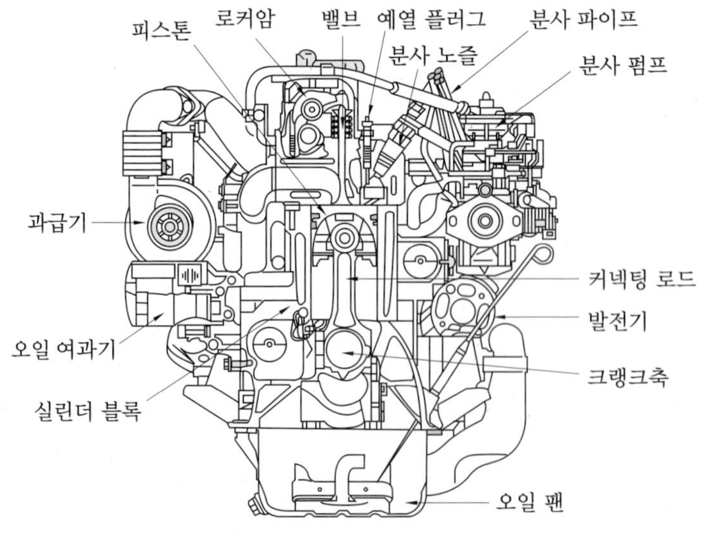

디젤기관 주요 부분의 구조

1 실린더 헤드(cylinder head)

(1) 실린더 헤드의 구조

헤드 개스킷을 사이에 두고 실린더 블록에 볼트로 설치되며, 피스톤, 실린더와 함께 연소실을 형성한다.

(2) 디젤기관의 연소실

연소실의 종류에는 단실식인 직접분사실식과 복실식인 예연소실식, 와류실식, 공기실식 등이 있다.

(3) 헤드 개스킷(head gasket)

실린더 헤드와 블록 사이에 삽입하여 압축과 폭발가스의 기밀을 유지하고 냉각수와 기관오일의 누출을 방지한다.

2 실린더 블록(cylinder block)

(1) 일체형 실린더

① 실린더 블록과 같은 재질로 실린더를 일체로 제작한 형식이다.
② 부품 수가 적고 무게가 가벼우며, 강성 및 강도가 크고, 냉각수 누출 우려가 적다.

(2) 실린더 라이너(cylinder liner)

실린더 블록과 라이너(실린더)를 별도로 제작한 후 라이너를 실린더 블록에 끼우는 형식으로 습식(라이너 바깥둘레가 냉각수와 직접 접촉함)과 건식이 있다.

3 피스톤(piston)

(1) 피스톤의 구비조건

① 중량이 작고, 고온 · 고압가스에 견딜 수 있을 것
② 블로바이(blow-by ; 실린더 벽과 피스톤 사이에서의 가스 누출)가 없을 것
③ 열전도율이 크고, 열팽창률이 적을 것

(2) 피스톤 간극

① 피스톤 간극이 작을 때의 영향

기관 작동 중 열팽창으로 인해 실린더와 피스톤 사이에서 고착(소결)이 발생한다.

② 피스톤 간극이 클 때의 영향

㈎ 기관 시동성능이 저하되고, 기관 출력이 감소한다.

㈏ 피스톤 링의 기능 저하로 기관오일이 연소실에 유입되어 소비가 많아진다.

㈐ 연료가 기관오일에 떨어져 희석되어 수명이 단축된다.

㈑ 피스톤 슬랩(piston slap)이 발생한다.

㈒ 블로바이에 의해 압축압력이 낮아진다.

4 피스톤 링(piston ring)

(1) 피스톤 링의 작용

① 기밀작용(밀봉작용)

② 오일제어 작용(실린더 벽의 오일 긁어내리기 작용)

③ 열전도 작용(냉각작용)

(2) 피스톤 링이 마모되었을 때의 영향

기관오일이 연소실로 올라와 연소하며, 배기가스 색깔은 회백색이 된다.

5 크랭크축(crank shaft)

① 피스톤의 직선운동을 회전운동으로 변환시키는 장치이다.

② 메인저널, 크랭크 핀, 크랭크 암, 밸런스 웨이트(평형추) 등으로 구성되어 있다.

6 플라이휠(fly wheel)

기관의 맥동적인 회전을 관성력을 이용하여 원활한 회전으로 바꾸어 준다.

7 밸브기구(valve train)

(1) 캠축과 캠(cam shaft & cam)

① 크랭크축으로부터 동력을 받아 흡입 및 배기밸브를 개폐시키는 작용을 한다.

② 4행정 사이클 기관의 크랭크축 기어와 캠축 기어의 지름비율은 1 : 2이고 회전비율은 2 : 1이다.

(2) 유압식 밸브 리프터(hydraulic valve lifter)

기관의 작동온도 변화에 관계없이 밸브간극을 0으로 유지시키는 방식으로, 특징은 다음과 같다.

① 밸브간극 조정이 자동으로 조절된다.
② 밸브개폐 시기가 정확하다.
③ 밸브기구의 내구성이 좋다.
④ 밸브기구의 구조가 복잡하다.

(3) 흡입 및 배기밸브(intake & exhaust valve)

① 밸브의 구비조건

㈎ 열에 대한 저항력이 크고, 열전도율이 좋을 것
㈏ 무게가 가볍고, 열팽창률이 작을 것
㈐ 고온과 고압가스에 잘 견딜 것

② 밸브의 구조

㈎ 밸브 헤드(valve head) : 고온 · 고압가스에 노출되며, 특히 배기밸브는 열부하가 매우 크다.
㈏ 밸브 페이스(valve face) : 밸브시트(seat)에 밀착되어 연소실 내의 기밀작용을 한다.
㈐ 밸브 스템(valve stem) : 밸브 가이드 내부를 상하 왕복운동하며 밸브헤드가 받는 열을 가이드를 통해 방출하고, 밸브의 개폐를 돕는다.
㈑ 밸브 가이드(valve guide) : 밸브의 상하운동 및 시트와 밀착을 바르게 유지하도록 밸브 스템을 안내한다.
㈒ 밸브 스프링(valve spring) : 밸브가 닫혀 있는 동안 밸브시트와 밸브 페이스를 밀착시켜 기밀을 유지시킨다.

③ 밸브간극(valve clearance)

㈎ 밸브간극이 작으면 밸브가 열려 있는 기간이 길어지므로 실화(miss fire)가 발생할 수 있다.
㈏ 밸브간극이 너무 크면 정상 작동온도에서 밸브가 완전히 열리지 못한다.

굴삭기 운전기능사

출제 예상 문제

01. 열에너지를 기계적 에너지로 변환시켜 주는 장치는?

① 펌프 ② 모터
③ 엔진 ④ 밸브

해설 엔진(열기관)이란 열에너지를 기계적 에너지로 변환시켜 주는 장치이다.

02. 디젤엔진의 장점으로 볼 수 없는 것은?

① 압축압력과 폭압압력이 크기 때문에 마력당 중량이 크다.
② 유해 배기가스 배출량이 적다.
③ 열효율이 높다.
④ 흡입행정 시 펌핑손실을 줄일 수 있다.

해설 디젤기관은 압축압력, 폭압압력이 크기 때문에 마력당 중량이 큰 단점이 있다.

03. 디젤기관의 일반적인 특징으로 가장 거리가 먼 것은?

① 소음이 크다.
② 마력당 무게가 무겁다.
③ 회전수가 높다.
④ 진동이 크다.

해설 디젤기관은 가솔린 기관보다 최고 회전수(rpm)가 낮다.

04. 공기만을 실린더 내로 흡입하여 고압축비로 압축한 후 압축열에 연료를 분사하는 작동원리의 디젤기관은?

① 압축착화 기관 ② 전기점화 기관
③ 외연기관 ④ 제트기관

해설 디젤기관은 흡입행정에서 공기만을 실린더 내로 흡입하여 고압축비로 압축한 후 압축열에 연료를 분사하여 자기 착화하는 압축착화 기관이다.

05. 4행정 사이클 엔진은 피스톤이 흡입 → 압축 → 동력 → 배기의 4행정을 하면서 1사이클을 완료하며 크랭크축은 몇 회전하는가?

① 1회전 ② 2회전 ③ 3회전 ④ 4회전

해설 4행정 사이클 기관은 크랭크축이 2회전하고, 피스톤은 흡입 → 압축 → 동력(폭발) → 배기의 4행정을 하여 1사이클을 완성한다.

06. 기관에서 피스톤의 행정이란?

① 피스톤의 길이이다.
② 실린더 벽의 상하 길이이다.
③ 상사점과 하사점과의 총면적이다.
④ 상사점과 하사점과의 거리이다.

해설 피스톤의 행정이란 상사점(TDC)과 하사점(BDC)까지의 거리이다.

07. 4행정 사이클 기관의 행정순서로 옳은 것은?

① 압축 → 흡입 → 동력 → 배기
② 흡입 → 압축 → 동력 → 배기
③ 압축 → 동력 → 흡입 → 배기
④ 흡입 → 동력 → 압축 → 배기

08. 4행정 사이클 디젤기관에서 흡입행정 시 실린더 내에 흡입되는 것은?

정답 01 ③ 02 ① 03 ③ 04 ① 05 ② 06 ④ 07 ② 08 ②

① 혼합기 ② 공기
③ 스파크 ④ 연료

해설 디젤기관은 흡입행정에서 공기만 흡입한다.

09. 디젤기관의 압축비가 높은 이유는?

① 연료의 무화를 양호하게 하기 위하여
② 공기의 압축열로 착화시키기 위하여
③ 기관과열과 진동을 적게 하기 위하여
④ 연료의 분사를 높게 하기 위하여

해설 디젤기관의 압축비가 높은 이유는 공기의 압축열로 자기 착화시키기 위함이다.

10. 디젤기관에서 실린더의 압축압력이 저하하는 주요 원인으로 틀린 것은?

① 실린더 벽이 마멸되었을 때
② 피스톤 링의 탄력이 부족할 때
③ 헤드 개스킷이 파손되어 누설이 있을 때
④ 연소실 내부에 카본이 누적되었을 때

해설 연소실 내부에 카본이 누적되면 기관이 과열하기 쉽다.

11. 4행정 사이클 디젤기관에서 흡입밸브와 배기밸브가 모두 닫혀 있는 행정은?

① 흡입행정과 압축행정
② 압축행정과 동력행정
③ 흡입행정과 배기행정
④ 동력행정과 배기행정

해설 흡입밸브와 배기밸브가 모두 닫혀 있는 행정은 압축행정과 동력(폭발)행정이다.

12. 기관에서 폭발행정 말기에 배기가스가 실린더 내의 압력에 의해 배기밸브를 통해 배출되는 현상은?

① 블로바이 ② 블로백
③ 블로다운 ④ 블로업

해설 블로다운(blow down)이란 폭발행정 말기, 즉 배기행정 초기에 배기밸브가 열려 실린더 내의 압력에 의해서 배기가스가 배기밸브를 통해 스스로 배출되는 현상을 말한다.

13. 2행정 사이클 디젤기관의 흡입과 배기행정에 관한 설명으로 틀린 것은?

① 피스톤이 하강하여 소기포트가 열리면 예압된 공기가 실린더 내로 유입된다.
② 압력이 낮아진 나머지 연소가스가 압출되어 실린더 내는 와류를 동반한 새로운 공기로 가득 차게 된다.
③ 연소가스가 자체의 압력에 의해 배출되는 것을 블로바이라고 한다.
④ 동력행정의 끝부분에서 배기밸브가 열리고 연소가스가 자체의 압력으로 배출이 시작된다.

해설 연소가스가 자체의 압력에 의해 배출되는 것을 블로다운이라고 한다.

14. 2행정 사이클 기관에만 해당되는 과정(행정)은?

① 동력행정 ② 소기행정
③ 흡입행정 ④ 압축행정

해설 소기행정은 실린더 내의 잔류가스를 내보내고 새로운 공기를 실린더 내에 공급하는 행정이며, 2행정 사이클 기관에만 해당된다.

15. 2행정 사이클 디젤기관의 소기방식에 속하지 않는 것은?

① 루프소기 방식 ② 횡단소기 방식
③ 복류소기 방식 ④ 단류소기 방식

해설 소기방식에는 단류소기 방식, 횡단소기 방식, 루프소기 방식이 있다.

정답 09 ② 10 ④ 11 ② 12 ③ 13 ③ 14 ② 15 ③

16. 디젤기관에서 실화(miss fire)할 때 나타나는 현상으로 옳은 것은?

① 기관회전이 불량해진다.
② 냉각수가 유출된다.
③ 기관이 과랭한다.
④ 연료소비가 감소한다.

해설 실화가 발생하면 기관의 회전이 불량해진다.

17. 디젤기관의 연소실 형상과 관련이 적은 것은?

① 기관출력 ② 공전속도
③ 열효율 ④ 운전 정숙도

해설 기관의 연소실 형상에 따라 기관출력, 열효율, 운전 정숙도, 노크발생 빈도 등이 달라진다.

18. 〈보기〉에 나타낸 것은 기관에서 어느 구성부품을 형태에 따라 구분한 것인가?

보기
직접분사식, 예연소실식, 와류실식, 공기실식

① 동력전달장치
② 연소실
③ 점화장치
④ 연료분사장치

해설 디젤기관 연소실은 단실식인 직접분사식과 복실식인 예연소실식, 와류실식, 공기실식 등으로 나누어진다.

19. 기관 연소실이 갖추어야 할 조건으로 가장 거리가 먼 것은?

① 압축 끝에서 혼합기의 와류를 형성하는 구조일 것
② 연소실 내에 돌출부분이 없을 것
③ 화염전파 거리가 짧을 것
④ 연소실 내의 표면적은 최대가 되도록 할 것

해설 연소실 내의 표면적은 최소가 되도록 하여야 한다.

20. 디젤기관의 연소실 중 연료소비율이 낮으며 연소압력이 가장 높은 연소실 형식은?

① 예연소실식 ② 와류실식
③ 직접분사실식 ④ 공기실식

해설 직접분사실식은 열효율이 높고, 연료소비율이 낮으며 연소압력이 가장 높다.

21. 디젤기관에서 직접분사식 연소실의 장점이 아닌 것은?

① 냉간 시동이 용이하다.
② 연소실 구조가 간단하다.
③ 연료소비율이 낮다.
④ 저질 연료사용이 가능하다.

해설 직접분사실식은 사용연료 변화에 매우 민감하므로 저질 연료사용이 어려운 단점이 있다.

22. 예연소실식 연소실에 대한 설명으로 틀린 것은?

① 연료의 분사압력이 낮다.
② 예열플러그가 필요하다.
③ 예연소실은 주연소실보다 작다.
④ 사용연료의 변화에 민감하다.

해설 예연소실식 연소실은 사용연료의 변화에 둔감하다.

23. 실린더 헤드와 블록 사이에 삽입하여 압축과 폭발가스의 기밀을 유지하고 냉각수와 엔진오일이 누출되는 것을 방지하

정답 16 ① 17 ② 18 ② 19 ④ 20 ③ 21 ④ 22 ④ 23 ②

는 역할을 하는 것은?

① 헤드 워터재킷 ② 헤드 개스킷
③ 헤드 오일 통로 ④ 헤드 볼트

해설 헤드 개스킷은 실린더 헤드와 블록 사이에 삽입하여 압축과 폭발가스의 기밀을 유지하고 냉각수와 엔진오일이 누출되는 것을 방지한다.

24. 실린더 헤드 개스킷에 대한 구비조건으로 틀린 것은?

① 기밀유지가 좋을 것
② 내열성과 내압성이 있을 것
③ 복원성이 적을 것
④ 강도가 적당할 것

해설 헤드 개스킷은 복원성이 있어야 한다.

25. 기관에서 사용되는 일체형 실린더의 특징이 아닌 것은?

① 냉각수 누출 우려가 적다.
② 라이너 형식보다 내마모성이 높다.
③ 부품 수가 적고 중량이 가볍다.
④ 강성 및 강도가 크다.

해설 일체형 실린더는 부품 수가 적고 중량이 가벼우며, 강성 및 강도가 크고 냉각수 누출 우려가 적으나 라이너 형식보다 내마모성이 다소 낮다.

26. 실린더 라이너(cylinder liner)에 대한 설명으로 틀린 것은?

① 종류는 습식과 건식이 있다.
② 슬리브(sleeve)라고도 한다.
③ 냉각효과는 습식보다 건식이 더 좋다.
④ 습식은 냉각수가 실린더 안으로 들어갈 염려가 있다.

해설 라이너의 냉각효과는 냉각수가 라이너 바깥둘레와 직접 접촉하는 습식이 더 좋다.

27. 기관 실린더(cylinder) 벽에서 마멸이 가장 크게 발생하는 부위는?

① 중간 부근
② 하사점 이하
③ 하사점 부근
④ 상사점 부근

해설 실린더 벽의 마멸은 상사점 부근(윗부분)이 가장 크다.

28. 실린더의 내경이 행정보다 작은 기관을 무엇이라고 하는가?

① 스퀘어 기관 ② 단 행정기관
③ 장 행정기관 ④ 정방행정 기관

해설 장 행정기관은 실린더의 내경이 피스톤 행정보다 작은 형식이다.

29. 기관의 실린더 수가 많을 때의 장점이 아닌 것은?

① 가속이 원활하고 신속하다.
② 연료소비가 적고 큰 동력을 얻을 수 있다.
③ 저속회전이 용이하고 큰 동력을 얻을 수 있다.
④ 기관의 진동이 적다.

해설 실린더 수가 많으면 연료소비가 많아진다.

30. 디젤기관에서 실린더가 마모되었을 때 발생할 수 있는 현상이 아닌 것은?

① 윤활유 소비량이 증가한다.
② 연료 소비량이 증가한다.
③ 압축압력이 증가한다.
④ 블로바이(blow-by) 가스의 배출이 증가한다.

해설 실린더 벽이 마모되면 압축압력이 낮아진다.

정답 24 ③ 25 ② 26 ③ 27 ④ 28 ③ 29 ② 30 ③

31. 피스톤의 구비조건으로 틀린 것은?

① 고온 · 고압에 견딜 것
② 피스톤 중량이 클 것
③ 열팽창률이 적을 것
④ 열전도가 잘될 것

해설 피스톤은 중량이 작아야 한다.

32. 피스톤의 형상에 의한 종류 중에 측압부의 스커트 부분을 떼어 내 경량화하여 고속엔진에 많이 사용하는 피스톤은 어느 것인가?

① 슬리퍼 피스톤
② 풀 스커트 피스톤
③ 스플릿 피스톤
④ 솔리드 피스톤

해설 슬리퍼 피스톤은 측압부의 스커트 부분을 떼어 내 경량화하여 고속엔진에 많이 사용한다.

33. 〈보기〉에서 피스톤과 실린더 벽 사이의 간극이 클 때 미치는 영향을 모두 나타낸 것은?

보기
㉮ 마찰열에 의해 소결되기 쉽다. ㉯ 블로바이에 의해 압축압력이 낮아진다. ㉰ 피스톤 링의 기능 저하로 인하여 오일이 연소실에 유입되어 오일 소비가 많아진다. ㉱ 피스톤 슬랩 현상이 발생되며, 기관 출력이 저하된다.

① ㉮, ㉯, ㉰ ② ㉰, ㉱
③ ㉯, ㉰, ㉱ ④ ㉮, ㉯, ㉰, ㉱

해설 피스톤 간극이 작으면 마찰열에 의해 소결되기 쉽다.

34. 디젤기관의 피스톤이 고착되는 원인으로 틀린 것은?

① 기관이 과열되었을 때
② 기관오일이 부족하였을 때
③ 압축압력이 너무 낮을 때
④ 냉각수량이 부족할 때

해설 **피스톤이 고착되는 원인** : 피스톤 간극이 작을 때, 기관오일이 부족하였을 때, 기관이 과열되었을 때, 냉각수량이 부족할 때

35. 피스톤 링의 구비조건으로 틀린 것은?

① 고온에서도 탄성을 유지할 것
② 열팽창률이 적을 것
③ 피스톤 링이나 실린더 마모가 적을 것
④ 피스톤 링 이음 부분의 압력을 크게 할 것

해설 피스톤 링은 실린더 벽 재질보다 다소 경도가 낮고, 링 이음 부분의 압력이 작아야 한다.

36. 디젤기관에서 피스톤 링의 작용으로 틀린 것은?

① 기밀작용
② 완전연소 억제 작용
③ 열전도 작용
④ 오일 제어 작용

해설 피스톤 링의 작용은 기밀작용(밀봉작용), 오일 제어 작용, 열전도 작용이 있다.

37. 엔진오일이 연소실로 올라오는 주된 이유는?

① 커넥팅 로드가 마모되었을 때
② 피스톤 핀이 마모되었을 때

정답 31 ② 32 ① 33 ③ 34 ③ 35 ④ 36 ② 37 ③

③ 피스톤 링이 마모되었을 때
④ 크랭크축이 마모되었을 때

해설 피스톤 링이 마모되면 기관오일이 연소실로 올라와 연소하므로 오일의 소모가 증가하며 이때 배기가스 색이 회백색이 된다.

38. 건설기계 디젤기관에서 크랭크축의 역할은?

① 원활한 직선운동을 하는 장치이다.
② 상하운동을 좌우운동으로 변환시키는 장치이다.
③ 기관의 진동을 줄이는 장치이다.
④ 직선운동을 회전운동으로 변환시키는 장치이다.

해설 크랭크축은 피스톤의 직선운동을 회전운동으로 변환시키는 장치이다.

39. 건설기계 엔진에서 크랭크축(crank shaft)의 구성품이 아닌 것은?

① 메인저널(main journal)
② 플라이휠(fly wheel)
③ 크랭크 암(crank arm)
④ 크랭크 핀(crank pin)

해설 크랭크축은 메인저널, 크랭크 핀, 크랭크 암, 평형추 등으로 구성되어 있다.

40. 크랭크축은 플라이휠을 통하여 동력을 전달해 주는 역할을 하는데 회전균형을 위해 크랭크 암에 설치되어 있는 것은?

① 크랭크 베어링
② 메인저널
③ 밸런스 웨이트
④ 크랭크 핀

해설 밸런스 웨이트(balance weight)는 크랭크축의 회전균형을 위하여 크랭크 암에 설치되어 있다.

41. 크랭크축의 위상각이 180°이고 5개의 메인 베어링에 의해 크랭크 케이스에 지지되는 엔진은?

① 2실린더 엔진
② 3실린더 엔진
③ 4실린더 엔진
④ 5실린더 엔진

해설 4실린더 엔진은 크랭크축의 위상각이 180°이고 5개의 메인 베어링에 의해 크랭크 케이스에 지지된다.

42. 크랭크축의 비틀림 진동에 대한 설명으로 틀린 것은?

① 강성이 클수록 크다.
② 크랭크축이 길수록 크다.
③ 각 실린더의 회전력 변동이 클수록 크다.
④ 회전 부분의 질량이 클수록 크다.

해설 크랭크축에서 비틀림 진동은 크랭크축의 강도와 강성이 작을수록 크다.

43. 기관의 크랭크축 베어링의 구비조건으로 틀린 것은?

① 추종 유동성이 있을 것
② 내피로성이 클 것
③ 매입성이 있을 것
④ 마찰계수가 클 것

해설 크랭크축 베어링은 마찰계수가 작아야 한다.

44. 공회전 상태의 기관에서 크랭크축의 회전과 관계없이 작동되는 기구는?

① 워터펌프 ② 스타트 모터
③ 발전기 ④ 캠 샤프트

해설 스타트 모터(기동전동기)는 축전지의 전류로 작동된다.

정답 38 ④ 39 ② 40 ③ 41 ③ 42 ① 43 ④ 44 ②

45. **엔진의 맥동적인 회전 관성력을 원활한 회전으로 바꾸어 주는 역할을 하는 것은?**

① 플라이휠 ② 커넥팅 로드
③ 크랭크축 ④ 피스톤

해설 플라이휠은 엔진의 맥동적인 회전을 관성력을 이용하여 원활한 회전으로 바꾸어 준다.

46. **엔진의 동력을 전달하는 계통의 순서를 바르게 나타낸 것은?**

① 피스톤 → 클러치 → 크랭크축 → 커넥팅 로드
② 피스톤 → 크랭크축 → 커넥팅 로드 → 클러치
③ 피스톤 → 커넥팅 로드 → 크랭크축 → 클러치
④ 피스톤 → 커넥팅 로드 → 클러치 → 크랭크축

해설 실린더 내에서 폭발이 일어나면 피스톤 → 커넥팅 로드 → 크랭크축 → 플라이휠(클러치) 순서로 전달된다.

47. **4행정 사이클 디젤기관에서 크랭크축 기어와 캠축 기어와의 지름의 비율 및 회전 비율은 각각 얼마인가?**

① 1 : 2 및 2 : 1
② 2 : 1 및 1 : 2
③ 1 : 2 및 1 : 2
④ 2 : 1 및 2 : 1

해설 4행정 사이클 디젤기관에서 크랭크축 기어와 캠축 기어와의 지름의 비율은 1 : 2이고, 회전비율은 2 : 1이다.

48. **유압식 밸브 리프터의 장점이 아닌 것은?**

① 밸브기구의 내구성이 좋다.
② 밸브구조가 간단하다.
③ 밸브간극 조정은 자동으로 조절된다.
④ 밸브개폐 시기가 정확하다.

해설 유압식 밸브 리프터는 밸브기구의 구조가 복잡한 단점이 있다.

49. **흡입과 배기밸브의 구비조건이 아닌 것은?**

① 열에 대한 저항력이 작을 것
② 열전도율이 좋을 것
③ 열에 대한 팽창률이 적을 것
④ 가스에 견디고 고온에 잘 견딜 것

해설 흡입과 배기밸브는 열에 대한 저항력이 커야 한다.

50. **기관의 밸브장치 중 밸브 가이드 내부를 상하 왕복운동하며 밸브헤드가 받는 열을 가이드를 통해 방출하고, 밸브의 개폐를 돕는 부품의 명칭은?**

① 밸브 페이스 ② 밸브 시트
③ 밸브 스프링 ④ 밸브 스템

해설 밸브 스템은 밸브 가이드 내부를 상하 왕복운동하며 밸브헤드가 받는 열을 가이드를 통해 방출하고, 밸브의 개폐를 돕는다.

51. **기관의 밸브가 닫혀 있는 동안 밸브시트와 밸브 페이스를 밀착시켜 기밀이 유지되도록 하는 것은?**

① 밸브 가이드 ② 밸브 리테이너
③ 밸브 스프링 ④ 밸브 스템

해설 밸브 스프링은 밸브가 닫혀 있는 동안 밸브시트와 밸브 페이스를 밀착시켜 기밀을 유지시킨다.

정답 45 ① 46 ③ 47 ① 48 ② 49 ① 50 ④ 51 ③

52. 기관의 밸브간극이 너무 클 때 발생하는 현상에 관한 설명으로 올바른 것은?

① 정상온도에서 밸브가 확실하게 닫히지 않는다.

② 정상온도에서 밸브가 완전히 개방되지 않는다.

③ 푸시로드가 변형된다.

④ 밸브 스프링의 장력이 약해진다.

해설 밸브간극이 너무 크면 정상작동 온도에서 밸브가 완전히 개방되지 않는다.

53. 밸브간극이 작을 때 일어나는 현상으로 옳은 것은?

① 기관이 과열된다.

② 밸브시트의 마모가 심하다.

③ 실화가 일어날 수 있다.

④ 밸브가 적게 열리고 닫히기는 꽉 닫힌다.

해설 밸브간극이 작으면 실화가 발생할 수 있다.

54. 건설기계 기관의 압축압력 측정 방법으로 틀린 것은?

① 기관의 분사노즐을 모두 제거한다.

② 습식시험을 먼저 하고 건식시험을 나중에 한다.

③ 기관을 정상온도로 작동시킨다.

④ 축전지의 충전상태를 점검한다.

해설 습식시험이란 건식시험을 실시한 후 분사노즐 설치구멍으로 기관오일을 10cc 정도 넣고 1분 후에 다시 하는 시험이며, 밸브불량, 실린더 벽 및 피스톤 링, 헤드 개스킷 불량 등의 상태를 판단하기 위함이다.

정답 52 ② 53 ③ 54 ②

제 2 장 연료장치

2-1 디젤기관 연료장치(fuel system)의 개요

(1) 디젤기관 연료의 구비조건

① 연소속도가 빠르고, 점도가 적당할 것
② 자연발화점이 낮을 것(착화가 쉬울 것)
③ 세탄가가 높고, 발열량이 클 것
④ 카본의 발생이 적을 것
⑤ 온도변화에 따른 점도변화가 적을 것

(2) 연료의 착화성

디젤기관 연료(경유)의 착화성은 세탄가로 표시한다.

(3) 디젤기관의 연소과정

착화지연기간 → 화염전파기간 → 직접연소기간 → 후 연소기간으로 구성된다.

(4) 디젤기관의 노크(노킹, knock or knocking)

착화지연기간이 길 때 연소실에 누적된 연료가 많아 일시에 연소되어 실린더 내의 압력상승이 급격하게 되어 발생하는 현상이다.

2-2 디젤기관 연료장치(기계제어)의 구조와 작용

1 연료탱크(fuel tank)

연료탱크는 주행 및 작업에 필요한 연료를 저장하는 용기이며, 겨울철에는 공기 중의 수증기가 응축하여 물이 되어 들어가므로 작업 후 탱크에 연료를 가득 채워 두어야 한다.

2 연료 여과기(fuel filter)

연료 중의 수분 및 불순물을 걸러 주며, 오버플로 밸브, 드레인 플러그, 여과망(엘리먼트), 중심파이프, 케이스로 구성된다.

3 연료공급펌프(feed pump)

① 연료탱크 내의 연료를 연료 여과기를 거쳐 분사펌프의 저압 부분으로 공급한다.
② 연료계통의 공기빼기 작업에 사용하는 프라이밍 펌프(priming pump)가 설치되어 있다.

4 분사펌프(injection pump)

연료공급펌프에서 보내 준 저압의 연료를 압축하여 분사 순서에 맞추어 고압의 연료를 분사노즐로 압송시키는 것으로 조속기와 타이머가 설치되어 있다.

5 분사노즐(injection nozzle, 인젝터)

① 분사펌프에서 보내온 고압의 연료를 미세한 안개 모양으로 연소실 내에 분사한다.
② 연료분사의 3대 조건은 무화(안개 모양), 분산(분포), 관통력이다.

6 전자제어 디젤기관 연료장치(커먼레일 장치)

(1) 전자제어 디젤기관의 연료장치

커먼레일 디젤엔진의 연료장치는 연료탱크, 연료 여과기, 저압연료펌프, 고압연료펌프, 커먼레일, 인젝터로 구성되어 있다.

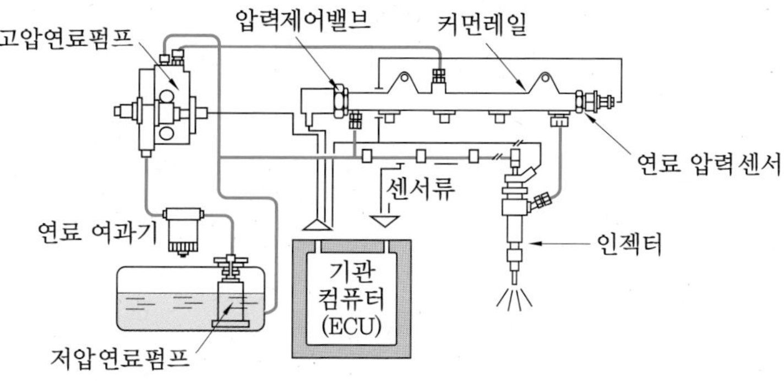

전자제어 디젤기관의 연료장치

(2) ECU(컴퓨터)의 입력요소(각종 센서)

① **공기유량센서(AFS, air flow sensor)** : 열막(hot film) 방식을 사용하며, 주요 기능은 EGR(exhaust gas recirculation, 배기가스 재순환) 피드백(feed back) 제어이다. 또 다른 기능은 스모그(smog) 제한 부스트 압력제어(매연 발생을 감소시키는 제어)이다.

② **흡기온도센서(ATS, air temperature sensor)** : 부특성 서미스터를 사용하며, 연료분사량, 분사 시기, 시동할 때 연료분사량 제어 등의 보정신호로 사용된다.

③ **연료온도센서(FTS, fuel temperature sensor)** : 부특성 서미스터를 사용하며, 연료온도에 따른 연료분사량 보정신호로 사용된다.

④ **수온센서(WTS, water temperature sensor)** : 부특성 서미스터를 사용하며, 기관온도에 따른 연료분사량을 증감하는 보정신호로 사용되며, 기관의 온도에 따른 냉각팬 제어신호로도 사용된다.

⑤ **크랭크축 위치센서(CPS, crank position sensor)** : 크랭크축과 일체로 되어 있는 센서 휠(톤 휠)의 돌기를 검출하여 크랭크축의 각도 및 피스톤의 위치, 기관 회전속도 등을 검출한다.

⑥ **가속페달 위치센서(APS, accelerator position sensor)** : 운전자가 가속페달을 밟은 정도를 ECU로 전달하는 센서이며, 센서 1에 의해 연료분사량과 분사 시기가 결정되고, 센서 2는 센서 1을 감시하는 기능으로 차량의 급출발을 방지하기 위한 것이다.

⑦ **연료압력센서(RPS, rail pressure sensor)** : 반도체 피에조 소자(압전소자)를 사용한다. 이 센서의 신호를 받아 ECU는 연료분사량 및 분사 시기 조정신호로 사용한다.

(3) ECU(컴퓨터)의 출력요소

① **압력제한밸브** : 커먼레일에 설치되어 커먼레일 내의 연료압력이 규정 값보다 높아지면 ECU의 신호에 의해 열려 연료의 일부를 연료탱크로 복귀시킨다.

② **인젝터(Injector)** : 인젝터는 고압연료펌프로부터 송출된 연료가 커먼레일을 통하여 인젝터로 공급되며, 연료를 연소실에 직접 분사한다. 인젝터의 점검항목은 저항, 연료분사량, 작동음이다.

③ **EGR 밸브** : EGR(배기가스 재순환) 밸브는 기관에서 배출되는 가스 중 질소산화물(NOx) 배출을 억제하기 위한 밸브이다.

굴삭기 운전기능사

출제 예상 문제

01. 디젤기관에서 사용하는 연료의 구비조건으로 옳은 것은?

① 착화점이 높을 것
② 황(S)의 함유량이 많을 것
③ 발열량이 클 것
④ 점도가 높고 약간의 수분이 섞여 있을 것

해설 연료는 착화점이 낮고, 발열량이 크고, 황(S)의 함유량이 적고, 연소속도가 빠르고, 점도가 알맞고 수분이 섞여 있지 않아야 한다.

02. 디젤기관에서 연료의 착화성을 표시하는 것은?

① 세탄가 ② 부탄가
③ 프로판가 ④ 옥탄가

해설 연료의 세탄가란 착화성을 표시하는 수치이다.

03. 연료취급에 관한 설명으로 가장 거리가 먼 것은?

① 연료주입 시 물이나 먼지 등의 불순물이 혼합되지 않도록 주의한다.
② 정기적으로 드레인콕을 열어 연료탱크 내의 수분을 제거한다.
③ 연료주입은 운전 중에 하는 것이 효과적이다.
④ 연료를 취급할 때에는 화기에 주의한다.

해설 작업을 마친 후에 연료를 주입하는 것이 좋다.

04. 디젤엔진 연소과정 중 연소실 내에 분사된 연료가 착화될 때까지 지연되는 기간으로 옳은 것은?

① 화염전파기간
② 착화지연기간
③ 직접연소기간
④ 후 연소시간

해설 착화지연기간은 연소실 내에 분사된 연료가 착화될 때까지 지연되는 기간으로 약 1/1000~4/1000초 정도이다.

05. 착화지연기간이 길어져 실린더 내에 연소 및 압력상승이 급격하게 일어나는 현상은?

① 디젤기관 노크
② 조기점화
③ 가솔린 기관 노크
④ 정상연소

해설 디젤기관 노크는 착화지연기간이 길어져 실린더 내에 연소 및 압력상승이 급격하게 일어나는 현상이다.

06. 디젤기관에서 노킹을 일으키는 원인으로 맞는 것은?

① 연료에 공기가 혼입되었을 때
② 연소실에 누적된 연료가 많아 일시에 연소할 때
③ 흡입공기의 온도가 높을 때
④ 착화지연기간이 짧을 때

해설 디젤기관의 노킹은 연소실에 누적된 연료가 많아 일시에 연소할 때 발생한다.

정답 01 ③ 02 ① 03 ③ 04 ② 05 ① 06 ②

07. **디젤기관의 노크 발생 원인과 가장 거리가 먼 것은?**

① 세탄가가 높은 연료를 사용하였을 때
② 기관이 과도하게 냉각되었을 때
③ 착화지연기간 중 연료분사량이 많을 때
④ 분사노즐의 분무상태가 불량할 때

해설 디젤기관의 노크는 세탄가가 낮은 연료를 사용하였을 때 발생한다.

08. **디젤기관에서 노크 방지 방법으로 틀린 것은?**

① 착화성이 좋은 연료를 사용한다.
② 연소실 벽 온도를 높게 유지한다.
③ 압축비를 낮춘다.
④ 착화지연기간 중의 연료분사량을 적게 한다.

해설 디젤기관에서 노크를 방지하려면 압축비를 높여야 한다.

09. **노킹이 발생되었을 때 디젤기관에 미치는 영향이 아닌 것은?**

① 배기가스의 온도가 상승한다.
② 연소실 온도가 상승한다.
③ 엔진에 손상이 발생할 수 있다.
④ 출력이 저하된다.

해설 **노킹이 디젤기관에 미치는 영향 :** 기관 회전속도 저하, 흡기효율 저하, 기관출력 저하, 기관 과열, 기관에 손상 발생

10. **기관에서 발생하는 진동의 억제 대책이 아닌 것은?**

① 캠 샤프트를 사용한다.
② 밸런스 샤프트를 사용한다.
③ 플라이휠을 사용한다.
④ 댐퍼 풀리를 사용한다.

해설 캠 샤프트는 흡입 및 배기밸브를 개폐시키는 작용을 한다.

11. **디젤엔진에서 엔진 회전 중 진동이 발생하는 원인으로 옳지 않은 것은?**

① 크랭크축 중량이 불평형인 경우
② 분사압력 및 분사시기가 틀린 경우
③ 과급기를 설치한 경우
④ 연료계통 내에 공기가 유입된 경우

해설 **디젤기관의 진동 원인 :** 크랭크축에 불균형이 있을 때, 연료계통에 공기가 유입되었을 때, 연료분사량의 불균형이 있을 때, 분사압력 및 분사시기에 불균형이 있을 때

12. **디젤엔진의 연료탱크에서 분사노즐까지 연료의 순환 순서로 옳은 것은?**

① 연료탱크 → 연료공급펌프 → 연료 여과기 → 분사펌프 → 분사노즐
② 연료탱크 → 연료 여과기 → 분사펌프 → 연료공급펌프 → 분사노즐
③ 연료탱크 → 연료공급펌프 → 분사펌프 → 연료 여과기 → 분사노즐
④ 연료탱크 → 분사펌프 → 연료 여과기 → 연료공급펌프 → 분사노즐

해설 연료공급 순서는 연료탱크 → 연료공급펌프 → 연료 여과기 → 분사펌프 → 분사노즐이다.

13. **건설기계 작업 후 연료탱크에 연료를 가득 채워 주는 이유가 아닌 것은?**

① 연료탱크에 수분이 생기는 것을 방지하기 위함이다.
② 다음의 작업을 준비하기 위함이다.
③ 연료의 기포 방지를 위함이다.

정답 07 ① 08 ③ 09 ① 10 ① 11 ③ 12 ① 13 ④

④ 연료의 압력을 높이기 위함이다.

해설 작업 후 연료탱크에 연료를 가득 채워 주는 이유는 연료탱크 내의 수분 발생 방지, 다음의 작업 준비, 연료의 기포 방지를 위함이다.

14. 운전자가 연료탱크의 배출 콕을 열었다가 잠그는 작업을 하고 있다면, 무엇을 배출하기 위한 예방정비 작업인가?

① 엔진오일 ② 수분과 오물
③ 공기 ④ 유압오일

해설 연료탱크의 배출 콕(드레인 플러그)을 열었다가 잠그는 것은 수분과 오물을 배출하기 위함이다.

15. 디젤기관 연료여과기에 설치된 오버플로 밸브(over flow valve)의 기능이 아닌 것은?

① 여과기 각 부분을 보호한다.
② 인젝터의 연료분사시기를 제어한다.
③ 연료공급펌프의 소음 발생을 억제한다.
④ 운전 중 공기배출 작용을 한다.

해설 **오버플로 밸브의 기능** : 여과기 각 부분 보호, 연료공급펌프 소음 발생 억제, 운전 중 공기배출 작용

16. 디젤기관 연료장치에서 연료여과기의 공기를 배출하기 위해 설치되어 있는 것으로 가장 적합한 것은?

① 코어 플러그 ② 글로 플러그
③ 벤트 플러그 ④ 오버플로 밸브

해설 **벤트 플러그와 드레인 플러그**
㉠ 벤트 플러그 : 공기를 배출하기 위해 사용하는 플러그
㉡ 드레인 플러그 : 액체를 배출하기 위해 사용하는 플러그

17. 연료탱크의 연료를 분사펌프 저압 부분까지 공급하는 장치는?

① 인젝션 펌프 ② 로터리 펌프
③ 연료분사펌프 ④ 연료공급펌프

해설 연료공급펌프는 연료탱크 내의 연료를 연료여과기를 거쳐 분사펌프의 저압 부분으로 공급한다.

18. 디젤기관 연료공급펌프에 설치된 프라이밍 펌프의 사용 시기는?

① 기관의 출력을 증가시키고자 할 때
② 연료계통의 공기배출을 할 때
③ 연료의 양을 가감할 때
④ 연료의 분사압력을 측정할 때

해설 프라이밍 펌프(priming pump)는 연료계통의 공기를 배출할 때 사용한다.

19. 프라이밍 펌프를 이용하여 디젤기관 연료장치 내에 있는 공기를 배출하기 어려운 곳은?

① 연료공급펌프 ② 연료 여과기
③ 분사펌프 ④ 분사노즐

해설 프라이밍 펌프로는 연료공급펌프, 연료 여과기, 분사펌프 내의 공기를 빼낼 수 있다.

20. 디젤기관에서 연료계통에 공기가 혼입되었을 때 발생하는 현상으로 가장 적절한 것은?

① 기관부조 현상이 발생된다.
② 노크가 일어난다.
③ 연료분사량이 많아진다.
④ 분사압력이 높아진다.

해설 연료에 공기가 흡입되면 기관회전이 불량해진다. 즉 기관이 부조를 일으킨다.

정답 14 ② 15 ② 16 ③ 17 ④ 18 ② 19 ④ 20 ①

21. 디젤기관 연료라인에 공기빼기를 하여야 하는 경우가 아닌 것은?

① 예열이 안 되어 예열플러그를 교환한 경우
② 연료호스나 파이프 등을 교환한 경우
③ 연료탱크 내의 연료가 결핍되어 보충한 경우
④ 연료필터의 교환, 분사펌프를 탈 · 부착한 경우

해설 공기빼기를 하여야 하는 경우 : 연료호스나 파이프 등을 교환한 경우, 연료탱크 내의 연료가 결핍되어 보충한 경우, 연료필터의 교환, 분사펌프를 탈 · 부착한 경우

22. 디젤기관에서 연료장치 공기빼기 순서로 옳은 것은?

① 연료 여과기 → 연료공급펌프 → 분사펌프
② 연료 여과기 → 분사펌프 → 연료공급펌프
③ 연료공급펌프 → 분사펌프 → 연료 여과기
④ 연료공급펌프 → 연료 여과기 → 분사펌프

해설 연료장치 공기빼기 순서는 연료공급펌프 → 연료여과기 → 분사펌프이다.

23. 디젤기관에서 부조 발생의 원인이 아닌 것은?

① 거버너의 작용이 불량할 때
② 발전기가 고장 났을 때
③ 분사시기의 조정이 불량할 때
④ 연료의 압송이 불량할 때

해설 기관에서 부조가 발생하는 원인은 연료의 압송불량, 연료분사량 불량, 분사시기 조정불량, 거버너(조속기) 작용불량 등이다.

24. 디젤기관 연료계통의 고장으로 기관이 부조를 하다가 시동이 꺼졌을 때 그 원인이 될 수 없는 것은?

① 연료 파이프 연결이 불량할 때
② 연료탱크 내에 오물이 연료장치로 유입되었을 때
③ 연료필터가 막혔을 때
④ 프라이밍 펌프가 불량할 때

해설 프라이밍 펌프는 연료계통의 공기빼기 작업을 할 때만 사용한다.

25. 디젤기관에 공급하는 연료의 압력을 높이는 것으로 조속기와 분사시기를 조절하는 장치가 설치되어 있는 것은?

① 유압 펌프
② 프라이밍 펌프
③ 분사 펌프
④ 트로코이드 펌프

해설 분사 펌프는 연료를 압축하여 분사순서에 맞추어 노즐로 압송시키는 것으로 조속기(연료 분사량 조정)와 분사시기를 조절하는 장치(타이머)가 설치되어 있다.

26. 디젤기관의 연료분사펌프에서 연료분사량 조정은?

① 리밋 슬리브를 조정한다.
② 프라이밍 펌프를 조정한다.
③ 플런저 스프링의 장력을 조정한다.
④ 컨트롤 슬리브와 피니언의 관계위치를 변화하여 조정한다.

해설 각 실린더별로 연료분사량에 차이가 있으면 분사펌프 내의 컨트롤 슬리브와 피니언의 관계위치를 변화하여 조정한다.

27. 디젤기관 인젝션 펌프에서 딜리버리 밸브의 기능으로 틀린 것은?

정답 21 ① 22 ④ 23 ② 24 ④ 25 ③ 26 ④ 27 ④

① 역류 방지 ② 후적 방지
③ 잔압 유지 ④ 유량 조정

해설 딜리버리 밸브는 연료의 역류를 방지하고, 후적을 방지하며, 잔압을 유지시킨다.

28. 디젤기관의 부하에 따라 자동적으로 연료분사량을 가감하여 최고 회전속도를 제어하는 것은?

① 거버너 ② 타이머
③ 플런저 펌프 ④ 캠축

해설 거버너(조속기)는 분사펌프에 설치되어 있으며, 기관의 부하에 따라 자동적으로 연료분사량을 가감하여 최고 회전속도를 제어한다.

29. 디젤기관에서 각 인젝터 사이의 연료분사량이 일정하지 않을 때 나타나는 현상은?

① 연소 폭발음의 차이가 있으며 기관은 부조를 한다.
② 출력은 향상되나 기관은 부조를 한다.
③ 연료 분사량에 관계없이 기관은 순조로운 회전을 한다.
④ 연료소비에는 관계가 있으나 기관 회전에는 영향을 미치지 않는다.

해설 각 인젝터(분사노즐) 사이의 연료분사량이 일정하지 않으면 연소 폭발음의 차이가 있으며 기관은 부조를 한다.

30. 디젤기관에서 타이머의 역할로 가장 적당한 것은?

① 연료분사량을 조절한다.
② 자동변속기 단계를 조절한다.
③ 연료 분사시기를 조절한다.
④ 기관 회전속도를 조절한다.

해설 타이머(timer)는 기관의 회전속도에 따라 자동적으로 분사시기를 조정하여 운전을 안정되게 한다.

31. 디젤엔진에서 고압의 연료를 연소실에 분사하는 것은?

① 인젝션 펌프 ② 프라이밍 펌프
③ 분사노즐 ④ 조속기

해설 분사노즐은 분사펌프에 보내준 고압의 연료를 연소실에 안개 모양으로 분사하는 부품이다.

32. 디젤기관 분사노즐의 연료분사 3대 요건이 아닌 것은?

① 착화 ② 분포
③ 무화 ④ 관통력

해설 연료분사의 3대 요소는 무화(안개화), 분포(분산), 관통력이다.

33. 직접분사실식 연소실에 가장 적합한 분사노즐은?

① 개방형 노즐 ② 구멍형 노즐
③ 스로틀형 노즐 ④ 핀틀형 노즐

해설 구멍형 노즐은 직접분사실식 연소실에서 사용한다.

34. 연료 분사노즐 테스터로 노즐을 시험할 때 점검하지 않는 것은?

① 연료분포상태
② 연료분사 개시압력
③ 연료분사 시간
④ 연료 후적 유무

해설 노즐테스터로 점검할 수 있는 항목은 분포(분무)상태, 분사각도, 후적 유무, 분사 개시압력 등이다.

정답 28 ① 29 ① 30 ③ 31 ③ 32 ① 33 ② 34 ③

35. 디젤기관의 가동을 정지시키는 방법으로 가장 적합한 것은?

① 초크밸브를 닫는다.
② 기어를 넣어 기관을 정지한다.
③ 연료공급을 차단한다.
④ 축전지를 분리시킨다.

해설 디젤기관을 정지시킬 때에는 연료공급을 차단한다.

36. 기관을 점검하는 요소 중 디젤기관과 관계없는 것은?

① 연료 ② 연소
③ 예열 ④ 점화

해설 가솔린 기관에서는 전기불꽃으로 점화한다.

37. 커먼레일 디젤엔진의 연료장치 구성품이 아닌 것은?

① 분사펌프 ② 커먼레일
③ 고압연료펌프 ④ 인젝터

해설 커먼레일 디젤엔진의 연료장치는 연료탱크, 연료 여과기, 저압연료펌프, 고압연료펌프, 커먼레일, 인젝터로 구성되어 있다.

38. 커먼레일 연료분사장치의 저압계통이 아닌 것은?

① 저압연료펌프 ② 연료 스트레이너
③ 커먼레일 ④ 연료 여과기

해설 커먼레일은 고압연료펌프로부터 이송된 고압의 연료를 저장하는 부품이다.

39. 커먼레일 연료분사장치에서 인젝터의 점검항목이 아닌 것은?

① 작동온도 ② 연료분사량
③ 저항 ④ 작동소음

해설 인젝터의 점검항목은 저항, 연료분사량, 작동소음이다.

40. 커먼레일 디젤기관의 압력제한밸브에 대한 설명 중 틀린 것은?

① 기계방식 밸브가 많이 사용된다.
② 운전조건에 따라 커먼레일의 압력을 제어한다.
③ 연료압력이 높으면 연료의 일부분이 연료탱크로 되돌아간다.
④ 커먼레일과 같은 라인에 설치되어 있다.

해설 압력제한밸브는 커먼레일에 설치되어 커먼레일 내의 연료압력이 규정 값보다 높아지면 ECU의 신호에 의해 열려 연료의 일부를 연료탱크로 복귀시킨다.

41. 커먼레일 디젤기관에서 크랭킹은 되는데 기관이 시동되지 않을 때 점검부위로 틀린 것은?

① 연료탱크 유량
② 분사펌프 딜리버리 밸브
③ 인젝터
④ 커먼레일 압력

해설 분사펌프 딜리버리 밸브는 기계제어 방식에서 사용한다.

42. 기관에서 연료압력이 너무 낮은 원인이 아닌 것은?

① 연료여과기가 막혔다.
② 리턴호스에서 연료가 누설된다.
③ 연료펌프의 공급압력이 누설된다.
④ 연료압력 레귤레이터에 있는 밸브의 밀착이 불량하여 리턴포트 쪽으로 연료가 누설되었다.

해설 리턴호스는 연소실에 분사되고 남은 연료가

정답 35 ③ 36 ④ 37 ① 38 ③ 39 ① 40 ① 41 ② 42 ②

연료탱크로 복귀하는 호스이므로 연료압력에는 영향을 주지 않는다.

43. 커먼레일 디젤기관의 연료압력센서(RPS)에 대한 설명 중 맞지 않는 것은?

① 반도체 피에조 소자방식이다.
② 이 센서가 고장 나면 기관의 시동이 꺼진다.
③ RPS의 신호를 받아 연료분사량을 조정하는 신호로 사용한다.
④ RPS의 신호를 받아 연료 분사시기를 조정하는 신호로 사용한다.

해설 연료압력센서(RPS)가 고장 나면 페일 세이프(fail safe)로 진입하여 비상 운행을 가능하게 한다.

44. 커먼레일 디젤기관의 공기유량센서(AFS)에 대한 설명 중 옳지 않은 것은?

① 연료량 제어 기능을 주로 한다.
② 스모그 제한 부스터 압력제어용으로 사용한다.
③ EGR 피드백 제어 기능을 주로 한다.
④ 열막 방식을 사용한다.

해설 공기유량센서는 열막(hot film) 방식을 사용한다. 이 센서의 주요 기능은 EGR 피드백 제어이며, 또 다른 기능은 스모그 제한 부스트 압력제어(매연 발생을 감소시키는 제어)이다.

45. 커먼레일 디젤기관의 흡기온도센서(ATS)에 대한 설명으로 틀린 것은?

① 부특성 서미스터이다.
② 연료분사량 제어 보정신호로 사용된다.
③ 분사시기 제어 보정신호로 사용된다.
④ 주로 냉각팬 제어신호로 사용된다.

해설 흡기온도센서는 부특성 서미스터를 이용하며, 분사시기와 연료량 제어 보정신호로 사용된다.

46. 전자제어 디젤엔진의 회전속도를 검출하여 분사순서와 분사시기를 결정하는 센서는?

① 가속페달 센서
② 냉각수 온도센서
③ 엔진오일 온도센서
④ 크랭크축 위치센서

해설 크랭크축 위치센서(CPS, CKP)는 크랭크축과 일체로 되어 있는 센서 휠의 돌기를 검출하여 크랭크축의 각도 및 피스톤의 위치, 기관 회전속도 등을 검출한다.

47. 커먼레일 디젤기관의 센서에 대한 설명이 아닌 것은?

① 연료온도센서는 연료온도에 따른 연료량 보정신호로 사용된다.
② 크랭크 포지션 센서는 밸브개폐시기를 감지한다.
③ 수온센서는 기관의 온도에 따른 냉각팬 제어신호로 사용된다.
④ 수온센서는 기관온도에 따른 연료량을 증감하는 보정신호로 사용된다.

48. 커먼레일 디젤기관의 연료장치에서 출력요소는?

① 공기유량센서
② 인젝터
③ 엔진 ECU
④ 브레이크 스위치

해설 인젝터는 엔진 ECU의 신호에 의해 연료를 분사하는 출력요소이다.

정답 43 ② 44 ① 45 ④ 46 ④ 47 ② 48 ②

49. 커먼레일 디젤기관의 가속페달 포지션 센서에 대한 설명 중 옳지 않은 것은?

① 가속페달 포지션 센서는 운전자의 의지를 전달하는 센서이다.
② 가속페달 포지션 센서 1은 연료량과 분사시기를 결정한다.
③ 가속페달 포지션 센서 2는 센서 1을 감시하는 센서이다.
④ 가속페달 포지션 센서 3은 연료 온도에 따른 연료량 보정 신호를 한다.

해설 가속페달 위치센서는 운전자의 의지를 컴퓨터로 전달하는 센서이며, 센서 1에 의해 연료분사량과 분사시기가 결정된다. 센서 2는 센서 1을 감시하는 기능으로 차량의 급출발을 방지하기 위한 것이다.

50. 기관의 운전 상태를 감시하고 고장 진단할 수 있는 기능은?

① 윤활기능
② 제동기능
③ 조향기능
④ 자기진단기능

해설 자기진단기능은 기관의 운전 상태를 감시하고 고장 진단할 수 있는 기능이다.

정답 49 ④ 50 ④

냉각장치

3-1 냉각장치의 개요

기관의 정상작동 온도는 실린더 헤드 물재킷 내의 냉각수 온도로 나타내며 약 75~95℃이다.

3-2 수랭식 기관의 냉각방식

① 기관 내부의 연소를 통해 일어나는 열에너지가 기계적 에너지로 바뀌면서 뜨거워진 기관을 냉각수로 냉각하는 방식이다.
② 자연순환 방식, 강제순환 방식, 압력순환 방식(가압 방식), 밀봉압력 방식 등이 있다.

3-3 수랭식의 주요 구조와 그 기능

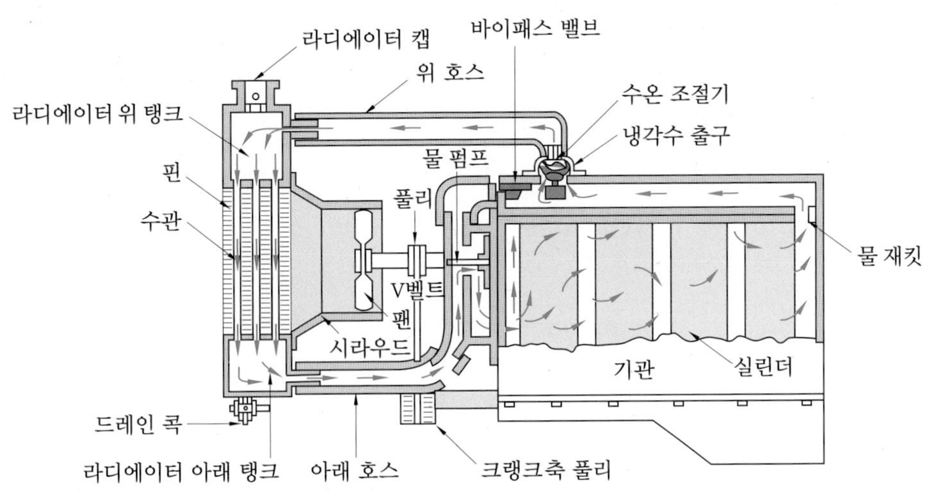

수랭식 냉각장치의 구조

(1) 물 재킷(water jacket)

실린더 헤드 및 블록에 일체 구조로 된 냉각수가 순환하는 물 통로이다.

(2) 물 펌프(water pump)

팬벨트를 통하여 크랭크축에 의해 구동되며, 실린더 헤드 및 블록의 물 재킷 내로 냉각수를 순환시키는 원심력 펌프이다.

(3) 냉각 팬(cooling fan)

라디에이터를 통하여 공기를 흡입하여 라디에이터 통풍을 도와주며, 냉각 팬이 회전할 때 공기가 향하는 방향은 라디에이터이다.

(4) 팬벨트(drive belt or fan belt)

크랭크축 풀리, 발전기 풀리, 물 펌프 풀리 등을 연결 구동하며, 팬벨트는 각 풀리의 양쪽 경사진 부분에 접촉되어야 한다.

(5) 라디에이터(radiator ; 방열기)

① **라디에이터의 구비조건**

㈎ 가볍고 작으며, 강도가 클 것

㈏ 단위면적당 방열량이 클 것

㈐ 공기 흐름저항이 적을 것

㈑ 냉각수 흐름저항이 적을 것

② **라디에이터 캡(radiator cap)** : 냉각장치 내의 비등점(비점)을 높이고, 냉각범위를 넓히기 위하여 압력식 캡을 사용하며, 압력밸브와 진공밸브로 되어 있다.

(6) 수온 조절기(정온기 ; thermostat)

실린더 헤드 물 재킷 출구 부분에 설치되어 냉각수 온도에 따라 냉각수 통로를 개폐하여 기관의 온도를 알맞게 유지한다.

3-4 부동액(anti freezer)

메탄올(알코올), 글리세린 에틸렌글리콜이 있으며, 에틸렌글리콜을 주로 사용한다.

굴삭기 운전기능사

출제 예상 문제

01. 기관과열 시 일어날 수 있는 현상으로 가장 적합한 것은?

① 연료가 응결될 수 있다.
② 실린더 헤드의 변형이 발생할 수 있다.
③ 흡배기 밸브의 열림이 커진다.
④ 밸브개폐 시기가 빨라진다.

해설 기관이 과열되면 금속이 빨리 산화되고 실린더 헤드가 변형될 우려가 있으며, 윤활유의 점도 저하로 유막이 파괴되며, 각 작동 부분이 열팽창으로 고착될 우려가 있다.

02. 디젤엔진의 과랭 시 발생할 수 있는 사항으로 틀린 것은?

① 블로바이 현상이 발생된다.
② 연료소비량이 증대된다.
③ 압축압력이 저하된다.
④ 엔진의 회전저항이 감소한다.

해설 엔진이 과랭되면 엔진오일의 점도가 높아져 엔진의 회전저항이 증가한다.

03. 기관의 온도를 측정하기 위해 냉각수의 온도를 측정하는 곳으로 가장 적절한 곳은?

① 실린더 헤드 물 재킷 부분
② 엔진 크랭크케이스 내부
③ 라디에이터 하부
④ 수온조절기 내부

해설 기관의 냉각수 온도는 실린더 헤드 물 재킷 부분의 온도로 나타내며, 75~95℃ 정도면 정상이다.

04. 수랭식 기관의 정상운전 중 냉각수 온도로 옳은 것은?

① 20~30℃ ② 55~60℃
③ 40~60℃ ④ 75~95℃

05. 엔진 내부의 연소를 통해 일어나는 열에너지가 기계적 에너지로 바뀌면서 뜨거워진 엔진을 물로 냉각하는 방식으로 옳은 것은?

① 유랭식 ② 공랭식
③ 수랭식 ④ 가스 순환식

해설 수랭식은 엔진 내부의 연소를 통해 일어나는 열에너지가 기계적 에너지로 바뀌면서 뜨거워진 엔진을 물로 냉각하는 방식이다.

06. 디젤기관의 냉각장치 방식에 속하지 않는 것은?

① 자연순환 방식 ② 압력순환 방식
③ 진공순환 방식 ④ 강제순환 방식

해설 냉각장치 방식에는 자연순환 방식, 강제순환 방식, 압력순환 방식, 밀봉압력 방식이 있다.

07. 기관에 온도를 일정하게 유지하기 위해 설치된 물 통로에 해당되는 것은?

① 오일 팬 ② 워터 재킷
③ 흡입밸브 ④ 실린더 헤드

해설 워터 재킷(water jacket)은 기관의 온도를 일정하게 유지하기 위해 실린더 헤드와 실린더 블록에 설치된 물 통로이다.

정답 01 ② 02 ④ 03 ① 04 ④ 05 ③ 06 ③ 07 ②

08. 가압식 라디에이터의 장점으로 틀린 것은?

① 냉각수의 순환속도가 빠르다.
② 냉각수의 비등점을 높일 수 있다.
③ 방열기를 적게 할 수 있다.
④ 냉각장치의 효율을 높일 수 있다.

해설 가압방식(압력순환 방식)은 라디에이터(방열기)를 적게 할 수 있고, 냉각수의 비등점을 높여 비등에 의한 손실을 줄일 수 있으며, 냉각수 손실이 적어 보충횟수를 줄일 수 있고, 기관의 열효율이 향상된다.

09. 물 펌프에 대한 설명으로 틀린 것은?

① 팬벨트를 통하여 크랭크축에 의해서 구동된다.
② 주로 원심펌프를 사용한다.
③ 물 펌프 효율은 냉각수 온도에 비례한다.
④ 냉각수에 압력을 가하면 물 펌프의 효율은 증대된다.

해설 물 펌프의 효율은 냉각수 온도에 반비례하고 압력에 비례한다.

10. 기관의 냉각 팬이 회전할 때 공기가 불어가는 방향은?

① 하부 방향 ② 방열기 방향
③ 회전 방향 ④ 상부 방향

해설 냉각 팬이 회전할 때 공기가 불어 가는 방향은 방열기(라디에이터) 방향이다.

11. 냉각장치에 사용되는 전동 팬에 대한 설명으로 틀린 것은?

① 엔진이 시동되면 동시에 회전한다.
② 팬벨트가 필요 없다.
③ 냉각수 온도에 따라 작동한다.
④ 정상온도 이하에서는 작동하지 않고 과열일 때 작동한다.

해설 전동 팬은 엔진의 시동여부에 관계없이 냉각수 온도에 따라 작동한다.

12. 다음 중 팬벨트와 연결되지 않는 것은?

① 발전기 풀리
② 기관 오일펌프 풀리
③ 워터펌프 풀리
④ 크랭크축 풀리

해설 기관 오일펌프는 크랭크축이나 캠축에 의해 구동된다.

13. 디젤엔진에서 팬벨트 장력 점검 방법으로 옳은 것은?

① 벨트길이 측정 게이지로 점검한다.
② 엔진의 가동이 정지된 상태에서 벨트의 중심을 엄지손가락으로 눌러서 점검한다.
③ 엔진을 가동한 후 텐셔너를 이용하여 점검한다.
④ 발전기의 고정 볼트를 느슨하게 하여 점검한다.

해설 팬벨트 장력은 엔진의 가동이 정지된 상태에서 물 펌프와 발전기 사이의 벨트 중심을 엄지손가락으로 눌러서 점검한다.

14. 엔진의 팬벨트에 대한 점검 과정으로 적합하지 않은 것은?

① 팬벨트는 눌러(약 10kgf)처짐이 13~20mm 정도로 한다.
② 팬벨트가 너무 헐거우면 기관 과열의 원인이 된다.
③ 팬벨트 조정은 발전기를 움직이면서 조정한다.

정답 08 ① 09 ③ 10 ② 11 ① 12 ② 13 ② 14 ④

④ 팬벨트는 풀리의 밑부분에 접촉되어야 한다.

해설 팬벨트는 풀리의 양쪽 경사진 부분에 접촉되어야 미끄러지지 않는다.

15. 건설기계 엔진에 있는 팬벨트의 장력이 약할 때 생기는 현상으로 맞는 것은?

① 발전기 출력이 저하될 수 있다.
② 물 펌프 베어링이 조기에 손상된다.
③ 엔진이 과랭된다.
④ 엔진이 부조를 일으킨다.

해설 냉각 팬의 장력이 약하면 기관 과열의 원인이 되며, 발전기의 출력이 저하한다.

16. 기관에서 팬벨트 및 발전기 벨트의 장력이 너무 강할 경우에 발생될 수 있는 현상은?

① 기관의 밸브장치가 손상될 수 있다.
② 발전기 베어링이 손상될 수 있다.
③ 충전부족 현상이 생긴다.
④ 기관이 과열된다.

해설 팬벨트의 장력이 너무 강하면(팽팽하면) 발전기 베어링이 손상되기 쉽다.

17. 냉각장치에 사용되는 라디에이터의 구성품이 아닌 것은?

① 냉각수 주입구 ② 냉각핀
③ 코어 ④ 물 재킷

해설 물 재킷은 실린더 헤드와 블록에 설치한 냉각수 순환 통로이다.

18. 라디에이터(radiator)에 대한 설명으로 틀린 것은?

① 공기흐름 저항이 커야 냉각효율이 높다.
② 단위면적당 방열량이 커야 한다.
③ 냉각효율을 높이기 위해 방열 핀이 설치된다.
④ 라디에이터 재료 대부분은 알루미늄 합금이 사용된다.

해설 라디에이터는 공기흐름 저항이 작아야 냉각효율을 높일 수 있다.

19. 사용하던 라디에이터와 신품 라디에이터의 냉각수 주입량을 비교했을 때 신품으로 교환해야 할 시점은?

① 10% 이상의 차이가 발생했을 때
② 20% 이상의 차이가 발생했을 때
③ 30% 이상의 차이가 발생했을 때
④ 40% 이상의 차이가 발생했을 때

해설 신품과 사용품의 냉각수 주입량이 20% 이상의 차이가 발생하면 라디에이터를 교환한다.

20. 디젤기관 냉각장치에서 냉각수의 비등점을 높여 주기 위해 설치된 부품으로 맞는 것은?

① 코어 ② 냉각핀
③ 보조탱크 ④ 압력식 캡

해설 냉각장치 내의 비등점(비점)을 높이고, 냉각범위를 넓히기 위하여 압력식 캡을 사용한다.

21. 밀봉압력 냉각방식에서 보조탱크 내의 냉각수가 라디에이터로 빨려 들어갈 때 개방되는 압력 캡의 밸브는?

① 릴리프 밸브 ② 진공밸브
③ 압력밸브 ④ 감압밸브

해설 밀봉압력 냉각방식에서 보조탱크 내의 냉각수가 라디에이터로 빨려 들어갈 때 진공밸브가 개방된다.

정답 15 ① 16 ② 17 ④ 18 ① 19 ② 20 ④ 21 ②

22. 기관 라디에이터에 연결된 보조탱크의 역할을 설명한 것으로 가장 적합하지 않은 것은?

① 냉각수의 체적팽창을 흡수한다.
② 냉각수 온도를 적절하게 조절한다.
③ 오버플로(over flow) 되어도 증기만 방출된다.
④ 장기간 냉각수 보충이 필요 없다.

해설 라디에이터(방열기)에 연결된 보조탱크는 냉각수의 체적팽창을 흡수하므로 오버플로 되어도 증기만 방출되며, 장기간 냉각수 보충이 필요 없다.

23. 압력식 라디에이터 캡에 대한 설명으로 옳은 것은?

① 냉각장치 내부압력이 부압이 되면 진공밸브는 열린다.
② 냉각장치 내부압력이 부압이 되면 공기밸브는 열린다.
③ 냉각장치 내부압력이 규정보다 낮을 때 공기밸브는 열린다.
④ 냉각장치 내부압력이 규정보다 높을 때 진공밸브는 열린다.

해설 압력식 라디에이터 캡의 작동
㉠ 냉각장치 내부압력이 부압이 되면(내부압력이 규정보다 낮을 때) 진공밸브가 열린다.
㉡ 냉각장치 내부압력이 규정보다 높을 때 압력밸브가 열린다.

24. 라디에이터 캡의 스프링이 파손되는 경우 발생하는 현상은?

① 냉각수 비등점이 높아진다.
② 냉각수 순환이 불량해진다.
③ 냉각수 순환이 빨라진다.
④ 냉각수 비등점이 낮아진다.

해설 압력밸브의 주 작용은 냉각수의 비등점을 상승시키는 것이므로 압력밸브 스프링이 파손되거나 장력이 약해지면 비등점이 낮아져 기관이 과열되기 쉽다.

25. 엔진의 온도를 항상 일정하게 유지하기 위하여 냉각계통에 설치되는 것은?

① 크랭크축 풀리
② 물 펌프 풀리
③ 수온조절기
④ 벨트 조절기

해설 수온조절기(정온기)는 엔진의 온도를 항상 일정하게 유지하기 위하여 냉각계통에 설치한다.

26. 디젤기관에서 냉각수의 온도에 따라 냉각수 통로를 개폐하는 수온조절기가 설치되는 곳으로 적당한 곳은?

① 라디에이터 상부
② 라디에이터 하부
③ 실린더 블록 물 재킷 입구 부분
④ 실린더 헤드 물 재킷 출구 부분

해설 수온조절기는 실린더 헤드 물 재킷 출구 부분에 설치되어 있다.

27. 왁스실에 왁스를 넣어 온도가 높아지면 팽창 축을 올려 열리는 온도조절기는?

① 바이패스형 ② 바이메탈형
③ 벨로즈형 ④ 펠릿형

해설 펠릿형(pellet type)은 왁스실에 왁스를 넣어 온도가 높아지면 팽창 축을 올려 밸브를 여는 형식이다.

28. 엔진의 냉각장치에서 수온조절기의 열림 온도가 낮을 때 발생하는 현상은?

① 방열기 내의 압력이 높아진다.

정답 22 ② 23 ① 24 ④ 25 ③ 26 ④ 27 ④ 28 ③

② 엔진이 과열되기 쉽다.
③ 엔진의 워밍업 시간이 길어진다.
④ 물 펌프에 과부하가 발생한다.

해설 수온조절기의 열림 온도가 낮으면 엔진의 워밍업(난기운전) 시간이 길어지기 쉽다.

29. **디젤기관을 시동시킨 후 충분한 시간이 지났는데도 냉각수 온도가 정상적으로 상승하지 않을 경우 그 고장의 원인이 될 수 있는 것은?**

① 팬벨트가 헐거울 때
② 수온조절기가 열린 채 고장 났을 때
③ 물 펌프가 고장 났을 때
④ 라디에이터 코어가 막혔을 때

해설 기관을 시동시킨 후 충분한 시간이 지났는데도 냉각수 온도가 정상적으로 상승하지 않는 원인은 수온조절기가 열린 상태로 고장 난 경우이다.

30. **건설기계 운전 중 운전석 계기판에 그림과 같은 등이 갑자기 점등되었다. 무슨 표시인가?**

① 배터리 충전 경고등
② 연료레벨 경고등
③ 냉각수 과열 경고등
④ 유압유 온도 경고등

31. **건설기계 작업 시 계기판에서 냉각수 경고등이 점등되었을 때 운전자로서 가장 적절한 조치는?**

① 엔진 오일량을 점검한다.
② 작업이 모두 끝나면 곧바로 냉각수를 보충한다.
③ 라디에이터를 교환한다.
④ 작업을 중지하고 점검 및 정비를 받는다.

해설 냉각수 경고등이 점등되면 작업을 중지하고 냉각수량 점검 및 냉각계통의 정비를 받는다.

32. **건설기계 기관에서 부동액으로 사용할 수 없는 것은?**

① 메탄 ② 알코올
③ 글리세린 ④ 에틸렌글리콜

해설 부동액의 종류에는 알코올(메탄올), 글리세린, 에틸렌글리콜이 있다.

33. **라디에이터의 캡을 열어 냉각수를 점검하였더니 엔진오일이 떠 있다면 그 원인은?**

① 피스톤 링과 실린더가 마모되었을 때
② 밸브간극이 과다할 때
③ 압축압력이 높아 역화 현상이 발생하였을 때
④ 실린더 헤드 개스킷이 파손되었을 때

해설 라디에이터에 엔진오일이 떠 있는 원인은 실린더 헤드 개스킷 파손, 헤드볼트 풀림 또는 파손, 수랭식 오일 냉각기에서의 누출 때문이다.

34. **다음 중 냉각장치에서 냉각수가 줄어들 때 그 원인과 정비 방법으로 틀린 것은?**

① 워터펌프 불량 : 조정
② 서머스타트 하우징 불량 : 개스킷 및 하우징 교체
③ 히터 혹은 라디에이터 호스 불량 : 수리 및 부품 교환
④ 라디에이터 캡 불량 : 부품 교환

해설 워터펌프가 불량하면 교환한다.

정답 29 ② 30 ③ 31 ④ 32 ① 33 ④ 34 ①

35. 냉각장치에서 소음이 발생하는 원인으로 틀린 것은?

① 수온조절기가 불량할 때
② 팬벨트 장력이 헐거울 때
③ 냉각 팬 조립이 불량할 때
④ 물 펌프 베어링이 마모되었을 때

해설 냉각장치에서 소음이 발생하는 원인은 팬벨트 장력이 헐거울 때, 냉각 팬 조립이 불량할 때, 물 펌프 베어링이 마모되었을 때이다.

36. 작업 중 엔진온도가 급상승하였을 때 가장 먼저 점검하여야 할 것은?

① 윤활유 점도지수
② 크랭크축 베어링 상태
③ 부동액 점도
④ 냉각수의 양

해설 작업 중 엔진온도가 급상승하면 냉각수의 양을 가장 먼저 점검한다.

37. 수랭식 기관이 과열되는 원인으로 틀린 것은?

① 방열기의 코어가 20% 이상 막혔을 때
② 규정보다 높은 온도에서 수온조절기가 열릴 때
③ 수온조절기가 열린 채로 고정되었을 때
④ 규정보다 적게 냉각수를 넣었을 때

해설 수온조절기가 열린 채로 고정되면 기관이 과랭하기 쉽다.

38. 동절기 냉각수가 빙결되어 기관이 동파되는 원인은?

① 열을 빼앗아 가기 때문
② 냉각수가 빙결되면 발전이 어렵기 때문
③ 엔진의 쇠붙이가 얼기 때문
④ 냉각수의 체적이 늘어나기 때문

해설 동절기에 기관이 동파되는 원인은 냉각수가 얼면 체적이 늘어나기 때문이다.

정답 35 ① 36 ④ 37 ③ 38 ④

제 4 장 윤활장치

4-1 윤활유의 작용과 구비조건

(1) 윤활유의 작용

윤활유는 마찰 감소 · 마멸 방지 작용, 기밀(밀봉)작용, 열전도(냉각)작용, 세척(청정)작용, 완충(응력분산)작용, 방청(부식 방지)작용을 한다.

(2) 윤활유의 구비조건

① 점도지수가 높고, 온도와 점도와의 관계가 적당할 것
② 인화점 및 자연발화점이 높을 것
③ 강인한 유막을 형성할 것
④ 응고점이 낮고 비중과 점도가 적당할 것
⑤ 기포 발생 및 카본 생성에 대한 저항력이 클 것

4-2 윤활유의 분류

(1) SAE(미국 자동차 기술협회) 분류

SAE 번호로 오일의 점도를 표시하며, 번호(숫자)가 클수록 점도가 높다.

(2) API(미국 석유협회) 분류

가솔린 기관용(ML, MM, MS)과 디젤기관용(DG, DM, DS)으로 구분된다.

4-3 윤활장치의 구성부품

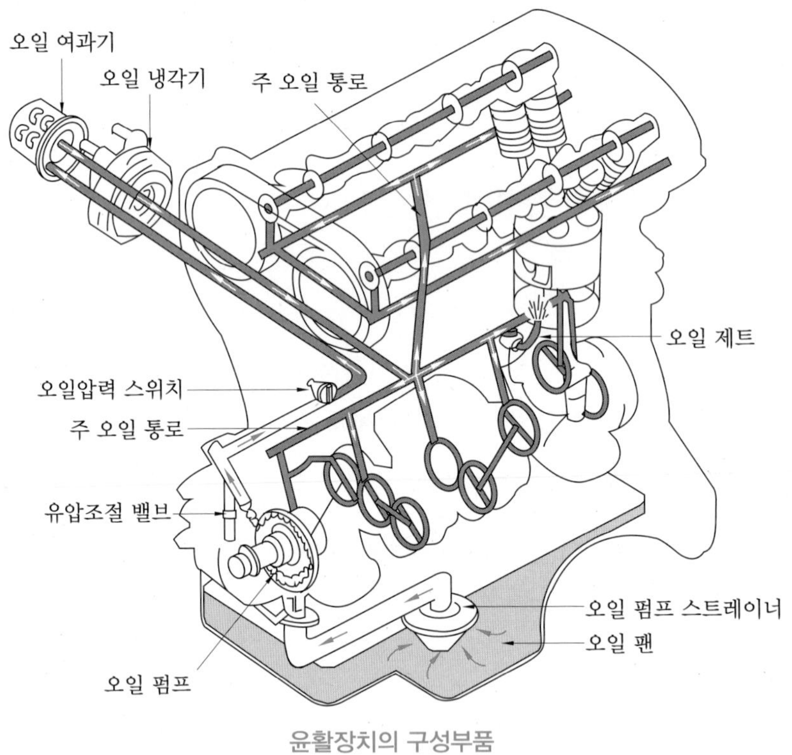

윤활장치의 구성부품

1 오일 팬(oil pan) 또는 아래 크랭크 케이스

윤활유 저장용기이며, 윤활유의 냉각작용도 한다.

2 오일 스트레이너(oil strainer)

오일펌프로 들어가는 윤활유를 유도하며, 철망으로 제작하여 비교적 큰 입자의 불순물을 여과한다.

3 오일 펌프(oil pump)

① 오일 팬 내의 윤활유를 흡입 가압하여 오일 여과기를 거쳐 각 윤활 부분으로 공급한다.
② 종류에는 기어펌프, 로터리펌프, 플런저펌프, 베인펌프 등이 있다.

4 오일 여과기(oil filter)

윤활장치 내를 순환하는 불순물을 제거하며, 윤활유를 교환할 때 함께 교환한다.

(1) 윤활유 여과방식

① 분류식(bypass filter), 샨트식(shunt flow filter), 전류식((full-flow filter)이 있다.

② 전류식은 오일펌프에서 나온 윤활유 모두가 여과기를 거쳐서 여과된 후 윤활 부분으로 공급된다.

③ 오일 여과기가 막히는 것에 대비하여 여과기 내에 바이패스 밸브를 둔다.

5 유압조절 밸브(oil pressure relief valve)

유압이 과도하게 상승하는 것을 방지하여 유압을 일정하게 유지시킨다.

6 기관 오일량 점검 방법

① 건설기계를 평탄한 지면에 주차시킨다.

② 기관을 시동하여 난기운전(워밍업)시킨 후 기관가동을 정지한다.

③ 유면 표시기(오일레벨 게이지)를 빼어 묻은 오일을 깨끗이 닦은 후 다시 끼운다.

④ 다시 유면 표시기를 빼어 오일이 묻은 부분이 “Full”과 “Low”선의 표시 사이에서 “Full” 가까이에 있으면 된다.

⑤ 기관 오일량을 점검할 때 점도도 함께 점검한다.

굴삭기 운전기능사

출제 예상 문제

01. 윤활유의 기능으로 모두 옳은 것은?

① 마찰 감소, 스러스트 작용, 밀봉작용, 냉각작용
② 마멸 방지, 수분 흡수, 밀봉작용, 마찰 증대
③ 마찰 감소, 마멸 방지, 밀봉작용, 냉각작용
④ 마찰 증대, 냉각작용, 스러스트 작용, 응력분산작용

해설 윤활유의 기능은 기밀작용(밀봉작용), 방청 작용(부식 방지 작용), 냉각작용, 마찰 및 마멸 방지 작용, 응력분산작용, 세척작용 등이 있다.

02. 엔진오일의 구비조건으로 틀린 것은?

① 응고점이 높을 것
② 비중과 점도가 적당할 것
③ 인화점과 발화점이 높을 것
④ 기포 발생과 카본 생성에 대한 저항력이 클 것

해설 엔진오일은 응고점이 낮아야 한다.

03. 기관에 사용되는 윤활유의 성질 중 가장 중요한 것은?

① 습도 ② 건도 ③ 온도 ④ 점도

해설 윤활유의 성질 중 가장 중요한 것은 점도이다.

04. 온도에 따르는 윤활유의 점도변화 정도를 표시하는 것은?

① 점도분포 ② 윤활성능
③ 점도지수 ④ 점화지수

해설 점도지수란 온도에 따르는 윤활유의 점도변화 정도를 표시하는 것이다.

05. 점도지수가 큰 오일의 온도변화에 따른 점도변화는?

① 온도변화에 따른 점도변화가 많다.
② 온도변화에 따른 점도변화가 적다.
③ 불변이다.
④ 온도와 점도변화는 무관하다.

해설 점도지수가 큰 오일은 온도변화에 따른 점도변화가 적다.

06. 기관에 사용되는 윤활유 사용 방법으로 옳은 것은?

① 여름용은 겨울용보다 SAE 번호가 크다.
② 겨울은 여름보다 SAE 번호가 큰 윤활유를 사용한다.
③ SAE 번호는 일정하다.
④ 계절과 윤활유 SAE 번호는 관계가 없다.

해설 여름에는 SAE 번호가 큰 윤활유(점도가 높은)를 사용하고, 겨울에는 SAE 번호가 작은(점도가 낮은) 오일을 사용한다.

07. 윤활유 점도가 기준보다 높은 것을 사용했을 때 일어나는 현상은?

① 겨울철에 사용하면 기관 시동이 쉽다.
② 윤활유가 점차 묽어지므로 경제적이다.
③ 윤활유가 좁은 공간에 잘 스며들어 충분한 주유가 된다.
④ 윤활유 공급이 원활하지 못하다.

정답 01 ③ 02 ① 03 ④ 04 ③ 05 ② 06 ① 07 ④

해설 윤활유 점도가 기준보다 높은 것을 사용하면 점도가 높아져 윤활유 공급이 원활하지 못하게 되며, 기관을 시동할 때 동력이 많이 소모된다.

08. 윤활유 첨가제가 아닌 것은?

① 점도지수 향상제
② 에틸렌글리콜
③ 청정분산제
④ 기포방지제

해설 윤활유 첨가제에는 부식방지제, 유동점(응고점)강하제, 극압윤활제, 청정분산제, 산화방지제, 점도지수 향상제, 기포방지제, 유성향상제, 형광염료 등이 있다.

09. 일반적으로 디젤기관에서 많이 사용하는 윤활방식은?

① 적하급유 방식
② 비산압송 급유방식
③ 수 급유방식
④ 분무급유 방식

해설 디젤기관에서 많이 사용하는 윤활방식은 비산압송 방식이다.

10. 엔진의 윤활방식 중 오일 펌프로 급유하는 방식은?

① 비산방식 ② 분사방식
③ 압송방식 ④ 비산분무 방식

해설 압송방식은 엔진의 크랭크축이나 캠축으로 구동되는 오일 펌프로 급유한다.

11. 기관의 주요 윤활 부분이 아닌 것은?

① 실린더 ② 플라이휠
③ 피스톤 링 ④ 크랭크 저널

해설 수동변속기 차량의 경우 플라이휠 뒷면에는 클러치가 설치되므로 윤활을 해서는 안 된다.

12. 엔진 윤활에 필요한 엔진오일이 저장되어 있는 곳으로 옳은 것은?

① 오일 팬 ② 오일여과기
③ 스트레이너 ④ 유면표시기

해설 오일 팬은 엔진오일을 저장하는 부품이다.

13. 오일 스트레이너(oil strainer)에 대한 설명으로 바르지 못한 것은?

① 고정방식과 부동방식이 있으며 일반적으로 고정식이 많이 사용되고 있다.
② 철망으로 만들어져 있으며 비교적 큰 입자의 불순물을 여과한다.
③ 오일 여과기에 있는 오일을 여과하여 각 윤활 부분으로 보낸다.
④ 불순물로 인하여 여과망이 막힐 때에는 오일이 통할 수 있도록 바이패스 밸브(bypass valve)가 설치된 것도 있다.

해설 오일 스트레이너는 오일 펌프로 들어가는 오일을 여과하는 부품이며, 철망으로 제작하여 비교적 큰 입자의 불순물을 여과한다.

14. 디젤엔진에서 오일을 가압하여 윤활부에 공급하는 역할을 하는 것은?

① 공기펌프 ② 오일 펌프
③ 워터펌프 ④ 진공펌프

해설 오일 펌프는 오일 팬 내의 오일을 흡입 · 가압하여 각 윤활부로 공급하는 장치이다.

15. 디젤기관의 윤활장치에서 사용하고 있는 오일 펌프로 적합하지 않은 것은?

① 베인펌프 ② 포막펌프
③ 기어펌프 ④ 로터리펌프

해설 오일 펌프의 종류에는 기어펌프, 로터리펌프, 베인펌프, 플런저펌프가 있다.

정답 08 ② 09 ② 10 ③ 11 ② 12 ① 13 ③ 14 ② 15 ②

16. 4행정 사이클 기관에서 주로 사용하고 있는 오일펌프의 형식은?

① 기어펌프와 로터리펌프
② 로터리펌프와 나사펌프
③ 원심펌프와 플런저펌프
④ 기어펌프와 플런저펌프

해설 4행정 사이클 기관에서 주로 사용하고 있는 오일펌프는 기어펌프와 로터리펌프이다.

17. 기관에 사용되는 여과장치가 아닌 것은?

① 오일 스트레이너
② 인젝션 타이머
③ 공기청정기
④ 오일 여과기

18. 기관의 윤활장치에서 기관오일의 여과방식이 아닌 것은?

① 합류식　② 분류식
③ 전류식　④ 샨트식

해설 기관오일의 여과방식에는 분류식, 샨트식, 전류식이 있다.

19. 윤활유 공급펌프에서 공급된 윤활유 전부가 오일 여과기를 거쳐 윤활부로 가는 방식은?

① 분류식　② 샨트식
③ 자력식　④ 전류식

해설 전류식(full flow filter)은 공급된 윤활유 전부를 오일 여과기를 거쳐 윤활 부분으로 보내는 방식이며, 여과기가 막히는 것을 대비하여 바이패스 밸브(bypass valve)를 설치한다.

20. 기관에 사용되는 오일 여과기에 대한 사항으로 틀린 것은?

① 오일 여과기가 막히면 유압이 높아진다.
② 엘리먼트는 물로 깨끗이 세척한 후 압축공기로 다시 청소하여 사용한다.
③ 여과능력이 불량하면 부품의 마모가 빠르다.
④ 작업조건이 나쁘면 교환 시기를 빨리 한다.

21. 기관에 사용하는 오일 여과기의 적절한 교환시기로 맞는 것은?

① 윤활유 1회 교환 시 2회 교환한다.
② 윤활유 1회 교환 시 1회 교환한다.
③ 윤활유 2회 교환 시 1회 교환한다.
④ 윤활유 3회 교환 시 1회 교환한다.

해설 오일 여과기는 윤활유를 교환할 때마다 함께 교환한다.

22. 디젤기관의 기관오일 압력이 규정 이상으로 높아질 수 있는 원인은?

① 기관오일에 연료가 희석되었다.
② 기관오일의 점도가 지나치게 낮다.
③ 기관오일의 점도가 지나치게 높다.
④ 기관의 회전속도가 낮다.

해설 기관오일의 점도가 지나치게 높으면 유압이 높아진다.

23. 기관의 오일 펌프 유압이 낮아지는 원인이 아닌 것은?

① 윤활유 점도가 너무 높을 때
② 베어링의 오일간극이 클 때
③ 윤활유의 양이 부족할 때
④ 오일 스트레이너가 막혔을 때

해설 기관의 오일압력이 낮은 원인은 윤활유의 점도가 낮을 때, 베어링의 오일간극이 클 때, 윤

정답 16 ① 17 ② 18 ① 19 ④ 20 ② 21 ② 22 ③ 23 ①

활유의 양이 부족할 때, 오일 스트레이너가 막혔을 때이다.

24. 다음 그림과 같은 경고등의 의미는?

① 엔진오일 압력경고등
② 워셔액 부족 경고등
③ 브레이크액 누유 경고등
④ 냉각수 온도경고등

25. 엔진오일 압력경고등이 켜지는 경우가 아닌 것은?

① 엔진을 급가속시켰을 때
② 오일이 부족할 때
③ 오일필터가 막혔을 때
④ 오일회로가 막혔을 때

해설 **엔진오일 압력경고등이 켜지는 원인** : 기관오일의 점도가 낮을 때, 기관오일이 누출되었을 때, 기관오일이 부족할 때, 오일필터 및 오일회로가 막혔을 때

26. 건설기계 작업 시 계기판에서 오일경고등이 점등되었을 때 우선 조치사항으로 적합한 것은?

① 엔진을 분해한다.
② 즉시 엔진시동을 끄고 오일계통을 점검한다.
③ 엔진오일을 교환하고 운전한다.
④ 냉각수를 보충하고 운전한다.

해설 오일경고등이 점등되면 즉시 엔진의 시동을 끄고 오일계통을 점검한다.

27. 건설기계 기관에 설치되는 오일 냉각기의 주요 기능으로 맞는 것은?

① 기관오일 온도를 30℃ 이하로 유지한다.
② 기관오일 온도를 정상온도로 일정하게 유지한다.
③ 기관오일의 수분, 슬러지 등을 제거한다.
④ 기관오일의 압력을 일정하게 유지한다.

해설 오일 냉각기는 냉각수를 이용하여 기관오일 온도를 정상온도로 일정하게 유지시킨다.

28. 기관의 오일레벨 게이지(유면표시기)에 관한 설명으로 틀린 것은?

① 윤활유의 양(레벨)을 점검할 때 사용한다.
② 윤활유를 육안 검사 시에도 활용한다.
③ 반드시 기관 작동 중에 점검해야 한다.
④ 기관의 오일 팬에 있는 오일을 점검하는 것이다.

해설 기관오일량을 점검할 때에는 반드시 기관의 가동이 정지된 상태에서 점검해야 한다.

29. 엔진오일이 많이 소비되는 원인이 아닌 것은?

① 피스톤 링의 마모가 심할 때
② 실린더의 마모가 심할 때
③ 기관의 압축압력이 높을 때
④ 밸브 가이드의 마모가 심할 때

해설 **엔진오일이 많이 소비되는 원인** : 피스톤 및 피스톤 링의 마모가 심할 때, 실린더의 마모가 심할 때, 밸브 가이드의 오일 실이 불량할 때

30. 기관의 윤활유 소모가 많아질 수 있는 원인으로 옳은 것은?

① 비산과 압력 ② 비산과 희석
③ 연소와 누설 ④ 희석과 혼합

해설 윤활유의 소비가 증대되는 2가지 원인은 '연소와 누설'이다.

정답 24 ① 25 ① 26 ② 27 ② 28 ③ 29 ③ 30 ③

31. 기관오일량 점검에서 오일게이지에 상한선(Full)과 하한선(Low) 표시가 되어 있을 때 가장 적합한 것은?

① Low 표시에 있어야 한다.
② Full 표시 이상이 되어야 한다.
③ Low와 Full 표시 사이에서 Low에 가까이 있으면 좋다.
④ Low와 Full 표시 사이에서 Full에 가까이 있으면 좋다.

해설 기관오일량은 오일게이지(유면표시기)의 Low와 Full 표시 사이에서 Full에 가까이 있으면 좋다.

32. 엔진에서 오일의 온도가 상승되는 원인이 아닌 것은?

① 과부하 상태에서 연속적으로 작업을 하였을 때
② 오일 냉각기가 불량할 때
③ 오일의 점도가 부적당할 때
④ 유량이 과다할 때

해설 유량이 부족하면 오일의 온도가 상승한다.

33. 사용 중인 엔진오일을 점검하였더니 오일량이 처음 양보다 증가하였을 경우 그 원인에 해당될 수 있는 것은?

① 냉각수가 혼입되었다.
② 산화물이 혼입되었다.
③ 오일필터가 막혔다.
④ 배기가스가 유입되었다.

해설 냉각수가 혼입되면 오일량이 처음 양보다 증가한다.

34. 엔진에서 작동 중인 엔진오일에 가장 많이 포함된 이물질은?

① 유입먼지
② 산화물
③ 금속분말
④ 카본

해설 작동 중인 엔진오일에 가장 많이 포함된 이물질은 카본(carbon)이다.

정답 31 ④ 32 ④ 33 ① 34 ④

제 5 장 흡 · 배기장치 및 과급기

5-1 공기청정기(air cleaner)

① 연소에 필요한 공기를 실린더로 흡입할 때, 먼지 등의 불순물을 여과하여 피스톤 등의 마모를 방지하는 장치이다.
② 흡입공기 중의 먼지 등의 여과와 흡입공기의 소음을 감소시킨다.
③ 통기저항이 크면 기관의 출력이 저하되고, 연료소비에 영향을 준다.
④ 공기청정기가 막히면 실린더 내로의 공기공급 부족으로 불완전 연소가 일어나 실린더 마멸을 촉진한다.

5-2 과급기(터보 차저, turbo charger)

① 흡기관과 배기관 사이에 설치되어 기관의 실린더 내에 공기를 압축하여 공급한다.
② 과급기를 설치하면 기관의 중량은 10~15% 정도 증가되고, 출력은 35~45% 정도 증가된다.
③ 구조와 설치가 간단하다.
④ 연소상태가 양호하기 때문에 비교적 질이 낮은 연료를 사용할 수 있다.
⑤ 연소상태가 좋아지므로 압축온도 상승에 따라 착화지연기간이 짧아진다.
⑥ 동일 배기량에서 출력이 증가하고, 연료소비율이 감소된다.
⑦ 냉각손실이 적으며, 높은 지대에서도 기관의 출력변화가 적다.

굴삭기 운전기능사

출제 예상 문제

01. 흡기장치의 구비조건으로 틀린 것은?

① 전체 회전영역에 걸쳐서 흡입효율이 좋을 것
② 균일한 분배성능을 지닐 것
③ 흡입부에 와류가 발생할 수 있는 돌출부를 설치할 것
④ 연소속도를 빠르게 할 것

해설 흡기장치의 공기흡입 부분에는 돌출부가 없어야 한다.

02. 기관에서 연소에 필요한 공기를 실린더로 흡입할 때, 먼지 등의 불순물을 여과하여 피스톤 등의 마모를 방지하는 역할을 하는 장치는?

① 플라이휠 ② 과급기
③ 냉각장치 ④ 에어클리너

해설 에어클리너(공기청정기)는 기관에서 연소에 필요한 공기를 실린더로 흡입할 때, 먼지 등의 불순물을 여과하여 피스톤 등의 마모를 방지한다.

03. 디젤기관에서 공기청정기의 설치 목적으로 옳은 것은?

① 연료의 여과와 가압작용
② 공기의 가압작용
③ 공기의 여과와 소음 방지
④ 연료의 여과와 소음 방지

해설 공기청정기는 흡입공기의 먼지 등을 여과하는 작용 이외에 흡기소음을 감소시킨다.

04. 기관 공기청정기의 통기저항을 설명한 것으로 틀린 것은?

① 통기저항이 작아야 한다.
② 통기저항이 커야 한다.
③ 기관출력에 영향을 준다.
④ 연료소비에 영향을 준다.

해설 공기청정기의 통기저항은 작아야 한다. 통기저항이 크면 기관의 출력이 저하되고, 연료소비에 영향을 준다.

05. 건식 공기청정기의 장점이 아닌 것은?

① 설치 또는 분해 · 조립이 간단하다.
② 작은 입자의 먼지나 오물을 여과할 수 있다.
③ 구조가 간단하고 여과망을 세척하여 사용할 수 있다.
④ 기관 회전속도의 변동에도 안정된 공기청정 효율을 얻을 수 있다.

해설 건식 공기청정기의 여과망(엘리먼트)은 압축공기로 안쪽에서 바깥쪽으로 불어 내어 청소하여 사용한다.

06. 공기청정기가 막혔을 때 발생되는 현상으로 가장 적합한 것은?

① 배기색은 무색이며, 출력은 정상이다.
② 배기색은 흰색이며, 출력은 증가한다.
③ 배기색은 검은색이며, 출력은 저하된다.
④ 배기색은 흰색이며, 출력은 저하된다.

해설 공기청정기가 막히면 배기색은 검고, 출력은 저하된다.

정답 01 ③ 02 ④ 03 ③ 04 ② 05 ③ 06 ③

07. **건식 공기청정기 세척 방법으로 가장 적합한 것은?**

① 압축공기로 안에서 밖으로 불어 낸다.
② 압축공기로 밖에서 안으로 불어 낸다.
③ 압축오일로 안에서 밖으로 불어 낸다.
④ 압축오일로 밖에서 안으로 불어 낸다.

08. **흡입공기를 선회시켜 엘리먼트 이전에서 이물질이 제거되도록 하는 공기청정기 방식은?**

① 비스키무스 방식 ② 건식
③ 원심분리 방식 ④ 습식

해설 원심분리 방식은 흡입공기를 선회시켜 엘리먼트 이전에서 이물질을 제거한다.

09. **<보기>에서 머플러(소음기)와 관련된 설명이 모두 올바르게 조합된 것은?**

| 보기 |
㉮ 카본이 많이 끼면 엔진이 과열되는 원인이 될 수 있다.
㉯ 머플러가 손상되어 구멍이 나면 배기소음이 커진다.
㉰ 카본이 쌓이면 엔진 출력이 떨어진다.
㉱ 배기가스의 압력을 높여서 열효율을 증가시킨다.

① ㉮, ㉰, ㉱ ② ㉮, ㉯, ㉰
③ ㉮, ㉯, ㉱ ④ ㉯, ㉰, ㉱

10. **소음기나 배기관 내부에 많은 양의 카본이 부착되면 배압은 어떻게 되는가?**

① 낮아진다.
② 저속에서는 높아졌다가 고속에서는 낮아진다.
③ 높아진다.
④ 영향을 미치지 않는다.

해설 소음기나 배기관 내부에 많은 양의 카본이 부착되면 배압은 높아진다.

11. **디젤기관에서 배기상태가 불량하여 배압이 높을 때 발생하는 현상과 관련 없는 것은?**

① 기관이 과열된다.
② 냉각수 온도가 내려간다.
③ 기관의 출력이 감소된다.
④ 피스톤의 운동을 방해한다.

해설 배압이 높으면 기관이 과열하므로 냉각수 온도가 올라가고, 피스톤의 운동을 방해하므로 기관의 출력이 감소된다.

12. **연소 시 발생하는 질소산화물(NOx)의 발생 원인과 가장 밀접한 관계가 있는 것은?**

① 높은 연소온도 ② 가속불량
③ 흡입공기 부족 ④ 소염 경계층

해설 질소산화물(NOx)은 높은 연소온도 때문에 발생한다.

13. **국내에서 디젤기관에 규제하는 배출 가스는?**

① 탄화수소 ② 매연
③ 일산화탄소 ④ 공기과잉률(λ)

14. **건설기계 작동 시 머플러에서 검은 연기가 발생하는 원인은?**

① 엔진오일량이 너무 많을 때
② 워터펌프 마모 또는 손상
③ 외부온도가 높을 때
④ 에어클리너가 막혔을 때

정답 07 ① 08 ③ 09 ② 10 ③ 11 ② 12 ① 13 ② 14 ④

15. 배기가스의 색과 기관의 상태를 표시한 것으로 틀린 것은?

① 검은색 : 농후한 혼합비
② 무색 : 정상연소
③ 백색 또는 회색 : 윤활유의 연소
④ 황색 : 공기청정기의 막힘

16. 디젤엔진의 배기량이 일정한 상태에서 연소실에 강압적으로 많은 공기를 공급하여 흡입효율을 높이고 출력과 토크를 증대시키기 위한 장치는?

① 과급기 ② 에어 컴프레서
③ 연료압축기 ④ 냉각 압축펌프

해설 과급기는 엔진의 배기량이 일정한 상태에서 연소실에 강압적으로 많은 공기를 공급하여 흡입효율을 높이고 출력과 토크를 증대시키기 위한 장치이다.

17. 터보 차저를 구동하는 것으로 가장 적합한 것은?

① 엔진의 열
② 엔진의 배기가스
③ 엔진의 흡입가스
④ 엔진의 여유동력

해설 터보차저는 엔진의 배기가스에 의해 구동된다.

18. 디젤기관에서 과급기를 사용하는 이유가 아닌 것은?

① 체적효율 증대 ② 냉각효율 증대
③ 출력 증대 ④ 회전력 증대

해설 과급기를 사용하는 이유는 체적효율 증대(흡입공기의 밀도를 증가), 출력 증대, 회전력 증대 때문이다.

19. 디젤기관에 과급기를 설치하였을 때 장점이 아닌 것은?

① 동일 배기량에서 출력이 감소하고, 연료소비율이 증가된다.
② 냉각손실이 적으며 높은 지대에서도 기관의 출력변화가 적다.
③ 연소상태가 좋아지므로 압축온도 상승에 따라 착화지연기간이 짧아진다.
④ 연소상태가 양호하기 때문에 비교적 질이 낮은 연료를 사용할 수 있다.

해설 과급기를 설치하면 동일 배기량에서 출력이 증가하고, 연료소비율이 감소된다.

20. 터보 과급기의 작동상태에 대한 설명으로 틀린 것은?

① 디퓨저에서 공기의 압력 에너지가 속도 에너지로 바뀌게 된다.
② 배기가스가 임펠러를 회전시키면 공기가 흡입되어 디퓨저에 들어간다.
③ 디퓨저에서는 공기의 속도 에너지가 압력 에너지로 바뀌게 된다.
④ 압축공기가 각 실린더의 밸브가 열릴 때마다 들어가 충전효율이 증대된다.

해설 디퓨저는 과급기 케이스 내부에 설치되며, 공기의 속도 에너지를 압력 에너지로 바꾸는 장치이다.

21. 배기터빈 과급기에서 터빈 축 베어링의 윤활 방법으로 옳은 것은?

① 오일리스 베어링을 사용한다.
② 기관오일을 급유한다.
③ 그리스로 윤활한다.
④ 기어오일을 급유한다.

해설 과급기의 터빈 축 베어링에는 기관오일을 급유한다.

정답 15 ④ 16 ① 17 ② 18 ② 19 ① 20 ① 21 ②

굴삭기
운전기능사

제 2 편

건설기계 전기장치

제 1 장 기초전기 및 반도체

1-1 전기의 기초 사항

(1) 전류

① 전류란 자유전자의 이동이며, 측정단위는 암페어(A)이다.

② 전류는 발열작용, 화학작용, 자기작용 등 3대 작용을 한다.

(2) 전압(전위차)

전압은 전류를 흐르게 하는 전기적인 압력이며, 측정단위는 볼트(V)이다.

(3) 저항

① 저항은 전자의 움직임을 방해하는 요소이며, 측정단위는 옴(Ω)이다.

② 전선의 저항은 길이가 길어지면 커지고, 지름이 커지면 작아진다.

1-2 전기회로의 법칙

(1) 옴의 법칙(Ohm's law)

① 도체에 흐르는 전류(I)는 전압(E)에 정비례하고, 그 도체의 저항(R)에는 반비례한다.

$$I=\frac{E}{R},\ E=IR,\ R=\frac{E}{I}$$

② 도체의 저항은 도체 길이에 비례하고 단면적에 반비례한다.

(2) 키르히호프의 법칙(Kirchhoff's law)

① **키르히호프의 제1법칙** : 회로 내의 어떤 한 점에 유입된 전류의 총합과 유출한 전류의 총합은 같다.

② **키르히호프의 제2법칙** : 임의의 폐회로(하나의 접속점을 출발하여 전원 · 저항 등을 거쳐 본래의 출발점으로 되돌아오는 단힌회로)에 있어 기전력의 총합과 저항에 의한

전압강하의 총합은 같다.

(3) 줄의 법칙(Joule's law)

저항에 의하여 발생되는 열량은 도체의 저항과 전류의 제곱 및 흐르는 시간에 비례한다.

1-3 접촉저항

접촉저항은 스위치 접점, 배선의 커넥터, 축전지 단자(터미널) 등에서 발생하기 쉽다.

1-4 퓨즈(fuse)

① 퓨즈는 단락(short)으로 인하여 전선이 타거나 과대전류가 부하로 흐르지 않도록 하는 안전장치이다. 즉 전기장치에서 과전류에 의한 화재예방을 위해 사용하는 부품이다.
② 퓨즈의 용량은 암페어(A)로 표시하며, 회로에 직렬로 연결된다.
③ 퓨즈의 재질은 납과 주석의 합금이다.

1-5 반도체(semiconductor)

(1) 반도체 소자

① **다이오드(diode)** : P형 반도체와 N형 반도체를 마주 대고 접합한 것으로 정류작용을 한다.
② **포토 다이오드(photo diode)** : 빛을 받으면 전류가 흐르지만 빛을 차단하면 전류가 흐르지 않는다.
③ **제너 다이오드(zener diode)** : 어떤 전압에서는 역방향으로 전류가 흐르도록 한 것이다.
④ **발광 다이오드(LED, light-emitting diode)** : 순방향으로 전류를 공급하면 빛이 발생한다.
⑤ **트랜지스터(transistor)** : PNP, NPN으로 접합한 것으로, 이미터(emitter), 베이스(base), 컬렉터(collector) 단자로 구성되며, 스위칭 작용, 증폭 작용 등을 한다.

(2) 반도체의 특징

① 소형 · 경량이며, 내부의 전력손실이 적다.

② 예열시간을 요구하지 않고 곧바로 작동한다.

③ 수명이 길고, 내부 전압강하가 적다.

④ 150℃ 이상 되면 파손되기 쉽고, 고전압에 약하다.

굴삭기 운전기능사

출제 예상 문제

01. 전기가 이동하지 않고 물질에 정지하고 있는 전기는?

① 직류전기 ② 동전기
③ 교류전기 ④ 정전기

해설 정전기란 전기가 이동하지 않고 물질에 정지하고 있는 전기이다.

02. 전류의 3대 작용이 아닌 것은?

① 발열작용 ② 자기작용
③ 원심작용 ④ 화학작용

해설 **전류의 3대 작용 :** 발열작용(전구, 예열플러그 등에서 이용), 화학작용(축전지, 전기도금 등에서 이용), 자기작용(전동기와 발전기에서 이용)

03. 전류의 크기를 측정하는 단위로 옳은 것은?

① V ② A ③ R ④ K

해설 ㉠ 전류 : 암페어(A), ㉡ 전압 : 볼트(V), ㉢ 저항 : 옴(Ω)

04. 전압(voltage)에 대한 설명으로 적당한 것은?

① 자유전자가 도선을 통하여 흐르는 것이다.
② 전기적인 높이, 즉 전기적인 압력이다.
③ 물질에 전류가 흐를 수 있는 정도를 나타낸다.
④ 도체의 저항에 의해 발생되는 열을 나타낸다.

해설 전압이란 전기적인 높이, 즉 전기적인 압력이다.

05. 도체 내의 전류의 흐름을 방해하는 성질은?

① 전하 ② 전류 ③ 전압 ④ 저항

해설 저항은 전자의 이동을 방해하는 요소이다.

06. 전선의 저항에 대한 설명 중 맞는 것은?

① 전선이 길어지면 저항이 감소한다.
② 전선의 지름이 커지면 저항이 감소한다.
③ 모든 전선의 저항은 같다.
④ 전선의 저항은 전선의 단면적과 관계없다.

해설 전선의 저항은 길이가 길어지면 증가하고, 지름(단면적)이 커지면 감소한다.

07. 옴의 법칙에 대한 설명으로 옳은 것은?

① 도체에 흐르는 전류는 도체의 저항에 정비례한다.
② 도체의 저항은 도체 길이에 비례한다.
③ 도체의 저항은 도체에 가해진 전압에 반비례한다.
④ 도체에 흐르는 전류는 도체의 전압에 반비례한다.

해설 도체의 저항은 도체 길이에 비례하고 단면적에 반비례한다.

08. 전기장치에서 접촉저항이 발생하는 개소 중 가장 거리가 것은?

① 배선 중간지점 ② 스위치 접점
③ 축전지 터미널 ④ 배선 커넥터

해설 접촉저항은 스위치 접점, 배선의 커넥터, 축전지 단자(터미널) 등에서 발생하기 쉽다.

정답 01 ④ 02 ③ 03 ② 04 ② 05 ④ 06 ② 07 ② 08 ①

09. 건설기계에서 사용되는 전기장치에서 과전류에 의한 화재 예방을 위해 사용하는 부품으로 옳은 것은?

① 콘덴서 ② 퓨즈
③ 저항기 ④ 전파방지기

해설 퓨즈는 전기회로에서 단락에 의해 전선이 타거나 과대전류가 부하에 흐르지 않도록 하는 부품, 즉 전기장치에서 과전류에 의한 화재 예방을 위해 사용한다.

10. 전기장치 회로에 사용하는 퓨즈의 재질로 적합한 것은?

① 스틸 합금 ② 구리 합금
③ 알루미늄 합금 ④ 납과 주석 합금

해설 퓨즈의 재질은 납과 주석 합금이다.

11. 전기회로에서 퓨즈의 설치 방법은?

① 직렬 ② 병렬
③ 직 · 병렬 ④ 상관없다.

해설 전기회로에서 퓨즈는 직렬로 설치한다.

12. 건설기계의 전기회로의 보호 장치로 맞는 것은?

① 안전밸브 ② 퓨저블 링크
③ 캠버 ④ 턴 시그널 램프

해설 퓨저블 링크(fusible link)는 전기회로를 보호하는 도체 크기의 작은 전선으로 회로에 삽입되어 있다.

13. 역방향으로 한계 이상의 전압이 걸리면 순간적으로 도통, 한계 전압을 유지하는 다이오드는 어느 것인가?

① 포토 다이오드 ② 발광 다이오드
③ 제너 다이오드 ④ 정류 다이오드

14. 빛을 받으면 전류가 흐르지만 빛이 없으면 전류가 흐르지 않는 전기소자는?

① 발광 다이오드
② 포토 다이오드
③ 제너 다이오드
④ PN 접합 다이오드

해설 포토 다이오드는 접합 부분에 빛을 받으면 빛에 의해 자유전자가 되어 전자가 이동하며, 역방향으로 전기가 흐른다.

15. 다이오드는 P형과 N형의 반도체를 맞대어 결합한 것이다. 다이오드의 장점이 아닌 것은?

① 내부의 전력손실이 적다.
② 소형이고 가볍다.
③ 예열 시간을 요구하지 않고 곧바로 작동한다.
④ 200℃ 이상의 고온에서도 사용이 가능하다.

해설 반도체는 고온(150℃ 이상 되면 파손되기 쉽다) · 고전압에 약하다.

16. 전자제어 디젤엔진 분사장치에서 연료를 제어하기 위해 센서로부터 각종 정보(가속페달의 위치, 기관속도, 분사시기, 흡기, 냉각수, 연료온도 등)를 입력받아 전기적 출력신호로 변환하는 것은?

① 컨트롤 로드 액추에이터
② 전자제어유닛(ECU)
③ 컨트롤 슬리브 액추에이터
④ 자기진단(self diagnosis)

해설 전자제어유닛(ECU)은 전자제어 기관에서 연료를 제어하기 위해 센서로부터 각종 정보를 입력받아 전기적 출력신호로 변환하는 것이다.

정답 09 ② 10 ④ 11 ① 12 ② 13 ③ 14 ② 15 ④ 16 ②

제 2 장

축전지

2-1 축전지(battery)의 개요

(1) 축전지의 정의

① 축전지는 전류의 화학작용을 이용하며, 기관을 시동할 때에는 화학적 에너지를 전기적 에너지로 꺼낼 수 있고(방전), 전기적 에너지를 주면 화학적 에너지로 저장(충전)할 수 있다.

② 건설기계 기관 시동용으로 납산 축전지를 사용한다.

(2) 축전지의 기능

① 기관을 시동할 때 시동장치 전원을 공급한다.(가장 중요한 기능)

② 발전기가 고장일 때 일시적인 전원을 공급한다.

③ 발전기의 출력과 부하의 불균형(언밸런스)를 조정한다.

2-2 납산 축전지의 구조

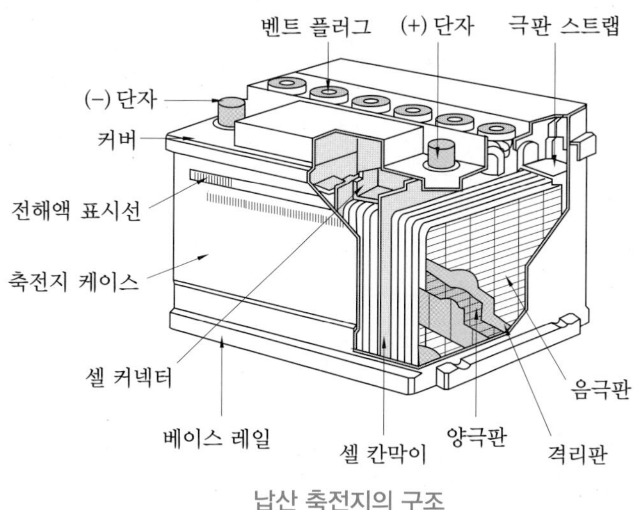

납산 축전지의 구조

(1) 극판

양극판은 과산화납, 음극판은 해면상납이며 화학적 평형을 고려하여 음극판이 1장 더 많다.

(2) 극판군

① 셀(cell)이라고도 부르며, 완전충전되었을 때 약 2.1V의 기전력이 발생한다.
② 12V 축전지의 경우에는 2.1V의 셀 6개가 직렬로 연결되어 있다.

(3) 격리판

양극판과 음극판 사이에 끼워져 양쪽 극판의 단락을 방지하며, 비전도성이어야 한다.

(4) 축전지 단자(terminal) 구별 및 탈 · 부착 방법

① 양극 단자는 [+], 음극 단자는 [−]의 부호로 분별한다.
② 양극 단자는 적색, 음극 단자는 흑색의 색깔로 분별한다.
③ 양극 단자는 지름이 굵고, 음극 단자는 가늘다.
④ 양극 단자는 POS, 음극 단자는 NEG의 문자로 분별한다.
⑤ 단자에서 케이블을 분리할 때에는 접지단자(−단자)의 케이블을 먼저 분리하고, 설치할 때에는 나중에 설치한다.

(5) 전해액(electrolyte)

① 전해액의 비중

㈎ 묽은 황산을 사용하며, 비중은 20℃에서 완전충전되었을 때 1.280이다.
㈏ 전해액은 온도가 상승하면 비중이 작아지고, 온도가 낮아지면 비중은 커진다.
㈐ 전해액의 빙점(어는 온도)은 그 전해액의 비중이 내려감에 따라 높아진다.

② 전해액 만드는 순서

㈎ 용기는 반드시 질그릇 등 절연체인 것을 준비한다.
㈏ 물(증류수)에 황산을 부어서 혼합하도록 한다.

③ 축전지의 설페이션(sulfation, 유화)

설페이션은 납산 축전지를 오랫동안 방전상태로 방치해 두면 극판이 영구 황산납이 되어 사용하지 못하게 되는 현상이다.

2-3 납산 축전지의 화학작용

① 방전이 진행되면 양극판의 과산화납과 음극판의 해면상납 모두 황산납이 되고, 전해액의 묽은 황산은 물로 변화한다.

② 충전이 진행되면 양극판의 황산납은 과산화납으로, 음극판의 황산납은 해면상납으로 환원되며, 전해액의 물은 묽은 황산으로 되돌아간다.

2-4 납산 축전지의 특성

(1) 방전종지전압(방전 끝 전압)

① 축전지의 방전은 어느 한도 내에서 단자 전압이 급격히 저하하며 그 이후는 방전능력이 없어지게 되는데, 이때의 전압을 말한다.

② 1셀당 1.75V이며, 12V 축전지의 경우 1.75V×6=10.5V이다.

(2) 축전지 용량

① 용량의 단위는 AH[전류(ampere)×시간(hour)]로 표시한다.

② 용량의 크기를 결정하는 요소는 극판의 크기, 극판의 수, 전해액(황산)의 양 등이다.

③ 용량표시 방법에는 20시간율, 25암페어율, 냉간율이 있다.

(3) 축전지 연결에 따른 용량과 전압의 변화

① 직렬연결

㈎ 같은 축전지 2개 이상을 (+)단자와 다른 축전지의 (−)단자에 서로 연결하는 방법이다.

㈏ 전압은 연결한 개수만큼 증가되지만 용량은 1개일 때와 같다.

② 병렬연결

㈎ 같은 축전지 2개 이상을 (+)단자는 다른 축전지의 (+)단자에, (−)단자는 (−)단자에 접속하는 방법이다.

㈏ 용량은 연결한 개수만큼 증가하지만 전압은 1개일 때와 같다.

2-5 납산 축전지의 자기방전(자연방전)

(1) 자기방전의 원인

① 구조상 부득이하다.(음극판의 작용물질이 황산과의 화학작용으로 황산납이 되기 때문에)

② 전해액에 포함된 불순물이 국부전지를 구성하기 때문이다.

③ 탈락한 극판 작용물질이 축전지 내부에 퇴적되어 단락되기 때문이다.

④ 축전지 커버와 케이스의 표면의 전기누설 때문이다.

(2) 축전지의 자기방전량

① 전해액의 온도와 비중이 높을수록 자기방전량은 많아진다.

② 날짜가 경과할수록 자기방전량은 많아진다.

③ 충전 후 시간의 경과에 따라 자기방전량의 비율은 점차 낮아진다.

2-6 납산 축전지 충전

충전 방법에는 정전류 충전, 정전압 충전, 단별전류 충전, 급속충전 등이 있다.

2-7 MF 축전지(maintenance free battery)

MF 축전지는 격자를 저(低)안티몬 합금이나 납-칼슘 합금을 사용하여 전해액의 감소나 자기방전량을 줄일 수 있는 무정비 축전지이다. 특징은 다음과 같다.

① 자기방전 비율이 매우 낮아 장기간 보관이 가능하다.

② 증류수를 점검하거나 보충하지 않아도 된다.

③ 산소와 수소가스를 다시 증류수로 환원시키는 밀봉촉매 마개를 사용한다.

굴삭기 운전기능사

출제 예상 문제

01. 납산 축전지에 관한 설명으로 틀린 것은?

① 전압은 셀의 개수와 셀 1개당의 전압으로 결정된다.
② 음극판이 양극판보다 1장 더 많다.
③ 기관시동 시 전기적 에너지를 화학적 에너지로 바꾸어 공급한다.
④ 기관시동 시 화학적 에너지를 전기적 에너지로 바꾸어 공급한다.

해설 축전지는 화학작용을 이용한 장치이며, 기관을 시동할 때에는 양극판, 음극판 및 전해액이 가지는 화학적 에너지를 전기적 에너지로 바꾸어 공급한다.

02. 축전지의 구비조건으로 가장 거리가 먼 것은?

① 축전지의 용량이 클 것
② 전기적 절연이 완전할 것
③ 가급적 크고, 다루기 쉬울 것
④ 전해액의 누출 방지가 완전할 것

해설 축전지는 소형 · 경량이고, 수명이 길어야 한다.

03. 축전지의 역할을 설명한 것으로 틀린 것은?

① 기동장치의 전기적 부하를 담당한다.
② 발전기 출력과 부하와의 언밸런스를 조정한다.
③ 기관시동 시 전기적 에너지를 화학적 에너지로 바꾼다.
④ 발전기 고장 시 주행을 확보하기 위한 전원으로 작동한다.

해설 축전지의 역할은 기동장치의 전기적 부하 담당(기동전동기 작동), 발전기가 고장 났을 때 주행을 확보하기 위한 전원으로 작동, 발전기 출력과 부하와의 언밸런스(불균형)를 조정하는 것이다.

04. 12V의 납축전지 셀에 대한 설명으로 맞는 것은?

① 6개의 셀이 직렬로 접속되어 있다.
② 6개의 셀이 병렬로 접속되어 있다.
③ 6개의 셀이 직렬과 병렬로 혼용하여 접속되어 있다.
④ 3개의 셀이 직렬과 병렬로 혼용하여 접속되어 있다.

해설 12V 축전지는 2.1V의 셀(cell) 6개가 직렬로 접속된다.

05. 납산 축전지에서 격리판의 역할은?

① 전해액의 증발을 방지한다.
② 과산화납으로 변화되는 것을 방지한다.
③ 전해액의 화학작용을 방지한다.
④ 음극판과 양극판의 절연성을 높인다.

해설 격리판은 음극판과 양극판의 단락을 방지한다. 즉 절연성을 높인다.

06. 축전지의 전해액으로 알맞은 것은?

① 순수한 물 ② 과산화납
③ 해면상납 ④ 묽은 황산

해설 납산 축전지 전해액은 증류수에 황산을 혼합한 묽은 황산이다.

정답 01 ③ 02 ③ 03 ③ 04 ① 05 ④ 06 ④

07. 축전지의 케이스와 커버를 청소할 때 사용하는 용액으로 가장 옳은 것은?

① 비누와 물 ② 소금과 물
③ 소다와 물 ④ 오일과 가솔린

해설 축전지 커버나 케이스의 청소는 소다와 물 또는 암모니아수를 사용한다.

08. 축전지 전해액에 관한 내용으로 옳지 않은 것은?

① 전해액의 온도가 1℃ 변화함에 따라 비중은 0.0007씩 변한다.
② 온도가 올라가면 비중은 올라가고 온도가 내려가면 비중이 내려간다.
③ 전해액은 증류수에 황산을 혼합하여 희석시킨 묽은 황산이다.
④ 축전지 전해액 점검은 비중계로 한다.

해설 전해액은 온도가 올라가면 비중은 내려가고, 온도가 내려가면 비중은 올라간다.

09. 축전지 격리판의 구비조건으로 틀린 것은?

① 기계적 강도가 있을 것
② 다공성이고 전해액에 부식되지 않을 것
③ 극판에 좋지 않은 물질을 내뿜지 않을 것
④ 전도성이 좋으며 전해액의 확산이 잘 될 것

해설 격리판은 비전도성이어야 한다.

10. 20℃에서 완전충전 시 축전지의 전해액 비중은?

① 2.260 ② 0.128
③ 1.280 ④ 0.0007

해설 20℃에서 완전충전된 납산 축전지의 전해액 비중은 1.280이다.

11. 전해액 충전 시 20°C일 때 비중으로 틀린 것은?

① 25% 충전 : 1.150~1.170
② 50% 충전 : 1.190~1.210
③ 75% 충전 : 1.220~1.260
④ 완전충전 : 1.260~1.280

해설 75% 충전 : 1.220~1.240

12. 납산 축전지의 전해액을 만들 때 황산과 증류수의 혼합 방법에 대한 설명으로 틀린 것은?

① 조금씩 혼합하며, 잘 저어서 냉각시킨다.
② 증류수에 황산을 부어 혼합한다.
③ 전기가 잘 통하는 금속제 용기를 사용하여 혼합한다.
④ 추운 지방인 경우 온도가 표준온도일 때 비중이 1.280이 되게 측정하면서 작업을 끝낸다.

해설 전해액을 만들 때에는 질그릇, 고무그릇 등의 절연체인 용기를 준비한다.

13. 납산 축전지의 충전상태를 판단할 수 있는 계기로 옳은 것은?

① 온도계 ② 습도계
③ 점도계 ④ 비중계

해설 비중계로 전해액의 비중을 측정하면 축전지 충전여부를 판단할 수 있다.

14. 납산 축전지를 오랫동안 방전상태로 방치하면 사용하지 못하게 되는 원인은?

① 극판이 영구 황산납이 되기 때문이다.
② 극판에 산화납이 형성되기 때문이다.
③ 극판에 수소가 형성되기 때문이다.
④ 극판에 녹이 슬기 때문이다.

정답 07 ③ 08 ② 09 ④ 10 ③ 11 ③ 12 ③ 13 ④ 14 ①

해설 납산 축전지를 오랫동안 방전상태로 두면 극판이 영구 황산납이 되어 사용하지 못하게 된다.

15. **축전지 설페이션(유화)의 원인이 아닌 것은?**

① 방전상태로 장시간 방치한 경우
② 전해액 양이 부족한 경우
③ 과다충전인 경우
④ 전해액 속의 과도한 황산이 함유된 경우

해설 **축전지의 설페이션(유화)의 원인** : 장기간 방전상태로 방치하였을 때, 전해액 속의 과도한 황산의 함유, 전해액에 불순물이 포함되어 있을 때, 전해액 양이 부족할 때

16. **축전지의 온도가 내려갈 때 발생되는 현상이 아닌 것은?**

① 비중이 상승한다.
② 전류가 커진다.
③ 용량이 저하한다.
④ 전압이 저하한다.

해설 축전지의 온도가 내려가면 비중은 상승하나, 용량, 전류, 전압이 모두 저하된다.

17. **겨울철 축전지 전해액이 낮아지면 전해액이 얼기 시작하는 온도는?**

① 낮아진다. ② 높아진다.
③ 관계없다. ④ 일정하지 않다.

해설 전해액의 빙점(어는 온도)은 그 전해액의 비중이 내려감에 따라 높아진다.

18. **배터리에서 셀 커넥터와 단자기둥에 대한 설명이 아닌 것은?**

① 셀 커넥터는 납 합금으로 되었다.
② 양극판이 음극판의 수보다 1장 더 적다.
③ 색깔로 구분되어 있는 것은 (−)가 적색으로 되어 있다.
④ 셀 커넥터는 배터리 내의 각각의 셀을 직렬로 연결하기 위한 것이다.

해설 색깔로 구분되어 있는 것은 (+)가 적색이다.

19. **납산 축전지 터미널(단자)의 식별 방법으로 적합하지 않은 것은?**

① (+), (−)의 표시로 구분한다.
② 터미널의 요철로 구분한다.
③ 굵고 가는 것으로 구분한다.
④ 적색과 흑색 등 색깔로 구분한다.

해설 **축전지 터미널(단자)의 식별 방법** : (+), (−)의 표시로 구분하는 방법, 굵고 가는 것으로 구분하는 방법, 적색과 흑색 등 색깔로 구분하는 방법

20. **납산 축전지 단자에 녹이 발생했을 때의 조치 방법으로 가장 적합한 것은?**

① 물걸레로 닦아 내고 더 조인다.
② 녹을 닦은 후 고정시키고 소량의 그리스를 상부에 도포한다.
③ [+]와 [−] 터미널을 서로 교환한다.
④ 녹슬지 않게 엔진오일을 도포하고 확실히 더 조인다.

해설 단자에 녹이 발생하였으면 녹을 닦은 후 고정시키고 소량의 그리스를 상부에 바른다.

21. **건설기계의 축전지 케이블 탈거에 대한 설명으로 맞는 것은?**

① 절연되어 있는 케이블을 먼저 탈거한다.
② 아무 케이블이나 먼저 탈거한다.
③ 접지되어 있는 케이블을 먼저 탈거한다.
④ [+]케이블을 먼저 탈거한다.

해설 축전지에서 케이블을 탈거할 때에는 접지 케이블을 먼저 탈거한다.

정답 15 ③ 16 ② 17 ② 18 ③ 19 ② 20 ② 21 ③

22. 축전지를 교환 및 장착할 때 연결순서로 옳은 것은?

① (+)나 (−)선 중 편리한 것부터 연결하면 된다.
② 축전지의 (−)선을 먼저 부착하고, (+)선을 나중에 부착한다.
③ 축전지의 (+), (−)선을 동시에 부착한다.
④ 축전지의 (+)선을 먼저 부착하고, (−)선을 나중에 부착한다.

해설 축전지를 장착할 때에는 (+)선을 먼저 부착하고, (−)선을 나중에 부착한다.

23. 축전지에서 방전 중일 때의 화학작용을 설명하였다. 틀린 것은?

① 격리판 : 황산납 → 물
② 양극판 : 과산화납 → 황산납
③ 음극판 : 해면상납 → 황산납
④ 전해액 : 묽은 황산 → 물

해설 축전지가 방전될 때 양극판의 과산화납은 황산납으로, 음극판의 해면상납은 황산납으로, 전해액의 묽은 황산은 물로 변화한다.

24. 축전지의 방전은 어느 한도 내에서 단자 전압이 급격히 저하하며 그 이후에는 방전능력이 없어지는데, 이때의 전압을 무엇이라고 하는가?

① 충전전압 ② 방전전압
③ 누전전압 ④ 방전종지전압

해설 방전종지전압이란 축전지의 방전은 어느 한도 내에서 단자 전압이 급격히 저하하며 그 이후에는 방전능력이 없어지는데, 이때의 전압을 말한다.

25. 축전지의 방전종지전압에 대한 설명이 잘못된 것은?

① 20시간율 전류로 방전하였을 경우 방전종지전압은 한 셀당 2.1V이다.
② 한 셀당 1.7∼1.8V 이하로 방전되는 현상이다.
③ 방전종지전압 이하로 방전시키면 축전지의 성능이 저하된다.
④ 축전지의 방전 끝(한계) 전압이다.

해설 축전지의 방전종지전압은 1셀 당 1.7∼1.8V이다.

26. 12V용 납산 축전지의 방전종지전압은?

① 12V ② 10.5V ③ 7.5V ④ 1.75V

해설 축전지 셀당 방전종지전압이 1.75V이므로 12V 축전지의 방전종지전압은 6×1.75V = 10.5V이다.

27. 건설기계에 사용되는 축전지의 용량 단위는?

① Ah ② PS ③ kW ④ kV

해설 축전지 용량의 단위는 Ah(암페어 시)이다.

28. 축전지의 용량(전류)에 영향을 주는 요소로 틀린 것은?

① 극판의 수 ② 극판의 크기
③ 전해액의 양 ④ 냉간율

해설 축전지의 용량에 영향을 주는 요소는 셀당 극판의 수, 극판의 크기, 전해액의 양이다.

29. 다음 중 축전지의 용량 표시 방법이 아닌 것은?

① 25시간율 ② 25암페어율
③ 20시간율 ④ 냉간율

해설 축전지의 용량 표시 방법에는 20시간율, 25암페어율, 냉간율이 있다.

정답 22 ④ 23 ① 24 ④ 25 ① 26 ② 27 ① 28 ④ 29 ①

30. 그림과 같이 12V용 축전지 2개를 사용하여 24V용 건설기계를 시동하고자 할 때 연결 방법으로 옳은 것은?

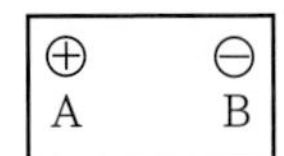

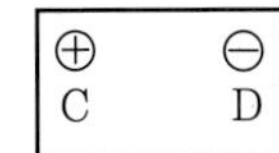

① B와 D ② A와 C
③ A와 B ④ B와 C

해설 직렬연결이란 전압과 용량이 동일한 축전지 2개 이상을 (+)단자와 연결대상 축전지의 (-)단자에 서로 연결하는 방식이다.

31. 건설기계에 사용되는 12볼트(V) 80암페어(A) 축전지 2개를 직렬연결하면 전압과 전류는?

① 24볼트(V) 160암페어(A)가 된다.
② 12볼트(V) 160암페어(A)가 된다.
③ 24볼트(V) 80암페어(A)가 된다.
④ 12볼트(V) 80암페어(A)가 된다.

해설 12V–80A 축전지 2개를 직렬로 연결하면 24V–80A가 된다.

32. 같은 용량, 같은 전압의 축전지를 병렬로 연결하였을 때 맞는 것은?

① 용량과 전압은 일정하다.
② 용량과 전압이 2배로 된다.
③ 용량은 한 개일 때와 같으나 전압은 2배로 된다.
④ 용량은 2배이고 전압은 한 개일 때와 같다.

해설 축전지를 병렬로 연결하면 용량은 연결한 개수만큼 증가하지만 전압은 1개일 때와 같다.

33. 건설기계에 사용되는 12볼트(V) 80암페어(A) 축전지 2개를 병렬로 연결하면 전압과 전류는 어떻게 변하는가?

① 12볼트(V), 160암페어(A)가 된다.
② 24볼트(V), 80암페어(A)가 된다.
③ 12볼트(V), 80암페어(A)가 된다.
④ 24볼트(V), 160암페어(A)가 된다.

해설 12V–80A 축전지 2개를 병렬로 연결하면 12V–160A가 된다.

34. 축전지의 수명을 단축하는 요인들이 아닌 것은?

① 전해액의 부족으로 극판의 노출로 인한 설페이션
② 전해액에 불순물이 많이 함유된 경우
③ 내부에서 극판이 단락 또는 탈락이 된 경우
④ 단자기둥의 굵기가 서로 다른 경우

해설 축전지의 단자기둥의 굵기와 축전지 수명과는 관계가 없다.

35. 충전된 축전지라도 방치해 두면 사용하지 않아도 조금씩 자연 방전하여 용량이 감소하는 현상은?

① 화학방전 ② 자기방전
③ 강제방전 ④ 급속방전

해설 자기방전이란 충전된 축전지라도 방치해 두면 사용하지 않아도 조금씩 자연 방전하여 용량이 감소하는 현상이다.

36. 축전지의 소비된 전기 에너지를 보충하기 위한 충전 방법이 아닌 것은?

① 정전류 충전 ② 급속충전
③ 정전압 충전 ④ 초 충전

해설 축전지의 충전 방법에는 정전류 충전, 정전압 충전, 단별전류 충전, 급속충전 등이 있다.

정답 30 ④ 31 ③ 32 ④ 33 ① 34 ④ 35 ② 36 ④

37. **축전지의 자기방전량에 대한 설명으로 적합하지 않은 것은?**

① 전해액의 온도가 높을수록 자기방전량은 작아진다.

② 전해액의 비중이 높을수록 자기방전량은 크다.

③ 날짜가 경과할수록 자기방전량은 많아진다.

④ 충전 후 시간의 경과에 따라 자기방전량의 비율은 점차 낮아진다.

해설 자기방전량은 전해액의 온도가 높을수록 커진다.

38. **배터리의 자기방전 원인에 대한 설명으로 틀린 것은?**

① 배터리의 구조상 부득이하다.

② 이탈된 작용물질이 극판의 아랫부분에 퇴적되어 있다.

③ 배터리 케이스의 표면에서 전기누설이 없다.

④ 전해액 중에 불순물이 혼입되어 있다.

해설 **자기방전의 원인** : 음극판의 작용물질이 황산과의 화학작용으로 황산납이 되기 때문(구조상 부득이함), 전해액에 포함된 불순물이 국부전지를 구성하기 때문, 탈락한 극판 작용물질이 축전지 내부에 퇴적되기 때문, 축전지 케이스의 표면에서 전기누설 때문

39. **축전지를 충전기에 의해 충전 시 정전류 충전범위로 틀린 것은?**

① 최대충전 전류 : 축전지 용량의 20%

② 최소충전 전류 : 축전지 용량의 5%

③ 최대충전 전류 : 축전지 용량의 50%

④ 표준충전 전류 : 축전지 용량의 10%

해설 정전류 충전전류 범위는 표준충전 전류는 축전지 용량의 10%, 최소충전 전류는 축전지 용량의 5%, 최대충전 전류는 축전지 용량의 20%이다.

40. **납산 축전지의 충전 중 주의사항으로 틀린 것은?**

① 차상에서 충전할 때는 배터리 접지(−)를 분리할 것

② 전해액의 온도는 45℃ 이상을 유지할 것

③ 충전 중 축전지에 충격을 가하지 말 것

④ 통풍이 잘되는 곳에서 충전할 것

해설 충전할 때 전해액의 온도가 최대 45℃를 넘지 않도록 하여야 한다.

41. **급속충전을 할 때 주의사항으로 옳지 않은 것은?**

① 충전시간은 가급적 짧아야 한다.

② 충전 중인 축전지에 충격을 가하지 않는다.

③ 통풍이 잘되는 곳에서 충전한다.

④ 축전지가 차량에 설치된 상태로 충전한다.

해설 축전지가 차량에 설치된 상태에서 급속충전을 할 때에는 접지케이블을 분리한 후 충전한다.

42. **건설기계에 장착된 축전지를 급속충전할 때 축전지의 접지케이블을 분리시키는 이유는?**

① 과다충전을 방지하기 위해

② 발전기의 다이오드를 보호하기 위해

③ 시동스위치를 보호하기 위해

④ 기동전동기를 보호하기 위해

정답 37 ① 38 ③ 39 ③ 40 ② 41 ④ 42 ②

해설 급속충전할 때 축전지의 접지케이블을 분리하여야 하는 이유는 발전기의 다이오드를 보호하기 위함이다.

43. 충전 중인 축전지에 화기를 가까이하면 위험한 이유는?

① 전해액이 폭발성 액체이기 때문에
② 수소가스가 폭발성 가스이기 때문에
③ 산소가스가 폭발성 가스이기 때문에
④ 충전기가 폭발될 위험이 있기 때문에

해설 축전지 충전 중에 화기를 가까이하면 수소가스가 폭발할 우려가 있다.

44. 축전지 전해액이 자연 감소되었을 때 보충에 가장 적합한 것은?

① 증류수
② 황산
③ 경수
④ 수돗물

해설 축전지 전해액이 자연 감소되었을 경우에는 증류수를 보충한다.

45. 납산 축전지에 대한 설명으로 옳은 것은?

① 전해액이 자연 감소된 축전지의 경우 증류수를 보충한다.
② 축전지의 방전이 계속되면 전압은 낮아지고, 전해액의 비중은 높아진다.
③ 축전지의 용량을 크게 하려면 별도의 축전지를 직렬로 연결한다.
④ 축전지를 보관할 때에는 되도록 방전시키는 것이 좋다.

해설 납산 축전지에 대한 설명

㉠ 축전지의 방전이 계속되면 전압은 낮아지고, 전해액의 비중도 낮아진다.
㉡ 축전지의 용량을 크게 하기 위해서는 별도의 축전지를 병렬로 연결한다.
㉢ 축전지를 보관할 때에는 가능한 한 충전시키는 것이 좋다.

46. MF(maintenance free) 축전지에 대한 설명으로 적합하지 않은 것은?

① 격자의 재질은 납과 칼슘 합금이다.
② 무보수용 배터리다.
③ 밀봉 촉매마개를 사용한다.
④ 증류수는 매 15일마다 보충한다.

해설 MF 축전지는 증류수를 점검 및 보충하지 않아도 된다.

47. 시동키를 뽑은 상태로 주차했음에도 배터리에서 방전되는 전류를 뜻하는 것은?

① 충전전류
② 암전류
③ 시동전류
④ 발전전류

해설 암전류란 시동키를 뽑은 상태로 주차했음에도 배터리에서 방전되는 전류이다.

48. 납산 축전지가 불량했을 때의 설명으로 옳은 것은?

① 크랭킹 시 발열하면서 심하면 터질 수 있다.
② 방향지시등이 켜졌다가 꺼짐을 반복한다.
③ 제동등이 상시 점등된다.
④ 가감속이 어렵고 공회전 상태가 심하게 흔들린다.

해설 납산 축전지가 불량하면 크랭킹 할 때 발열하면서 심하면 터질 수 있다.

정답 43 ② 44 ① 45 ① 46 ④ 47 ② 48 ①

제 3 장 시동장치와 예열장치

3-1 시동장치(starting system)

(1) 기동전동기의 원리

기동전동기의 원리는 플레밍의 왼손 법칙을 이용한다.

(2) 기동전동기의 종류

① **직권전동기**

㈎ 전기자 코일과 계자코일을 직렬로 접속한다.

㈏ 장점 : 기동회전력이 크고, 부하가 증가하면 회전속도가 낮아지며 흐르는 전류가 커진다.

㈐ 단점 : 회전속도 변화가 크다.

② **분권전동기** : 전기자 코일과 계자코일을 병렬로 접속한다.

③ **복권전동기** : 전기자 코일과 계자코일을 직 · 병렬로 접속한다.

(3) 기동전동기의 구조와 기능

① 전기자 코일 및 철심, 정류자, 계자코일 및 계자철심, 브러시와 브러시 홀더, 피니언, 오버러닝 클러치, 솔레노이드 스위치 등으로 구성된다.

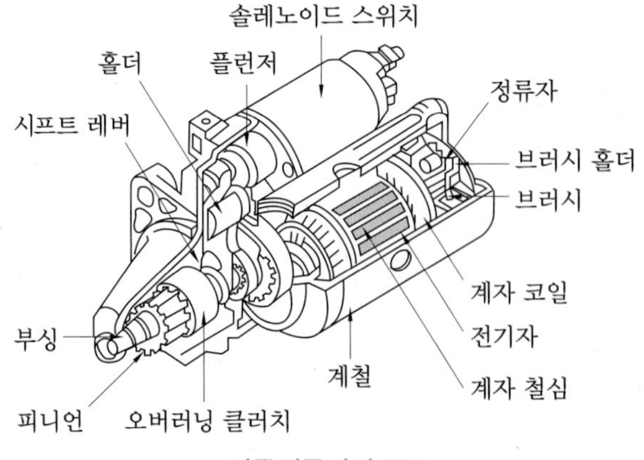

기동전동기의 구조

② 기관을 시동할 때 기관 플라이휠의 링 기어에 기동전동기의 피니언을 맞물려 크랭크축을 회전시킨다.
③ 기관의 시동이 완료되면 기동전동기 피니언을 플라이휠 링 기어로부터 분리시킨다.

(4) 기동전동기의 동력전달 방식

기동전동기의 피니언을 기관의 플라이휠 링 기어에 물리는 방식에는 벤딕스 방식. 피니언 섭동방식, 전기자 섭동방식 등이 있다.

3-2 예열장치(glow system)

예열장치는 흡기다기관이나 연소실 내의 공기를 미리 가열하여 겨울철에 디젤기관의 시동이 쉽도록 하는 장치이다. 즉 디젤기관에 흡입된 공기온도를 상승시켜 시동을 원활하게 한다.

(1) 예열플러그(glow plug)

예열플러그는 연소실 내의 압축공기를 직접 예열하며, 코일형과 실드형이 있다.

(2) 흡기가열 방식

흡기가열 방식에는 흡기히터와 히트레인지가 있으며, 직접분사실식에서 사용한다.
① **흡기히터**(intake heater) : 흡기다기관에 설치되어 연료를 연소시켜 흡입공기를 데워 실린더로 보내는 방식이다.
② **히트레인지**(heat range): 흡기다기관에 설치된 열선에 전원을 공급하여 발생되는 열에 의해 흡입되는 공기를 가열하는 방식이다.

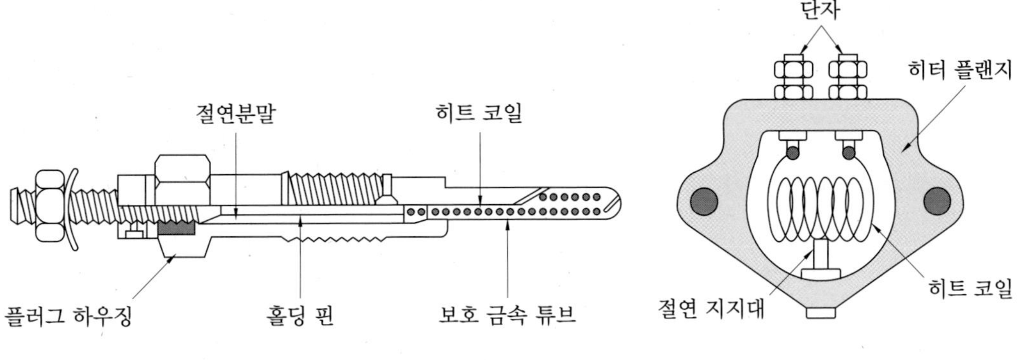

실드형 예열플러그의 구조

히트레인지의 구조

굴삭기 운전기능사

출제 예상 문제

01. **건설기계에 사용되는 전기장치 중 플레밍의 왼손 법칙이 적용된 부품은?**

① 발전기 ② 점화코일
③ 릴레이 ④ 기동전동기

해설 기동전동기의 원리는 플레밍의 왼손 법칙을 적용한다.

02. **건설기계 기관의 시동용으로 사용되는 기동전동기로 옳은 것은?**

① 직류분권 전동기
② 직류직권 전동기
③ 직류복권 전동기
④ 교류 전동기

해설 기관 시동으로 사용하는 전동기는 직류직권 전동기이다.

03. **직권 기동전동기의 전기자 코일과 계자코일의 연결로 옳은 것은?**

① 병렬로 연결되어 있다.
② 직렬로 연결되어 있다.
③ 직렬 · 병렬로 연결되어 있다.
④ 계자코일은 직렬, 전기자 코일은 병렬로 연결되어 있다.

해설 직권전동기는 계자코일과 전기자 코일이 직렬로 연결되어 있다.

04. **직류직권 전동기에 대한 설명 중 틀린 것은?**

① 기동 회전력이 분권전동기에 비해 크다.
② 부하에 따른 회전속도의 변화가 크다.
③ 부하를 크게 하면 회전속도는 낮아진다.
④ 부하에 관계없이 회전속도가 일정하다.

해설 직류직권 전동기는 기동 회전력이 크고, 부하가 걸렸을 때에는 회전속도가 낮아지고 회전력이 큰 장점이 있으나 회전속도의 변화가 큰 단점이 있다.

05. **전기자 코일, 정류자, 계자코일, 브러시 등으로 구성되어 기관을 가동시킬 때 사용되는 것으로 옳은 것은?**

① 발전기 ② 기동전동기
③ 오일펌프 ④ 액추에이터

해설 기동전동기는 전기자 코일 및 철심, 정류자, 계자코일 및 계자철심, 브러시와 홀더, 피니언, 오버러닝 클러치, 솔레노이드 스위치 등으로 구성되어 기관을 가동시킬 때 사용한다.

06. **기동전동기의 구성품이 아닌 것은?**

① 전기자 ② 스테이터
③ 브러시 ④ 구동피니언

07. **기동전동기의 기능으로 틀린 것은?**

① 기관을 구동시킬 때 사용한다.
② 플라이휠의 링 기어에 기동전동기 피니언을 맞물려 크랭크축을 회전시킨다.
③ 축전지와 각부 전장품에 전기를 공급한다.
④ 기관의 시동이 완료되면 기동전동기 피니언을 플라이휠 링 기어로부터 분리시킨다.

해설 축전지와 각부 전장품에 전기를 공급하는 장치는 발전기이다.

정답 01 ④ 02 ② 03 ② 04 ④ 05 ② 06 ② 07 ③

08. 기관시동 시 전류의 흐름으로 옳은 것은?

① 축전지 → 전기자 코일 → 정류자 → 브러시 → 계자코일
② 축전지 → 계자코일 → 브러시 → 정류자 → 전기자 코일
③ 축전지 → 전기자 코일 → 브러시 → 정류자 → 계자코일
④ 축전지 → 계자코일 → 정류자 → 브러시 → 전기자 코일

해설 기관을 시동할 때 축전지 → 계자코일 → 브러시 → 정류자 → 전기자 코일 순서로 전류가 흐른다.

09. 기동전동기에서 토크를 발생하는 부분은?

① 계자코일
② 솔레노이드 스위치
③ 전기자 코일
④ 계철

해설 기동전동기에서 토크가 발생하는 부분은 전기자 코일이다.

10. 전기자 철심을 두께 0.35~1.0mm의 얇은 철판을 각각 절연하여 겹쳐 만든 주된 이유는?

① 열 발산을 방지하기 위해
② 코일의 발열 방지를 위해
③ 맴돌이 전류를 감소시키기 위해
④ 자력선의 통과를 차단시키기 위해

해설 전기자 철심을 두께 0.35~1.0mm의 얇은 철판을 각각 절연하여 겹쳐 만든 이유는 자력선을 잘 통과시키고, 맴돌이 전류를 감소시키기 위함이다.

11. 기동전동기 전기자 코일에 항상 일정한 방향으로 전류가 흐르도록 하기 위해 설치한 것은?

① 정류자 ② 로터
③ 슬립링 ④ 다이오드

해설 정류자는 전기자 코일에 항상 일정한 방향으로 전류가 흐르도록 하는 작용을 한다.

12. 기동전동기의 브러시는 본래 길이의 얼마 정도 마모되면 교환하는가?

① $\frac{1}{10}$ 이상 ② $\frac{1}{3}$ 이상
③ $\frac{1}{5}$ 이상 ④ $\frac{1}{4}$ 이상

해설 기동전동기의 브러시는 본래 길이의 $\frac{1}{3}$ 이상 마모되면 교환하여야 한다.

13. 엔진이 시동된 후에 기동전동기 피니언이 공회전하여 플라이휠 링 기어에 의해 엔진의 회전력이 기동전동기에 전달되지 않도록 하는 장치는?

① 피니언 ② 전기자
③ 오버러닝 클러치 ④ 정류자

해설 오버러닝 클러치는 엔진이 시동된 후에 기동전동기 피니언이 공회전하여 플라이휠 링 기어에 의해 엔진의 회전력이 기동전동기에 전달되지 않도록 한다.

14. 기동전동기에서 마그네틱 스위치는?

① 전자석 스위치이다.
② 전류 조절기이다.
③ 전압 조절기이다.
④ 저항 조절기이다.

해설 마그네틱 스위치는 솔레노이드 스위치라고도 부르며, 기동전동기의 전자석 스위치이다.

정답 08 ② 09 ③ 10 ③ 11 ① 12 ② 13 ③ 14 ①

15. 기동전동기 구성품 중 자력선을 형성하는 것은?

① 전기자 ② 계자코일
③ 슬립링 ④ 브러시

해설 계자코일에 전기가 흐르면 계자철심은 전자석이 되며, 자력선을 형성한다.

16. 시동장치에서 스타트 릴레이의 설치목적으로 틀린 것은?

① 축전지 충전을 용이하게 한다.
② 회로에 충분한 전류가 공급될 수 있도록 하여 크랭킹이 원활하게 한다.
③ 엔진 시동을 용이하게 한다.
④ 키스위치(시동스위치)를 보호한다.

해설 스타트 릴레이는 회로에 충분한 전류가 공급될 수 있도록 하여 크랭킹이 원활하게 하여 엔진 시동을 용이하게 하며, 키스위치(시동스위치)를 보호한다.

17. 기동전동기의 피니언을 기관의 플라이휠 링 기어에 물리는 방식이 아닌 것은?

① 피니언 섭동방식
② 벤딕스 방식
③ 전기자 섭동방식
④ 오버러닝 클러치 방식

해설 기동전동기의 피니언을 엔진의 플라이휠 링 기어에 물리는 방식에는 벤딕스 방식, 피니언 섭동방식, 전기자 섭동방식 등이 있다.

18. 건설기계의 기동장치 취급 시 주의사항으로 틀린 것은?

① 기관이 시동된 상태에서 기동스위치를 켜서는 안 된다.
② 기동전동기의 회전속도가 규정 이하이면 오랜 시간 연속 회전시켜도 시동이 되지 않으므로 회전속도에 유의해야 한다.
③ 기동전동기의 연속 사용기간은 3분 정도로 한다.
④ 전선 굵기는 규정 이하의 것을 사용하면 안 된다.

해설 기동전동기의 연속 사용기간은 10~15초 정도로 한다.

19. 기동전동기 피니언을 플라이휠 링 기어에 물려 기관을 크랭킹 시킬 수 있는 시동스위치 위치는?

① ON 위치 ② ACC 위치
③ OFF 위치 ④ ST 위치

해설 ST(시동) 위치는 기동전동기 피니언을 플라이휠 링 기어에 물려 기관을 크랭킹 하는 시동스위치의 위치이다.

20. 기관에 사용되는 기동전동기가 회전이 안 되거나 회전력이 약한 원인이 아닌 것은?

① 시동 스위치의 접촉이 불량하다.
② 배터리 단자와 케이블의 접촉이 나쁘다.
③ 브러시가 정류자에 잘 밀착되어 있다.
④ 축전지 전압이 낮다.

해설 기동전동기 브러시 스프링 장력이 약해 정류자의 밀착이 불량하면 기동전동기가 회전이 안 되거나 회전력이 약해진다.

21. 기동전동기가 회전하지 않는 경우로 틀린 것은?

① 연료가 없을 때
② 브러시가 정류자에 밀착불량할 때
③ 기동전동기가 손상되었을 때
④ 축전지 전압이 낮을 때

정답 15 ② 16 ① 17 ④ 18 ③ 19 ④ 20 ③ 21 ①

22. 기동전동기는 회전되나 엔진은 크랭킹이 되지 않는 원인으로 옳은 것은?

① 축전지가 방전되었다.
② 기동전동기 전기자 코일이 단선되었다.
③ 플라이휠 링 기어가 손상되었다.
④ 발전기 브러시 스프링 장력이 과다하다.

해설 플라이휠 링 기어가 손상되면 기동전동기는 회전되나 엔진은 크랭킹이 되지 않는다.

23. 겨울철에 디젤기관 기동전동기의 크랭킹 회전수가 저하되는 원인으로 틀린 것은?

① 엔진오일의 점도가 상승하였기 때문이다.
② 온도에 의한 축전지 용량이 감소되었기 때문이다.
③ 시동스위치의 저항이 증가하였기 때문이다.
④ 기온 저하로 기동부하가 증가하였기 때문이다.

해설 겨울철에 기동전동기 크랭킹 회전수가 낮아지는 원인은 엔진오일의 점도 상승, 온도에 의한 축전지의 용량 감소, 기온 저하로 기동부하 증가 등이다.

24. 기동전동기의 시험과 관계없는 것은?

① 부하시험 ② 무부하 시험
③ 관성시험 ④ 저항시험

해설 기동전동기의 시험 항목에는 회전력(부하)시험, 무부하 시험, 저항시험 등이 있다.

25. 기동전동기의 회전력 시험은 무엇을 측정하는가?

① 공전 시 회전력을 측정한다.
② 중속 시 회전력을 측정한다.
③ 고속 시 회전력을 측정한다.
④ 정지 시 회전력을 측정한다.

해설 기동전동기의 회전력 시험은 정지 시의 회전력을 측정한다.

26. 기관의 시동을 보조하는 장치가 아닌 것은?

① 공기예열장치
② 실린더의 감압장치
③ 과급장치
④ 연소촉진제 공급장치

해설 디젤기관의 시동보조 장치에는 예열장치, 흡기가열장치(흡기히터와 히트레인지), 실린더 감압장치, 연소촉진제 공급장치 등이 있다.

27. 예열장치의 설치목적으로 옳은 것은?

① 냉간시동 시 시동을 원활히 하기 위함이다.
② 연료를 압축하여 분무성능을 향상시키기 위함이다.
③ 연료분사량을 조절하기 위함이다.
④ 냉각수의 온도를 조절하기 위함이다.

해설 예열장치는 겨울철에 주로 사용하는 것으로, 디젤기관에 흡입된 공기온도를 상승시켜 시동을 원활하게 해 준다.

28. 디젤엔진의 예열장치에서 연소실 내의 압축공기를 직접 예열하는 형식은?

① 히트릴레이
② 예열플러그
③ 흡기히터
④ 히트레인지

해설 예열플러그는 예열장치에서 연소실 내의 압축공기를 직접 예열하는 부품이다.

정답 22 ③ 23 ③ 24 ③ 25 ④ 26 ③ 27 ① 28 ②

29. 디젤기관 예열장치에서 실드형 예열플러그의 설명으로 틀린 것은?

① 발열량이 크고 열용량도 크다.
② 예열플러그들 사이의 회로는 병렬로 결선되어 있다.
③ 기계적 강도 및 가스에 의한 부식에 약하다.
④ 예열플러그 하나가 단선되어도 나머지는 작동된다.

해설 **실드형 예열플러그의 특징** : 발열량과 열용량도 크며, 회로가 병렬로 연결되어 있어 예열플러그 하나가 단선되어도 나머지는 작동된다.

30. 6실린더 디젤기관의 병렬로 연결된 예열플러그 중 제3번 실린더의 예열플러그가 단선되었을 때 나타나는 현상에 대한 설명으로 옳은 것은?

① 제2번과 제4번 실린더의 예열플러그도 작동이 안 된다.
② 제3번 실린더 예열플러그만 작동이 안 된다.
③ 축전지 용량의 배가 방전된다.
④ 예열플러그 전체가 작동이 안 된다.

해설 병렬로 연결된 예열플러그는 단선되면 단선된 것만 작동을 하지 못한다.

31. 디젤기관의 전기가열 방식 예열장치에서 예열 진행의 3단계로 틀린 것은?

① 프리 글로우 ② 스타트 글로우
③ 포스트 글로우 ④ 컷 글로우

해설 예열 진행의 3단계는 프리 글로우(pre-glow), 스타트 글로우(start-glow), 포스트 글로우(post-glow)이다.

32. 예열플러그의 고장 원인에 해당되지 않는 것은?

① 엔진이 과열되었을 때
② 발전기의 발전전압이 낮을 때
③ 예열시간이 너무 길었을 때
④ 정격이 아닌 예열플러그를 사용했을 때

해설 **예열플러그의 단선 원인** : 예열시간이 너무 길 때, 기관이 과열된 상태에서 빈번한 예열, 예열플러그를 규정토크로 조이지 않았을 때, 정격이 아닌 예열플러그를 사용했을 때, 규정 이상의 과대전류가 흐를 때

33. 디젤기관의 연소실 방식에서 흡기가열 예열장치를 사용하는 것은?

① 직접분사식 ② 와류실식
③ 예연소실식 ④ 공기실식

해설 흡기가열 예열장치는 직접분사식에서 사용한다.

정답 29 ③ 30 ② 31 ④ 32 ② 33 ①

제 4 장 충전장치

4-1 발전기의 원리

(1) 플레밍의 오른손 법칙

① 플레밍의 오른손 법칙을 발전기의 원리로 사용한다.

② 건설기계에서는 주로 3상 교류발전기를 사용한다.

(2) 렌츠의 법칙

"유도 기전력의 방향은 코일 내의 자속의 변화를 방해하려는 방향으로 발생한다."는 법칙이다.

4-2 교류(AC) 충전장치

(1) 교류발전기의 특징

① 소형 · 경량이며, 속도변화에 따른 적용범위가 넓다.

② 저속에서도 충전 가능한 출력전압이 발생한다.

③ 고속회전에 잘 견디고, 출력이 크다.

④ 전압조정기만 필요하며, 브러시 수명이 길다.

⑤ 실리콘 다이오드로 정류하므로 전기적 용량이 크다.

⑥ 다이오드를 사용하기 때문에 정류특성이 좋다.

(2) 교류발전기의 구조

스테이터, 로터, 다이오드, 여자전류를 로터코일에 공급하는 슬립링과 브러시, 엔드프레임 등으로 구성된 타려자 방식의 발전기이다.

① **스테이터(stator, 고정자)** : 독립된 3개의 코일이 감겨 있으며 3상 교류가 유기된다.

② **로터(rotor, 회전자)** : 자극편은 코일에 전류가 흐르면 전자석이 되며, 교류발전기 출력은 로터코일의 전류를 조정하여 조정한다.

③ **정류기(rectifier)** : 실리콘 다이오드를 정류기로 사용한다. 기능은 스테이터 코일에서 발생한 교류를 직류로 정류하여, 외부로 공급하며, 축전지에서 발전기로 전류가 역류하는 것을 방지한다.

④ **충전 경고등** : 계기판에 충전 경고등이 점등되면 충전이 되지 않고 있음을 나타내며, 기관 가동 전(점등)과 가동 중(소등) 점검한다.

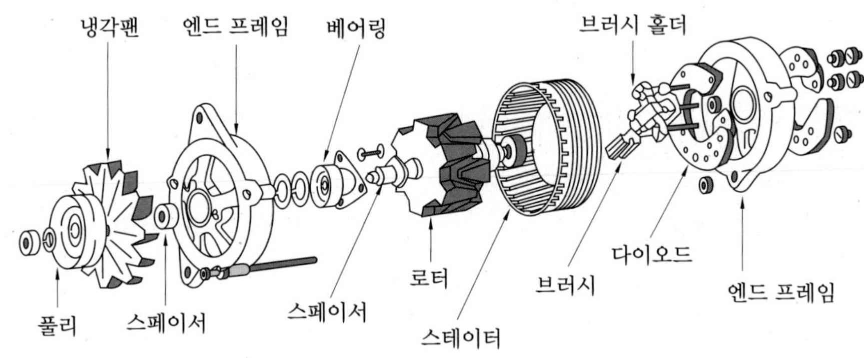

교류발전기의 분해도

굴삭기 운전기능사

출제 예상 문제

01. 건설기계에 사용되는 전기장치 중 플레밍의 오른손 법칙이 적용되어 사용되는 부품은?

① 발전기 ② 기동전동기
③ 릴레이 ④ 점화코일

해설 발전기의 원리로 플레밍의 오른손 법칙을 사용한다.

02. "유도 기전력의 방향은 코일 내의 자속의 변화를 방해하려는 방향으로 발생한다."는 법칙은?

① 플레밍의 왼손 법칙
② 플레밍의 오른손 법칙
③ 렌츠의 법칙
④ 자기유도 법칙

해설 렌츠의 법칙은 "유도 기전력은 코일 내의 자속의 변화를 방해하는 방향으로 발생된다."는 법칙이다.

03. 충전장치의 개요에 대한 설명으로 틀린 것은?

① 건설기계의 전원을 공급하는 것은 발전기와 축전지이다.
② 발전량이 부하량보다 적을 경우에는 축전지가 전원으로 사용된다.
③ 축전지는 발전기가 충전시킨다.
④ 발전량이 부하량보다 많을 경우에는 축전지의 전원이 사용된다.

해설 전장부품에 전원을 공급하는 것은 발전기와 축전지이며, 발전기가 축전지를 충전시킨다. 또 발전기의 발전량이 부하량보다 적으면 축전지의 전원이 사용된다.

04. 충전장치의 역할로 틀린 것은?

① 각종 램프에 전력을 공급한다.
② 기동장치에 전력을 공급한다.
③ 축전지에 전력을 공급한다.
④ 에어컨 장치에 전력을 공급한다.

해설 기동장치에 전력을 공급하는 것은 축전지이다.

05. 건설기계의 충전장치에서 가장 많이 사용하고 있는 발전기는?

① 단상 교류발전기
② 3상 교류발전기
③ 직류발전기
④ 와전류 발전기

해설 건설기계에서는 주로 3상 교류발전기를 사용한다.

06. 직류발전기와 비교했을 때 교류발전기의 특징으로 틀린 것은?

① 전압조정기만 필요하다.
② 크기가 크고 무겁다.
③ 브러시 수명이 길다.
④ 저속 발전성능이 좋다.

해설 교류발전기는 저속 발전성능이 좋고, 회전속도 변화에 따른 적용범위가 넓고 소형·경량이며, 브러시 수명이 길고, 전압조정기만 필요하다.

정답 01 ① 02 ③ 03 ④ 04 ② 05 ② 06 ②

07. 충전장치에서 발전기는 어떤 축과 연동되어 구동되는가?

① 크랭크축 ② 캠축
③ 추진축 ④ 변속기 입력축

해설 발전기는 크랭크축에 의해 구동된다.

08. 교류발전기의 설명으로 틀린 것은?

① 철심에 코일을 감아 사용한다.
② 두 개의 슬립링을 사용한다.
③ 전자석을 사용한다.
④ 영구자석을 사용한다.

해설 교류발전기는 철심에 코일을 감은 전자석을 사용하며, 로터코일에 여자전류를 공급하는 슬립링이 2개가 있다.

09. 교류발전기의 설명으로 틀린 것은?

① 타려자 방식의 발전기이다.
② 고정된 스테이터에서 전류가 생성된다.
③ 정류자와 브러시가 정류작용을 한다.
④ 발전기 조정기는 전압조정기만 필요하다.

해설 교류발전기는 실리콘 다이오드로 정류작용을 한다.

10. 교류발전기의 부품이 아닌 것은?

① 다이오드
② 슬립링
③ 스테이터 코일
④ 전류 조정기

해설 교류발전기는 전류를 발생하는 스테이터(stator), 전류가 흐르면 전자석이 되는(자계를 발생하는) 로터(rotor), 스테이터 코일에서 발생한 교류를 직류로 정류하는 다이오드, 여자전류를 로터코일에 공급하는 슬립링과 브러시, 엔드 프레임 등으로 구성되어 있다.

11. 교류발전기의 유도전류는 어디에서 발생하는가?

① 계자코일 ② 전기자
③ 로터 ④ 스테이터

12. AC발전기에서 전류가 흐를 때 전자석이 되는 것은?

① 계자철심 ② 로터
③ 아마추어 ④ 스테이터 철심

해설 교류발전기에서 로터(회전체)는 전류가 흐를 때 전자석이 된다.

13. 충전장치에서 교류발전기는 무엇을 변화시켜 충전출력을 조정하는가?

① 로터코일 전류
② 회전속도
③ 브러시 위치
④ 스테이터 전류

해설 교류발전기의 출력은 로터코일 전류를 변화시켜 조정한다.

14. 교류발전기에서 마모성 부품은 어느 것인가?

① 스테이터 ② 다이오드
③ 슬립링 ④ 엔드프레임

해설 슬립링은 브러시와 접촉되어 회전하므로 마모된다.

15. 교류발전기에서 회전하는 구성품이 아닌 것은?

① 로터 코일 ② 슬립링
③ 브러시 ④ 로터 철심

해설 브러시는 슬립링에 전류를 공급하는 부품이며 발전기 엔드 프레임에 설치되어 있다.

정답 07 ① 08 ④ 09 ③ 10 ④ 11 ④ 12 ② 13 ① 14 ③ 15 ③

16. 교류발전기의 구성품으로 교류를 직류로 변환하는 부품은?

① 스테이터 ② 로터
③ 정류기 ④ 콘덴서

해설 발전기에서 발생된 교류를 직류로 변환시키는 부품을 정류기라고 한다.

17. 다음 중 ( )에 맞는 말은?

> 교류발전기에서 교류를 직류로 바꾸는 것을 정류라고 하며, 대부분의 교류발전기에는 정류성능이 우수한 ( )을/를 이용하여 정류한다.

① 트랜지스터 ② 실리콘 다이오드
③ 사이리스터 ④ 서미스터

해설 교류발전기에는 실리콘 다이오드를 정류기로 사용한다.

18. 교류발전기의 다이오드가 하는 역할은?

① 전류를 조정하고, 교류를 정류한다.
② 전압을 조정하고, 교류를 정류한다.
③ 교류를 정류하고, 역류를 방지한다.
④ 여자전류를 조정하고, 역류를 방지한다.

해설 AC발전기 다이오드의 역할은 교류를 정류하고, 역류를 방지하는 것이다.

19. 교류발전기에서 높은 전압으로부터 다이오드를 보호하는 구성품은 어느 것인가?

① 콘덴서 ② 계자코일
③ 정류기 ④ 로터

해설 콘덴서는 교류발전기에서 높은 전압으로부터 다이오드를 보호한다.

20. 교류발전기에 사용되는 반도체인 다이오드를 냉각하기 위한 것은?

① 냉각튜브
② 유체클러치
③ 히트싱크
④ 엔드프레임에 설치된 오일장치

해설 히트싱크(heat sink)는 다이오드를 설치하는 철판이며, 다이오드가 정류작용을 할 때 발생하는 열을 냉각시킨다.

21. 충전장치에서 축전지 전압이 낮을 때의 원인으로 틀린 것은?

① 조정 전압이 낮을 때
② 다이오드가 단락되었을 때
③ 축전지 케이블 접속이 불량할 때
④ 충전회로에 부하가 작을 때

해설 충전 불량의 원인은 충전회로에 부하가 클 때

22. 작동 중인 교류발전기에서 작동 중 소음 발생의 원인으로 가장 거리가 먼 것은?

① 베어링이 손상되었을 때
② 벨트장력이 약할 때
③ 고정 볼트가 풀렸을 때
④ 축전지가 방전되었을 때

23. 충전장치에서 IC 전압조정기의 장점으로 틀린 것은?

① 조정전압 정밀도 향상이 크다.
② 내열성이 크며 출력을 증대시킬 수 있다.
③ 진동에 의한 전압변동이 크고, 내구성이 우수하다.
④ 초소형화가 가능하므로 발전기 내에 설치할 수 있다.

해설 IC 전압조정기는 진동에 의한 전압변동이 없고, 내구성이 크다.

정답 16 ③ 17 ② 18 ③ 19 ① 20 ③ 21 ④ 22 ④ 23 ③

제 5 장

계기 · 등화장치

5-1 조명의 용어

① **광속** : 광원에서 나오는 빛의 다발이며, 단위는 루멘(lumen, 기호는 lm)이다.
② **광도** : 빛의 세기이며, 단위는 칸델라(candela, 기호는 cd)이다.
③ **조도** : 빛을 받는 면의 밝기이며, 단위는 룩스(lux, 기호는 lx)이다.

5-2 전조등(head light or head lamp)과 그 회로

(1) 실드 빔형(shield beam type)

① 반사경에 필라멘트를 붙이고 여기에 렌즈를 녹여 붙인 후 내부에 불활성 가스를 넣어 그 자체가 1개의 전구가 되도록 한 방식이다.
② 특징은 대기의 조건에 따라 반사경이 흐려지지 않고, 사용에 따르는 광도의 변화가 적은 장점이 있으나, 필라멘트가 끊어지면 렌즈나 반사경에 이상이 없어도 전조등 전체를 교환하여야 한다.

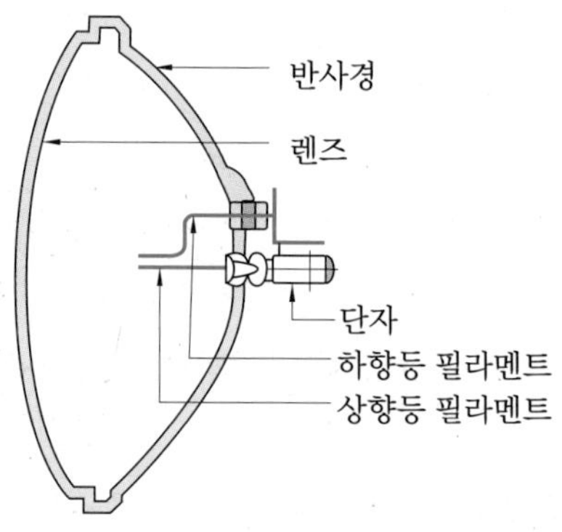

(a) 실드 빔 방식

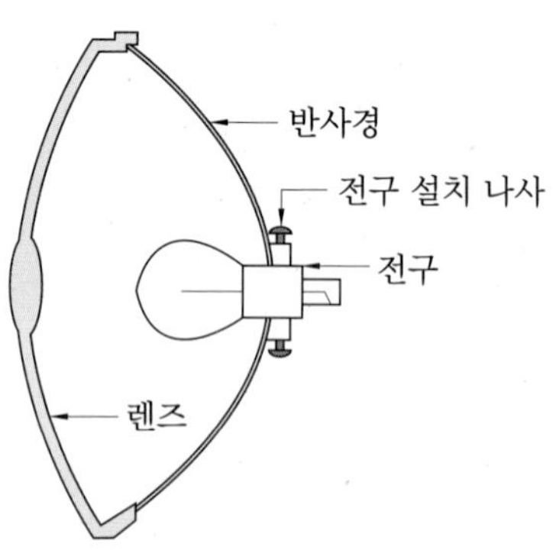

(b) 세미 실드 빔 방식

전조등의 종류

(2) 세미 실드 빔형(semi shield beam type)

렌즈와 반사경은 녹여 붙였으나 전구는 별개로 설치한 형식으로 필라멘트가 끊어지면 전구만 교환하면 된다. 최근에는 할로겐램프를 주로 사용한다.

(3) 전조등 회로

양쪽의 전조등은 상향등(high beam)과 하향등(low beam)별로 병렬로 접속되어 있다.

(4) 복선방식 회로

복선방식은 접지 쪽에도 전선을 사용하는 것으로 주로 전조등과 같이 큰 전류가 흐르는 회로에서 사용한다.

5-3 방향지시등

① 플래셔 유닛은 방향지시등 전구에 흐르는 전류를 일정한 주기로 단속 · 점멸하여 램프의 광도를 증감시키는 부품이다.

② 전자열선 방식 플래셔 유닛은 열에 의한 열선(heat coil)의 신축작용을 이용한다.

③ 방향지시등의 한쪽 등의 점멸이 빠르게 작동하면 가장 먼저 전구(램프)의 단선 유무를 점검한다.

굴삭기 운전기능사

출제 예상 문제

01. 전기회로에 대한 설명 중 틀린 것은?

① 절연불량은 절연물의 균열, 물, 오물 등에 의해 절연이 파괴되는 현상이며, 이때 전류가 차단된다.
② 노출된 전선이 다른 전선과 접촉하는 것을 단락이라 한다.
③ 접촉 불량은 스위치의 접점이 녹거나 단자에 녹이 발생하여 저항 값이 증가하는 것이다.
④ 회로가 절단되거나 커넥터의 결합이 해제되어 회로가 끊어진 상태를 단선이라 한다.

해설 절연불량은 절연물의 균열, 물, 오물 등에 의해 절연이 파괴되는 현상이며, 이때 전류가 누전된다.

02. 차량에 사용되는 계기의 장점으로 틀린 것은?

① 구조가 복잡할 것
② 소형이고 경량일 것
③ 지침을 읽기가 쉬울 것
④ 가격이 쌀 것

해설 계기는 구조가 간단하고 소형·경량일 것, 가격이 쌀 것, 지침을 읽기가 쉬울 것

03. 배선 회로도에서 표시된 0.85RW의 "R"은 무엇을 나타내는가?

① 단면적 ② 바탕색
③ 줄 색 ④ 전선의 재료

해설 0.85RW : 0.85는 전선의 단면적, R은 바탕색, W는 줄 색을 나타낸다.

04. 배선의 색과 기호에서 파랑색(Blue)의 기호는?

① B ② R ③ L ④ G

해설 ① B(Black, 검정색), ② R(Red, 빨간색), ③ L(Blue, 파란색), ④ G(Green, 녹색)

05. 건설기계의 전조등 성능을 유지하기 위하여 가장 좋은 방법은?

① 단선으로 한다.
② 복선식으로 한다.
③ 축전지와 직결시킨다.
④ 굵은 선으로 갈아 끼운다.

해설 복선식은 접지 쪽에도 전선을 사용하는 것으로 주로 전조등과 같이 큰 전류가 흐르는 회로에서 사용한다.

06. 실드 빔형 전조등에 대한 설명으로 맞지 않는 것은?

① 대기 조건에 따라 반사경이 흐려지지 않는다.
② 내부에 불활성 가스가 들어 있다.
③ 사용에 따른 광도의 변화가 적다.
④ 필라멘트가 끊어졌을 때 전구를 교환할 수 있다.

해설 실드 빔형 전조등은 필라멘트가 끊어지면 렌즈나 반사경에 이상이 없어도 전조등 전체를 교환하여야 한다.

정답 01 ① 02 ① 03 ② 04 ③ 05 ② 06 ④

07. 전조등 형식 중 내부에 불활성 가스가 들어 있으며, 광도의 변화가 적은 것은?

① 로우 빔 방식
② 하이 빔 방식
③ 실드 빔 방식
④ 세미실드 빔 방식

해설 실드 빔 방식은 내부에 불활성 가스가 들어 있으며, 광도의 변화가 적다.

08. 세미 실드 빔 형식의 전조등을 사용하는 건설기계에서 전조등이 점등되지 않을 때 가장 올바른 조치 방법은?

① 렌즈를 교환한다.
② 전조등을 교환한다.
③ 반사경을 교환한다.
④ 전구를 교환한다.

해설 세미실드 빔형은 렌즈와 반사경은 녹여 붙였으나 전구는 별개로 설치한 것으로 필라멘트가 끊어지면 전구만 교환하면 된다.

09. 전조등 회로의 구성품으로 틀린 것은?

① 전조등 릴레이
② 전조등 스위치
③ 플래셔 유닛
④ 디머 스위치

해설 전조등 회로는 퓨즈, 라이트 스위치, 디머 스위치로 구성된다.

10. 전조등의 구성부품으로 틀린 것은?

① 전구
② 렌즈
③ 반사경
④ 플래셔 유닛

해설 전조등은 전구(필라멘트), 렌즈, 반사경으로 구성되어 있다.

11. 전조등 회로의 구성으로 옳은 것은?

① 전조등 회로는 직렬로 연결되어 있다.
② 전조등 회로는 병렬로 연결되어 있다.
③ 전조등 회로는 직렬과 단식 배선으로 연결되어 있다.
④ 전조등 회로는 단식 배선이다.

해설 전조등 회로는 병렬로 연결되어 있다.

12. 방향지시등 전구에 흐르는 전류를 일정한 주기로 단속 · 점멸하여 램프의 광도를 증감시키는 것은?

① 디머 스위치
② 방향지시기 스위치
③ 파일럿 유닛
④ 플래셔 유닛

해설 플래셔 유닛은 방향지시등 전구에 흐르는 전류를 일정한 주기로 단속 · 점멸하여 램프의 광도를 증감시키는 부품이다.

13. 방향지시등에 대한 설명으로 틀린 것은?

① 전자열선 방식 플래셔 유닛은 전압에 의한 열선의 차단작용을 이용한 것이다.
② 램프를 점멸시키거나 광도를 증감시킨다.
③ 점멸은 플래셔 유닛을 사용하여 램프에 흐르는 전류를 일정한 주기로 단속 점멸한다.
④ 중앙에 있는 전자석과 이 전자석에 의해 끌어당겨지는 2조의 가동접점으로 구성되어 있다.

해설 전자열선 방식 플래셔 유닛은 열에 의한 열선(heat coil)의 신축작용을 이용한다.

정답 07 ③ 08 ④ 09 ③ 10 ④ 11 ② 12 ④ 13 ①

14. 한쪽의 방향지시등만 점멸속도가 빠른 원인으로 옳은 것은?

① 전조등 배선의 접촉이 불량할 때
② 플래셔 유닛이 고장 났을 때
③ 한쪽 램프의 배선이 단선되었을 때
④ 비상등 스위치기 고장 났을 때

해설 한쪽 램프가 단선되면 한쪽의 방향지시등만 점멸속도가 빨라진다.

15. 방향지시등 스위치를 작동할 때 한쪽은 정상이고, 다른 한쪽은 점멸작용이 정상과 다르게(빠르게, 느리게, 작동불량) 작용할 때의 고장 원인이 아닌 것은?

① 전구 1개가 단선되었을 때
② 전구를 교체하면서 규정용량의 전구를 사용하지 않았을 때
③ 한쪽 전구소켓에 녹이 발생하여 전압강하가 있을 때
④ 플래셔 유닛이 고장 났을 때

해설 플래셔 유닛이 고장 나면 모든 방향지시등이 점멸되지 못한다.

16. 방향지시등이나 제동등의 작동 확인은 언제 하는가?

① 운행 전 ② 운행 중
③ 운행 후 ④ 일몰 직전

해설 방향지시등이나 제동등은 운행 전에 확인하여야 한다.

17. 등화장치 설명 중 내용이 잘못된 것은?

① 후진등은 변속기 시프트 레버를 후진위치로 넣으면 점등된다.
② 방향지시등은 방향지시등의 신호가 운전석에서 확인되지 않아도 된다.
③ 번호등은 단독으로 점멸되는 회로가 있어서는 안 된다.
④ 제동등은 브레이크 페달을 밟았을 때 점등된다.

해설 방향지시등의 신호를 운전석에서 확인할 수 있는 파일럿램프가 설치되어 있다.

18. 라디에이터 앞쪽에 설치되며, 고온 · 고압의 기체냉매를 응축시켜 액화상태로 변화시키는 것은?

① 압축기 ② 응축기
③ 건조기 ④ 증발기

해설 응축기(condenser)는 고온 · 고압의 기체냉매를 냉각에 의해 액체냉매 상태로 변화시킨다.

19. 디젤기관의 전기장치에 없는 것은?

① 스파크 플러그
② 글로 플러그
③ 축전지
④ 솔레노이드 스위치

해설 스파크 플러그는 가솔린 기관의 점화장치에서 사용된다.

정답 14 ③ 15 ④ 16 ① 17 ② 18 ② 19 ①

굴삭기
운전기능사

제 3 편

건설기계 섀시장치

제 1 장 동력전달장치

1-1 클러치(clutch)

1 클러치의 작용

기관과 변속기 사이에 설치되며, 동력전달장치(power train system)로 전달되는 기관의 동력을 연결하거나(페달을 놓았을 때) 차단하는(페달을 밟았을 때) 장치이다.

2 클러치의 구조

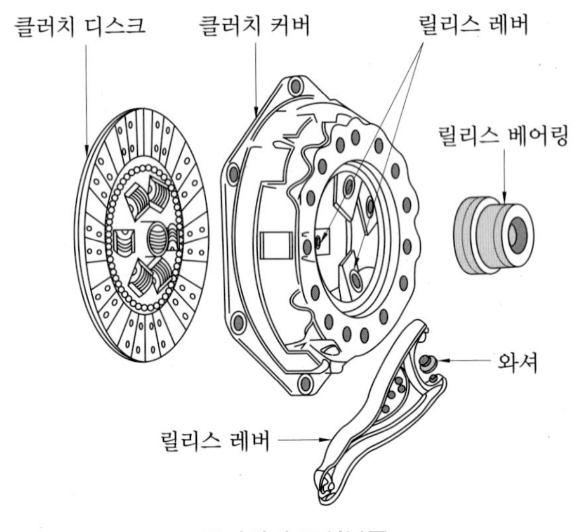

클러치의 구성부품

(1) 클러치판(clutch disc ; 클러치 디스크)

기관의 플라이휠과 압력판 사이에 설치되며, 기관의 동력을 변속기 입력축을 통하여 변속기로 전달하는 마찰판이다.

(2) 압력판(pressure plate)

클러치 스프링의 장력으로 클러치판을 플라이휠에 압착시키는 작용을 한다.

(3) 클러치 페달(clutch pedal)

① 페달의 자유간극은 20~30mm(기계식) 정도이다.
② 자유간격이 너무 작으면 클러치가 미끄러지며, 클러치판이 과열되어 손상된다.
③ 자유간격이 너무 크면 클러치 차단이 불량하여 변속기의 기어를 변속할 때 소음이 발생하고 기어가 손상된다.

(4) 릴리스 베어링(release bearing)

① 클러치 페달을 밟으면 릴리스 레버를 눌러 클러치를 분리시키는 작용을 한다.
② 영구주유방식(oilless bearing)이므로 솔벤트 등의 세척제 속에 넣고 세척해서는 안 된다.

3 클러치 용량

① 클러치가 전달할 수 있는 회전력의 크기이며, 사용 기관 회전력의 1.5~2.5배 정도이다.
② 클러치 용량이 너무 크면 클러치가 플라이휠에 접속될 때 기관가동이 정지되기 쉽다.
③ 클러치 용량이 너무 작으면 클러치가 미끄러져 클러치판의 마멸이 촉진된다.

1-2 변속기(transmission)

(1) 변속기의 필요성

① 회전력을 증대시킨다.
② 기관을 무부하 상태로 한다.
③ 차량을 후진시키기 위하여 필요하다.

(2) 변속기의 구비조건

① 소형 · 경량이고, 고장이 없어야 한다.
② 조작이 쉽고 신속하여야 한다.
③ 단계가 없이 연속적으로 변속이 되어야 한다.
④ 전달효율이 좋아야 한다.

(3) 수동변속기의 조작기구

① **로킹 볼(locking ball)** : 변속기어가 빠지는 것을 방지한다.

② **인터록(inter lock)** : 변속기어가 2중으로 물리는 것을 방지한다.

1-3 자동변속기(automatic Transmission)

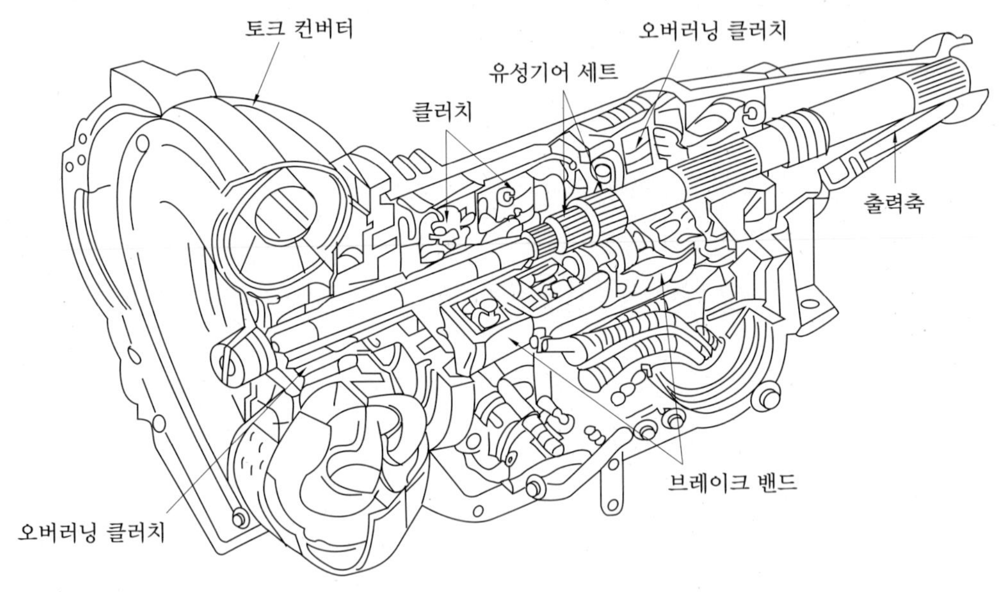

자동변속기의 구조

(1) 유체 클러치(fluids clutch)

① 펌프(pump)는 기관의 크랭크축에 설치되고, 터빈(turbine)은 변속기 입력축에 설치된다.

② 펌프와 터빈의 회전속도가 같을 때 토크변환 비율은 약 1 : 1이다.

(2) 토크 컨버터(torque converter)

① 펌프, 터빈, 스테이터(stator) 등이 상호운동하여 회전력을 변환시킨다.

② 펌프(pump)는 기관 크랭크축과 연결되고, 터빈(turbine)은 변속기 입력축과 연결된다.

③ 스테이터(stator)는 오일의 흐름 방향을 바꾸어 준다.

④ 회전력 변환비율은 2~3 : 1이다.

(3) 유성기어 장치

링 기어(ring gear), 선 기어(sun gear), 유성기어(planetary gear), 유성기어 캐리어(planetary carrier)로 구성된다.

1-4 드라이브 라인(drive line)

슬립이음(길이 변화), 자재이음(구동각도 변화), 추진축으로 구성된다.

1-5 종감속기어와 차동기어장치

(1) 종감속기어(final reduction gear)

기관의 동력을 바퀴까지 전달할 때 마지막으로 감속하여 전달한다.

(2) 차동기어장치(differential gear system)

타이어형 건설기계가 선회할 때 바깥쪽 바퀴의 회전속도를 안쪽 바퀴보다 빠르게 한다. 즉 선회할 때 좌우 구동바퀴의 회전속도를 다르게 한다.

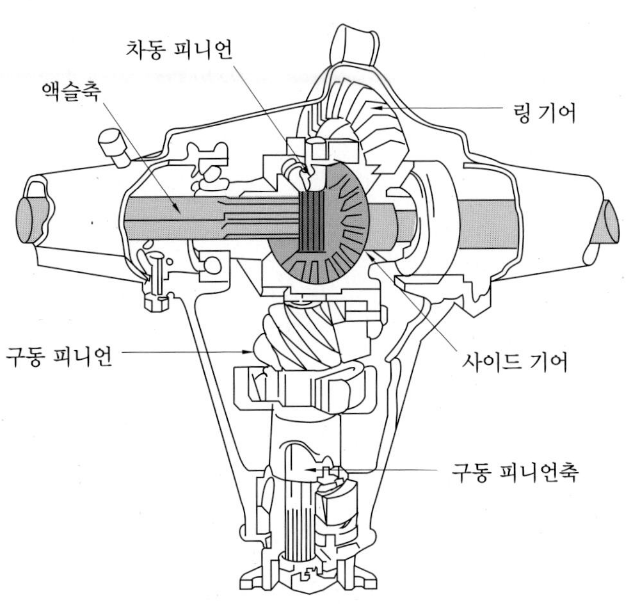

종감속기어와 차동기어장치의 구성

굴삭기 운전기능사

출제 예상 문제

01. 기관과 변속기 사이에 설치되어 동력의 차단 및 전달의 기능을 하는 것은?

① 변속기 ② 추진축
③ 클러치 ④ 차축

해설 클러치는 기관과 변속기 사이에 부착되어 있으며, 동력전달장치로 전달되는 기관의 동력을 연결하거나 차단하는 장치이다.

02. 수동변속기에서 클러치의 필요성으로 틀린 것은?

① 기관의 동력을 전달 또는 차단하기 위해
② 주행속도를 빠르게 하기 위해
③ 변속을 위해
④ 기관시동 시 무부하 상태로 놓기 위해

해설 클러치의 필요성은 기관의 동력을 전달 또는 차단하기 위해, 변속을 위해, 기관을 시동할 때 무부하 상태로 놓기 위해, 관성운전을 하기 위함이다.

03. 클러치의 구비조건으로 틀린 것은?

① 단속 작용이 확실하며 조작이 쉬워야 한다.
② 회전 부분의 평형이 좋아야 한다.
③ 회전부분의 관성력이 커야 한다.
④ 방열이 잘되고 과열되지 않아야 한다.

해설 클러치는 회전부분의 관성력이 작아야 한다.

04. 기관의 플라이휠과 압력판 사이에 설치되어 있으며, 변속기 입력축을 통해 변속기에 동력을 전달하는 것은?

① 릴리스 포크 ② 클러치 디스크
③ 릴리스 레버 ④ 압력판

해설 클러치 디스크(클러치판)는 기관의 플라이휠과 압력판 사이에 설치되어 있으며 변속기 입력축(클러치 축)을 통하여 변속기로 동력을 전달한다.

05. 클러치 디스크 구조에서 댐퍼 스프링 작용으로 옳은 것은?

① 클러치 작용 시 회전력을 증가시킨다.
② 클러치 디스크의 마멸을 방지한다.
③ 압력판의 마멸을 방지한다.
④ 클러치 작용 시 회전충격을 흡수한다.

해설 클러치판의 댐퍼 스프링(비틀림 코일 스프링, 토션 스프링)은 클러치가 작용할 때(클러치판이 플라이휠에 접속될 때) 충격을 흡수한다.

06. 클러치 디스크의 편마멸, 변형, 파손 등의 방지를 위해 설치하는 스프링은?

① 쿠션 스프링 ② 댐퍼 스프링
③ 편심 스프링 ④ 압력 스프링

해설 쿠션 스프링은 클러치판의 변형 · 편마모 및 파손을 방지한다.

07. 클러치 라이닝의 구비조건으로 틀린 것은?

① 알맞은 마찰계수를 갖출 것
② 내마멸성, 내열성이 작을 것
③ 온도에 의한 변화가 적을 것
④ 내식성이 클 것

정답 01 ③ 02 ② 03 ③ 04 ② 05 ④ 06 ① 07 ②

해설 클러치 라이닝은 내마멸성과 내열성이 커야 한다.

08. 클러치에서 압력판의 역할로 맞는 것은?

① 릴리스 베어링의 회전을 용이하게 한다.
② 제동역할을 위해 설치한다.
③ 클러치판을 밀어서 플라이휠에 압착시키는 역할을 한다.
④ 엔진의 동력을 받아 속도를 조절한다.

해설 클러치의 압력판은 페달을 놓으면 클러치 스프링의 장력으로 클러치판을 밀어서 플라이휠에 압착시키는 역할을 한다.

09. 수동변속기의 클러치에서 릴리스 베어링과 릴리스 레버가 분리되어 있을 때로 맞는 것은?

① 클러치가 연결되어 있을 때
② 접촉하면 안 되는 것으로 분리되어 있을 때
③ 클러치가 분리되어 있을 때
④ 클러치가 연결, 분리되어 있을 때

해설 릴리스 베어링과 릴리스 레버는 클러치가 연결되어 있을 때(페달을 놓았을 때) 분리된다.

10. 클러치 페달의 자유간극 조정 방법은?

① 클러치 링키지 로드로 조정한다.
② 클러치 베어링을 움직여서 조정한다.
③ 클러치 스프링 장력으로 조정한다.
④ 클러치 페달 리턴 스프링 장력으로 조정한다.

해설 클러치 페달의 자유간극은 클러치 링키지 로드로 조정한다.

11. 클러치에 대한 설명으로 틀린 것은?

① 클러치는 수동변속기에서 사용된다.
② 클러치 용량이 너무 크면 엔진이 정지하거나 동력전달 시 충격이 일어나기 쉽다.
③ 엔진 회전력보다 클러치 용량이 적어야 한다.
④ 클러치 용량이 너무 적으면 클러치가 미끄러진다.

해설 클러치 용량이 엔진 회전력보다 적으면 클러치가 미끄러진다.

12. 클러치 용량은 기관 회전력의 몇 배로 설계하는 것이 적당한가?

① 0.5~1.5배 ② 3~4배
③ 1.5~2.5배 ④ 5~6배

해설 클러치 용량은 기관 회전력의 1.5~2.5배 정도이며, 클러치 용량이 크면 클러치가 접속될 때 기관의 가동이 정지되기 쉽다.

13. 클러치가 미끄러지는 원인과 관계없는 것은?

① 클러치 면에 오일이 묻었다.
② 플라이휠 면이 마모되었다.
③ 클러치 페달의 유격이 없다.
④ 토션 스프링이 불량하다.

해설 **클러치가 미끄러지는 원인** : 클러치 면에 오일이 묻었을 때, 플라이휠 면이 마모되었을 때, 클러치 페달의 유격이 없을 때, 클러치 스프링의 장력이 약하거나 자유높이가 감소되었을 때

14. 수동변속기에서 기어 빠짐을 방지하는 것은?

① 셀렉터 ② 인터록 볼
③ 로킹 볼 ④ 싱크로나이저 링

해설 로킹 볼은 변속기어가 빠지는 것을 방지한다.

정답 08 ③ 09 ① 10 ① 11 ③ 12 ③ 13 ④ 14 ③

15. 출발 시 클러치의 페달이 거의 끝부분에서 차량이 출발되는 원인으로 틀린 것은?

① 클러치 디스크가 과대 마모되었을 때
② 클러치 자유간극 조정이 불량할 때
③ 클러치 케이블이 불량할 때
④ 클러치 오일이 부족할 때

해설 클러치 오일이 부족하면 페달을 밟을 때 클러치 차단이 불량해진다.

16. 변속기의 필요성과 관계가 없는 것은?

① 시동 시 기관을 무부하 상태로 한다.
② 기관의 회전력을 증대시킨다.
③ 건설기계의 후진 시 필요로 한다.
④ 환향을 빠르게 한다.

해설 변속기는 기관을 시동할 때 무부하 상태로 하고, 회전력을 증가시키며, 역전(후진)을 가능하게 한다.

17. 변속기의 구비조건으로 틀린 것은?

① 전달효율이 적을 것
② 변속조작이 용이할 것
③ 소형, 경량일 것
④ 단계가 없이 연속적인 변속조작이 가능할 것

해설 변속기는 동력전달효율이 좋아야 한다.

18. 수동변속기가 장착된 건설기계에서 경사로 주행 시 엔진 회전수는 상승하지만 경사로를 오를 수 없을 때 점검 방법으로 맞는 것은?

① 엔진을 수리한다.
② 클러치 페달의 유격을 점검한다.
③ 릴리스 베어링에 주유한다.
④ 변속레버를 조정한다.

해설 수동변속기가 장착된 건설기계가 경사로를 주행할 때 엔진 회전수는 상승하지만 경사로를 오르지 못할 경우에는 클러치 페달의 유격을 점검한다.

19. 수동변속기가 장착된 건설기계에서 기어의 이중 물림을 방지하는 장치는?

① 인젝션 장치 ② 인터쿨러 장치
③ 인터록 장치 ④ 인터널 기어장치

해설 인터록 장치는 변속기어가 이중으로 물리는 것을 방지한다.

20. 수동변속기가 장착된 건설기계에서 주행 중 기어가 빠지는 원인이 아닌 것은?

① 기어의 물림이 덜 물렸을 때
② 기어의 마모가 심할 때
③ 클러치의 마모가 심할 때
④ 변속기 록 장치가 불량할 때

해설 클러치의 마모가 심하면 클러치가 미끄러지는 원인이 된다.

21. 수동변속기가 장착된 건설기계에서 기어의 이상소음이 발생하는 이유가 아닌 것은?

① 기어 백래시가 과다할 때
② 변속기의 오일이 부족할 때
③ 변속기 베어링이 마모되었을 때
④ 웜과 웜기어가 마모되었을 때

해설 변속기에서 소음이 발생하는 원인은 변속기 베어링의 마모, 변속기 기어의 마모, 기어의 백래시 과다, 변속기 오일의 부족 및 점도가 낮아진 경우 등이 있다.

22. 유체 클러치에 대한 설명으로 틀린 것은?

① 터빈은 변속기 입력축에 설치되어 있다.

정답 15 ④ 16 ④ 17 ① 18 ② 19 ③ 20 ③ 21 ④ 22 ④

② 오일의 맴돌이 흐름(와류)을 방지하기 위하여 가이드 링을 설치한다.
③ 펌프는 기관의 크랭크축에 설치되어 있다.
④ 오일의 흐름 방향을 바꾸어 주기 위하여 스테이터를 설치한다.

해설 오일의 흐름 방향을 바꾸어 주기 위한 스테이터는 토크 컨버터에 설치되어 있다.

23. 토크 컨버터에 대한 설명으로 맞는 것은?

① 펌프(임펠러)는 변속기 입력축과 기계적으로 연결되어 있다.
② 펌프, 터빈, 스테이터 등이 상호운동하여 회전력을 변환시킨다.
③ 엔진 회전속도가 일정한 상태에서 건설기계의 주행속도가 줄어들면 토크는 감소한다.
④ 터빈은 기관의 크랭크축과 기계적으로 연결되어 구동된다.

해설 토크 컨버터는 펌프(임펠러), 터빈(러너), 스테이터 등이 상호운동하여 회전력을 변환시킨다.

24. 자동변속기에서 토크 컨버터의 설명으로 틀린 것은?

① 토크 컨버터의 토크 변환비율은 3~5 : 1이다.
② 오일의 충돌에 의한 효율 저하 방지를 위하여 가이드 링이 있다.
③ 마찰 클러치에 비해 연료 소비율이 더 높다.
④ 펌프, 터빈, 스테이터로 구성되어 있다.

해설 토크 컨버터의 토크(회전력) 변환비율은 2~3 : 1이다.

25. 토크 컨버터의 기본 구성품이 아닌 것은?

① 펌프 ② 터빈
③ 스테이터 ④ 터보차저

해설 토크 컨버터는 펌프(pump), 터빈(turbine), 스테이터(stator)로 구성되어 있다.

26. 엔진과 직결되어 같은 회전수로 회전하는 토크 컨버터의 구성품은?

① 터빈 ② 펌프
③ 스테이터 ④ 변속기 출력축

해설 펌프는 엔진의 크랭크축과 직결되어 있고, 터빈은 변속기 입력축에 설치되어 있다.

27. 토크 컨버터의 오일의 흐름방향을 바꾸어 주는 것은?

① 펌프 ② 터빈
③ 변속기축 ④ 스테이터

해설 스테이터는 펌프와 터빈 사이의 오일 흐름방향을 바꾸어 회전력을 증대시키는 작용을 한다.

28. 토크 컨버터의 출력이 가장 큰 경우는? (단, 기관 회전속도는 일정함)

① 항상 일정하다.
② 변환비율이 1 : 1일 때
③ 터빈의 속도가 느릴 때
④ 임펠러의 속도가 느릴 때

해설 터빈의 속도가 느릴 때 토크 컨버터의 출력이 가장 크다.

29. 건설기계에 부하가 걸릴 때 토크 컨버터의 터빈속도는 어떻게 되는가?

① 빨라진다. ② 느려진다.
③ 일정하다. ④ 관계없다.

해설 건설기계에 부하가 걸리면 토크 컨버터의 터빈속도는 느려진다.

정답 23 ② 24 ① 25 ④ 26 ② 27 ④ 28 ③ 29 ②

30. 토크 컨버터에 사용되는 오일의 구비조건으로 틀린 것은?

① 착화점이 높을 것
② 비중이 클 것
③ 비점이 높을 것
④ 점도가 높을 것

해설 **토크 컨버터 오일의 구비조건 :** 점도가 낮을 것, 착화점이 높을 것, 빙점은 낮고 비점이 높을 것, 비중이 클 것

31. 자동변속기에서 변속레버에 의해 작동되며, 중립, 전진, 후진, 고속, 저속의 선택에 따라 오일통로를 변환시키는 밸브는?

① 거버너 밸브 ② 시프트 밸브
③ 매뉴얼 밸브 ④ 스로틀 밸브

해설 매뉴얼 밸브(manual valve)는 변속레버에 의해 작동되며, 중립, 전진, 후진, 고속, 저속의 선택에 따라 오일통로를 변환시킨다.

32. 유성기어장치의 구성요소가 바르게 된 것은?

① 평 기어, 유성기어, 후진기어, 링 기어
② 선 기어, 유성기어, 래크기어, 링 기어
③ 링 기어, 스퍼기어, 유성기어 캐리어, 선 기어
④ 선 기어, 유성기어, 유성기어 캐리어, 링 기어

해설 유성기어장치는 선 기어, 유성기어, 링 기어, 유성기어 캐리어로 구성되어 있다.

33. 자동변속기가 장착된 건설기계의 모든 변속단에서 출력이 떨어질 경우 점검해야 할 항목과 거리가 먼 것은?

① 토크 컨버터가 고장 났을 때
② 오일이 부족할 때
③ 엔진고장으로 출력이 부족할 때
④ 추진축이 휘었을 때

해설 **모든 변속단에서 출력이 떨어지는 원인 :** 토크 컨버터가 고장 났을 때, 오일이 부족할 때, 엔진고장으로 출력이 부족할 때

34. 자동변속기의 메인압력이 떨어지는 이유가 아닌 것은?

① 클러치판이 마모되었을 때
② 오일펌프 내에 공기가 생성되었을 때
③ 오일여과기가 막혔을 때
④ 오일이 부족할 때

해설 **자동변속기의 메인압력이 떨어지는 이유 :** 오일펌프 내에 공기 생성, 오일여과기 막힘, 오일 부족

35. 슬립이음과 자재이음을 설치하는 곳은?

① 차동기어장치
② 종감속기어
③ 드라이브 라인
④ 유성기어장치

해설 드라이브 라인은 자재이음, 슬립이음, 추진축으로 구성되어 있다.

36. 휠 형식 건설기계의 동력전달장치에서 슬립이음의 변화를 가능하게 하는 것은?

① 축의 길이 ② 회전속도
③ 축의 진동 ④ 드라이브 각

해설 슬립이음을 사용하는 이유는 추진축의 길이 변화를 주기 위함이다.

37. 추진축의 각도 변화를 가능하게 하는 이음은?

정답 30 ④ 31 ③ 32 ④ 33 ④ 34 ① 35 ③ 36 ① 37 ②

① 원판이음　② 자재이음
③ 슬립이음　④ 플랜지 이음

해설 자재이음(유니버설 조인트)은 변속기와 종감속기어 사이(추진축)의 구동각도 변화를 가능하게 한다.

38. **유니버설 조인트 중에서 훅형(십자형) 조인트가 가장 많이 사용되는 이유가 아닌 것은?**

① 구조가 간단하다.
② 급유가 불필요하다.
③ 큰 동력의 전달이 가능하다.
④ 작동이 확실하다.

해설 훅형(십자형) 조인트를 많이 사용하는 이유 : 구조가 간단하고, 작동이 확실하며, 큰 동력의 전달이 가능하기 때문이다. 그리고 훅형 조인트에는 그리스를 급유하여야 한다.

39. **십자축 자재이음을 추진축 앞뒤에 둔 이유를 가장 적합하게 설명한 것은?**

① 추진축의 진동을 방지하기 위하여
② 회전 각속도의 변화를 상쇄하기 위하여
③ 추진축의 굽음을 방지하기 위하여
④ 길이의 변화를 다소 가능케 하기 위하여

해설 십자축 자재이음을 추진축 앞뒤에 설치하는 이유는 회전 각속도의 변화를 상쇄하기 위함이다.

40. **타이어형 건설기계의 동력전달장치에서 추진축의 밸런스 웨이트에 대한 설명으로 맞는 것은?**

① 추진축의 비틀림을 방지한다.
② 추진축의 회전수를 높인다.
③ 변속조작 시 변속을 용이하게 한다.
④ 추진축의 회전 시 진동을 방지한다.

해설 밸런스 웨이트(balance weight)는 추진축이 회전할 때 진동을 방지한다.

41. **타이어형 건설기계에서 추진축의 스플라인부가 마모되면 어떤 현상이 발생하는가?**

① 차동기어의 물림이 불량하다.
② 클러치 페달의 유격이 크다.
③ 가속 시 미끄럼 현상이 발생한다.
④ 주행 중 소음이 나고 차체에 진동이 있다.

해설 추진축의 스플라인(spline) 부분이 마모되면 주행 중 소음이 나고 차체에 진동이 발생한다.

42. **종감속비에 대한 설명으로 맞지 않는 것은?**

① 종감속비는 링 기어 잇수를 구동피니언 잇수로 나눈 값이다.
② 종감속비가 크면 가속성능이 향상된다.
③ 종감속비가 적으면 등판능력이 향상된다.
④ 종감속비는 나누어서 떨어지지 않는 값으로 한다.

해설 종감속비율이 적으면 등판능력이 저하된다.

43. **타이어형 건설기계의 종감속기어에서 열이 발생하고 있을 때 원인으로 틀린 것은?**

① 오일이 부족할 때
② 오일이 오염되었을 때
③ 종감속기어의 접촉상태가 불량할 때
④ 종감속기어 하우징 볼트를 과도하게 조였을 때

해설 종감속장치에서 열이 발생하는 원인 : 오일이 부족할 때, 오일이 오염되었을 때, 종감속기어의 접촉상태가 불량할 때

정답 38 ② 39 ② 40 ④ 41 ④ 42 ③ 43 ④

제 2 장 조향장치와 제동장치

2-1 조향장치(환향장치, steering system)

1 조향장치의 원리

주행 중 진행방향을 바꾸기 위한 장치이며, 선회할 때 안쪽 바퀴의 조향각도가 바깥쪽 바퀴의 조향각도보다 크기 때문에 앞 · 뒷바퀴는 어떤 선회상태에서도 중심이 일치되는 원(동심원)을 그릴 수 있다. 이를 애커먼-장토 방식이라 한다.

2 동력조향장치(power steering system)

(1) 동력조향장치의 장점

① 작은 조작력으로 조향조작을 할 수 있다.
② 조향조작이 경쾌하고 신속하다.
③ 조향기어 비율을 조작력에 관계없이 선정할 수 있다.
④ 조향핸들의 시미현상을 줄일 수 있다.
⑤ 굴곡노면에서의 충격을 흡수하여 조향핸들에 전달되는 것을 방지한다.

(2) 동력조향장치의 구조

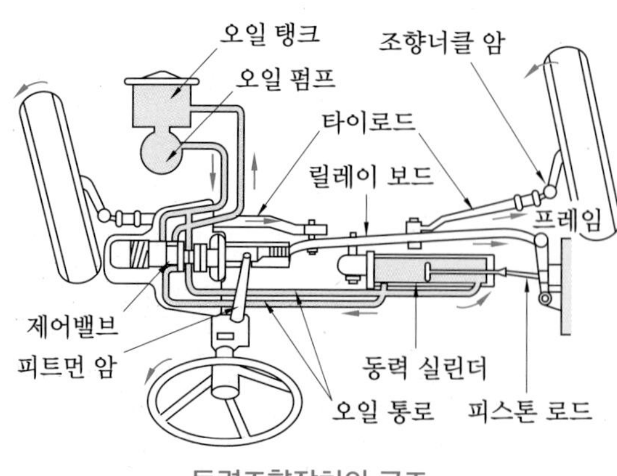

동력조향장치의 구조

① 유압발생장치(오일 펌프–동력 부분), 유압제어장치(제어밸브–제어 부분), 작동장치(유압 실린더–작동 부분)로 되어 있다.

② 안전 체크밸브는 동력조향장치가 고장이 났을 때 수동조작이 가능하도록 해 준다.

3 앞바퀴 정렬(front wheel alignment)

(1) 앞바퀴 정렬(얼라인먼트)의 개요

캠버, 캐스터, 토인, 킹핀 경사각 등이 있으며, 앞바퀴 얼라인먼트의 역할은 다음과 같다.

① 조향핸들의 조작을 확실하게 하고 안전성을 준다.

② 조향핸들에 복원성을 부여한다.

③ 조향핸들의 조작력을 가볍게 한다.

④ 타이어 마멸을 최소로 한다.

(2) 앞바퀴 정렬(얼라인먼트) 요소의 정의

① **캠버(camber)**

㈎ 앞바퀴를 앞에서 보면 바퀴의 윗부분이 아래쪽보다 더 벌어져 있는데 이 벌어진 바퀴의 중심선과 수선 사이의 각도이다.

㈏ 캠버를 두는 목적

㉮ 조향핸들의 조작을 가볍게 한다.

㉯ 수직방향 하중에 의한 앞 차축의 휨을 방지한다.

② **캐스터(caster)**

㈎ 앞바퀴를 옆에서 보았을 때 킹핀이 수선과 어떤 각도를 두고 설치된 것이다.

㈏ 조향핸들에 복원성 부여 및 조향바퀴에 직진성능을 부여한다.

③ **토인(toe-in)**

㈎ 앞바퀴를 위에서 아래로 보았을 때 앞쪽이 뒤쪽보다 좁은 상태이다.

㈏ 토인의 역할

㉮ 조향바퀴를 평행하게 회전시키고, 타이어 이상마멸을 방지한다.

㉯ 조향바퀴가 옆 방향으로 미끄러지는 것을 방지한다.

㉰ 조향 링키지 마멸에 따라 토아웃(toe-out)이 되는 것을 방지한다.

㉱ 토인은 타이로드의 길이로 조정한다.

2-2 제동장치(brake system)

1 제동장치의 개요

제동장치는 주행속도를 감속시키거나 정지시키기 위한 장치이며, 독립적으로 작동시킬 수 있는 2계통의 제동장치가 있다. 또 경사로에서 정지된 상태를 유지할 수 있는 구조이다.

2 유압 브레이크(hydraulic brake)

유압 브레이크는 파스칼의 원리를 응용한다.

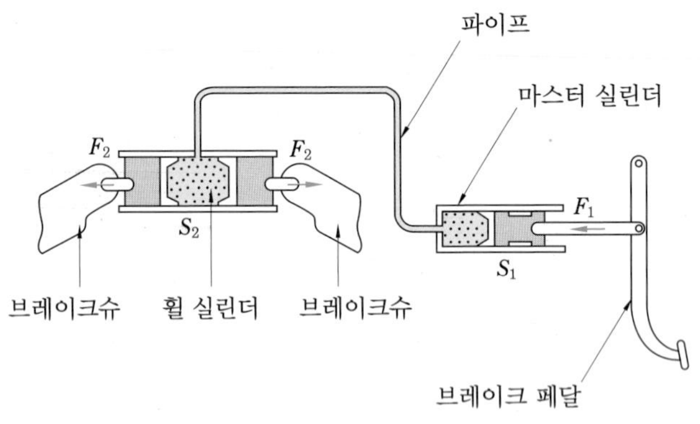

유압 브레이크의 구성

(1) 마스터 실린더(master cylinder)

① 브레이크 페달을 밟는 것에 의하여 유압을 발생시키며, 잔압은 마스터 실린더 내의 체크밸브에 의해 형성된다.

② 마스터 실린더를 조립할 때 부품의 세척은 브레이크액이나 알코올로 한다.

(2) 휠 실린더(wheel cylinder)

마스터 실린더에서 압송된 유압에 의하여 브레이크슈를 드럼에 압착시킨다.

(3) 브레이크슈(brake shoe)

휠 실린더의 피스톤에 의해 브레이크 드럼과 접촉하여 제동력을 발생하는 부품이며, 라이닝이 리벳이나 접착제로 부착되어 있다.

(4) 브레이크 드럼(brake drum)

① 휠 허브에 볼트로 설치되어 바퀴와 함께 회전하며, 브레이크슈와의 마찰로 제동을 발생시킨다.

② 브레이크 드럼의 구비조건

㈎ 정적 · 동적 평형이 잡혀 있어야 한다.

㈏ 냉각이 잘되어야 한다.

㈐ 내마멸성이 커야 한다.

㈑ 가볍고 강도와 강성이 커야 한다.

(5) 브레이크 오일(브레이크 액)

피마자 기름에 알코올 등의 용제를 혼합한 식물성 오일이다.

3 배력 브레이크(servo brake)

① 유압 브레이크에서 제동력을 증대시키기 위해 사용한다.

② 기관의 흡입행정에서 발생하는 진공(부압)과 대기압 차이를 이용하는 진공배력 방식(하이드로 백)이 있다.

③ 진공배력 장치(하이드로 백)에 고장이 발생하여도 유압 브레이크로 작동한다.

4 공기 브레이크(air brake)

(1) 공기 브레이크의 장점

① 차량 중량에 제한을 받지 않는다.

② 공기가 다소 누출되어도 제동성능이 현저하게 저하되지 않는다.

③ 베이퍼 록(vapor lock) 발생 염려가 없다.

④ 페달 밟는 양에 따라 제동력이 제어된다. 유압방식은 페달 밟는 힘과 제동력이 비례한다.

(2) 공기 브레이크 작동

① 압축공기의 압력을 이용하여 모든 바퀴의 브레이크슈를 드럼에 압착시켜서 제동 작용을 한다.

② 브레이크 페달로 밸브를 개폐시켜 공기량으로 제동력을 조절한다.

③ 캠(cam)으로 브레이크슈를 확장시킨다.

굴삭기 운전기능사

출제 예상 문제

01. 타이어형 건설기계의 환향장치가 하는 역할은?

① 제동을 쉽게 하는 장치이다.
② 분사압력 증대장치이다.
③ 분사시기를 조절하는 장치이다.
④ 건설기계의 진행방향을 바꾸는 장치이다.

해설 환향(조향)장치는 건설기계의 진행방향을 바꾸는 장치이다.

02. 조향장치의 특성에 관한 설명 중 틀린 것은?

① 조향조작이 경쾌하고 자유로울 것
② 회전반경이 되도록 클 것
③ 타이어 및 조향장치의 내구성이 클 것
④ 노면으로부터의 충격이나 원심력 등의 영향을 받지 않을 것

해설 조향장치는 회전반경이 작아서 좁은 곳에서도 방향 변환을 할 수 있어야 한다.

03. 동력조향장치의 장점으로 적합하지 않은 것은?

① 작은 조작력으로 조향조작을 할 수 있다.
② 조향기어 비율은 조작력에 관계없이 선정할 수 있다.
③ 굴곡노면에서의 충격을 흡수하여 조향핸들에 전달되는 것을 방지한다.
④ 조작이 미숙하면 엔진이 자동으로 정지된다.

해설 동력조향장치는 조작이 미숙하여도 엔진의 가동이 정지하지 않는다.

04. 동력조향장치 구성품으로 적당치 않은 것은?

① 유압 펌프
② 복동 유압 실린더
③ 제어밸브
④ 하이포이드 피니언

해설 유압발생장치(오일 펌프), 유압제어장치(제어밸브), 작동장치(유압 실린더)로 구성되어 있다.

05. 타이어형 건설기계의 조향 휠을 정상보다 돌리기 힘들 때의 원인으로 틀린 것은?

① 파워스티어링 오일이 부족할 때
② 파워스티어링 오일 펌프의 벨트가 파손되었을 때
③ 파워스티어링 오일호스가 파손되었을 때
④ 파워스티어링 오일의 공기를 제거하였을 때

해설 파워스티어링 오일에 공기가 혼입되면 조향 휠(조향핸들)이 무거워진다.

06. 타이어형 건설기계에서 주행 중 조향핸들이 한쪽으로 쏠리는 원인이 아닌 것은?

① 타이어 공기압이 불균일할 때
② 브레이크 라이닝 간극 조정이 불량할 때
③ 베이퍼 록 현상이 발생하였을 때
④ 휠 얼라인먼트 조정이 불량할 때

해설 **조향핸들이 한쪽으로 쏠리는 원인** : 타이어 공기압이 불균일할 때, 브레이크 라이닝 간극 조정이 불량할 때, 휠 얼라인먼트 조정이 불량할 때

정답 01 ④ 02 ② 03 ④ 04 ④ 05 ④ 06 ③

07. 조향기어 백래시가 클 경우 발생될 수 있는 현상으로 가장 적절한 것은?

① 조향각도가 커진다.
② 조향핸들 유격이 커진다.
③ 조향핸들이 한쪽으로 쏠린다.
④ 조향핸들의 축 방향 유격이 커진다.

해설 조향기어 백래시(back lash)가 크면(기어가 마모되면) 조향핸들의 유격이 커진다.

08. 조향기구 장치에서 앞 액슬과 조향너클을 연결하는 것은?

① 킹핀 ② 타이로드
③ 드래그 링크 ④ 스티어링 암

해설 앞 액슬과 조향너클을 연결하는 것을 킹핀이라 한다.

09. 타이어형 건설기계에서 조향바퀴의 얼라인먼트의 요소와 관계없는 것은?

① 캠버 ② 부스터
③ 토인 ④ 캐스터

해설 조향바퀴 얼라인먼트의 요소에는 캠버, 토인, 캐스터, 킹핀 경사각 등이 있다.

10. 타이어형 건설기계에서 앞바퀴 정렬의 역할과 거리가 먼 것은?

① 브레이크의 수명을 길게 한다.
② 타이어 마모를 최소로 한다.
③ 방향 안정성을 준다.
④ 조향핸들의 조작을 적은 힘으로 쉽게 할 수 있다.

해설 **앞바퀴 정렬의 역할** : 조향핸들의 조작을 적은 힘으로 쉽게 할 수 있도록 하고, 방향 안정성을 주며, 타이어 마모를 최소로 하고 조향핸들에 복원성을 부여한다.

11. 앞바퀴 얼라인먼트 요소 중 캠버의 필요성에 대한 설명으로 거리가 먼 것은?

① 앞차축의 휨을 적게 한다.
② 조향 휠의 조작을 가볍게 한다.
③ 조향 시 바퀴의 복원력이 발생한다.
④ 토(toe)와 관련성이 있다.

해설 캠버는 토(toe)와 관련성이 있고, 앞차축의 휨을 적게 하며, 조향 휠(핸들)의 조작을 가볍게 한다.

12. 타이어형 건설기계의 휠 얼라인먼트에서 토인의 필요성이 아닌 것은?

① 조향바퀴의 방향성을 준다.
② 타이어 이상마멸을 방지한다.
③ 조향바퀴를 평행하게 회전시킨다.
④ 바퀴가 옆 방향으로 미끄러지는 것을 방지한다.

해설 토인은 조향바퀴를 평행하게 회전시키고, 조향바퀴가 옆 방향으로 미끄러지는 것을 방지하며, 타이어 이상마멸을 방지한다.

13. 타이어형 건설기계에서 조향바퀴의 토인을 조정하는 것은?

① 조향핸들 ② 타이로드
③ 웜 기어 ④ 드래그 링크

해설 토인은 타이로드에서 조정한다.

14. 제동장치의 기능을 설명한 것으로 틀린 것은?

① 주행속도를 감속시키거나 정지시키기 위한 장치이다.
② 독립적으로 작동시킬 수 있는 2계통의 제동장치가 있다.
③ 급제동 시 노면으로부터 발생되는 충격을 흡수하는 장치이다.

정답 07 ② 08 ① 09 ② 10 ① 11 ③ 12 ① 13 ② 14 ③

④ 경사로에서 정지된 상태를 유지할 수 있는 구조이다.

해설 제동장치는 속도를 감속시키거나 정지시키기 위한 장치이며, 독립적으로 작동시킬 수 있는 2계통의 제동장치가 있다. 또 경사로에서 정지된 상태를 유지할 수 있는 구조이다.

15. 타이어식 건설기계에서 유압식 제동장치의 구성품이 아닌 것은?

① 휠 실린더　② 에어 컴프레서
③ 마스터 실린더　④ 오일 리저브 탱크

해설 유압 브레이크는 오일 리저브 탱크(오일 탱크), 마스터 실린더, 브레이크 드럼, 브레이크 슈, 휠 실린더, 파이프 등으로 구성되어 있다.

16. 내리막길에서 제동장치를 자주 사용 시 브레이크 오일이 비등하여 송유압력의 전달 작용이 불가능하게 되는 현상은?

① 페이드 현상
② 베이퍼 록 현상
③ 사이클링 현상
④ 브레이크 록 현상

해설 베이퍼 록(vapor lock)은 브레이크 오일이 비등 기화하여 오일의 전달 작용을 불가능하게 하는 현상이다.

17. 타이어형 건설기계의 브레이크 파이프 내에 베이퍼 록이 생기는 원인이다. 관계없는 것은?

① 브레이크 드럼이 과열되었을 때
② 지나치게 브레이크를 조작하였을 때
③ 브레이크 회로 내의 잔압이 저하되었을 때
④ 라이닝과 브레이크 드럼의 간극이 과대할 때

해설 **베이퍼 록의 발생 원인 :** 브레이크 드럼과 라이닝의 간극이 작을 때, 브레이크 드럼이 과열되었을 때, 지나치게 브레이크를 조작하였을 때, 브레이크 회로 내의 잔압이 저하되었을 때

18. 타이어형 건설기계로 길고 급한 경사 길을 운전할 때 반 브레이크를 사용하면 어떤 현상이 생기는가?

① 라이닝은 페이드, 파이프는 스팀 록
② 라이닝은 페이드, 파이프는 베이퍼 록
③ 파이프는 스팀 록, 라이닝은 베이퍼 록
④ 파이프는 증기폐쇄, 라이닝은 스팀 록

해설 길고 급한 경사 길을 운전할 때 반 브레이크를 사용하면 라이닝에서는 페이드가 발생하고, 파이프에서는 베이퍼 록이 발생한다.

19. 긴 내리막길을 내려갈 때 베이퍼 록을 방지하는 좋은 운전 방법은?

① 변속레버를 중립으로 놓고 브레이크 페달을 밟고 내려간다.
② 엔진시동을 끄고 브레이크 페달을 밟고 내려간다.
③ 엔진 브레이크를 사용한다.
④ 클러치를 끊고 브레이크 페달을 계속 밟고 속도를 조정하면서 내려간다.

해설 베이퍼 록을 방지하려면 엔진 브레이크를 사용한다.

20. 브레이크 드럼의 구비조건으로 틀린 것은?

① 내마멸성이 작을 것
② 정적 · 동적 평형이 잡혀 있을 것
③ 가볍고 강도와 강성이 클 것
④ 냉각이 잘될 것

해설 브레이크 드럼은 내열성과 내마멸성이 커야 한다.

정답 15 ② 16 ② 17 ④ 18 ② 19 ③ 20 ①

21. **제동장치의 페이드(fade) 현상 방지책으로 틀린 것은?**

① 브레이크 드럼의 냉각성능을 크게 한다.
② 브레이크 드럼은 열팽창률이 적은 재질을 사용한다.
③ 온도상승에 따른 마찰계수 변화가 큰 라이닝을 사용한다.
④ 브레이크 드럼의 열팽창률이 적은 형상으로 한다.

해설 페이드 현상을 방지하려면 온도상승에 따른 마찰계수 변화가 작은 라이닝을 사용한다.

22. **운행 중 브레이크에 페이드 현상이 발생했을 때 조치 방법은?**

① 브레이크 페달을 자주 밟아 열을 발생시킨다.
② 운행을 멈추고 열이 식도록 한다.
③ 운행속도를 조금 올려 준다.
④ 주차 브레이크를 대신 사용한다.

해설 브레이크에 페이드 현상이 발생하면 정차시켜 열이 식도록 한다.

23. **브레이크에서 하이드로 백에 관한 설명으로 틀린 것은?**

① 대기압과 흡기다기관 부압과의 차이를 이용하였다.
② 하이드로 백에 고장이 나면 브레이크가 전혀 작동하지 않는다.
③ 외부에 누출이 없는데도 브레이크 작동이 나빠지는 것은 하이드로 백 고장일 수도 있다.
④ 하이드로 백은 브레이크 계통에 설치되어 있다.

해설 하이드로 백(진공 제동 배력장치)은 흡기다기관 진공과 대기압과의 차이를 이용한 것이므로 배력장치에 고장이 발생하여도 일반적인 유압 브레이크로 작동할 수 있도록 되어 있다.

24. **브레이크가 잘 작동되지 않을 때의 원인으로 가장 거리가 먼 것은?**

① 라이닝에 오일이 묻었을 때
② 휠 실린더 오일이 누출되었을 때
③ 브레이크 페달 자유간극이 작을 때
④ 브레이크 드럼의 간극이 클 때

해설 브레이크 페달의 자유간극이 작으면 급제동되기 쉽다.

25. **유압 브레이크에서 페달이 복귀되지 않는 원인에 해당되는 것은?**

① 진공 체크밸브가 불량할 때
② 마스터 실린더의 리턴구멍이 막혔을 때
③ 브레이크 오일 점도가 낮을 때
④ 브레이크 파이프 내에 공기가 침입하였을 때

해설 마스터 실린더의 리턴구멍이 막히면 페달이 복귀되지 않는다.

26. **드럼 브레이크에서 브레이크 작동 시 조향핸들이 한쪽으로 쏠리는 원인이 아닌 것은?**

① 타이어 공기압이 고르지 않다.
② 한쪽 휠 실린더 작동이 불량하다.
③ 브레이크 라이닝 간극이 불량하다.
④ 마스터 실린더 체크밸브 작용이 불량하다.

해설 **브레이크를 작동시킬 때 조향핸들이 한쪽으로 쏠리는 원인** : 타이어 공기압이 고르지 않을 때, 한쪽 휠 실린더 작동이 불량할 때, 한쪽 브레이크 라이닝 간극이 불량할 때

정답 21 ③ 22 ② 23 ② 24 ③ 25 ② 26 ④

27. 공기 브레이크의 장점이 아닌 것은?

① 차량중량에 제한을 받지 않는다.
② 베이퍼 록이 발생할 염려가 있다.
③ 페달을 밟는 양에 따라 제동력이 조절된다.
④ 공기가 다소 누출되더라도 제동성능에 현저한 차이가 없다.

해설 공기 브레이크는 베이퍼 록이 발생할 염려가 없다.

28. 공기 브레이크 장치의 구성품 중 틀린 것은?

① 브레이크 밸브
② 마스터 실린더
③ 공기탱크
④ 릴레이 밸브

해설 공기 브레이크는 공기압축기, 압력조정기와 언로드 밸브, 공기탱크, 브레이크 밸브, 퀵 릴리스 밸브, 릴레이 밸브, 슬랙 조정기, 브레이크 체임버, 캠, 브레이크슈, 브레이크 드럼으로 구성된다.

29. 공기 브레이크에서 브레이크슈를 직접 작동시키는 것은?

① 릴레이 밸브
② 브레이크 페달
③ 캠
④ 유압

해설 공기 브레이크에서는 캠(cam)으로 브레이크슈를 직접 작동시킨다.

30. 제동장치 중 주브레이크에 속하지 않는 것은?

① 유압 브레이크
② 배력 브레이크
③ 공기 브레이크
④ 배기 브레이크

해설 배기 브레이크는 감속 브레이크에 속한다.

31. 자동변속기가 장착된 건설기계의 주차 시 관련 사항으로 틀린 것은?

① 평탄한 장소에 주차시킨다.
② 시동스위치의 키를 “ON”에 놓는다.
③ 변속레버를 “N”위치로 한다.
④ 주차 브레이크를 작동하여 건설기계가 움직이지 않게 한다.

해설 건설기계를 주차할 때에는 시동스위치의 키는 빼내어 보관하도록 한다.

32. 진공식 제동 배력장치의 설명 중에서 옳은 것은?

① 진공밸브가 새면 브레이크가 전혀 작동되지 않는다.
② 릴레이 밸브의 다이어프램이 파손되면 브레이크가 작동되지 않는다.
③ 릴레이 밸브 피스톤 컵이 파손되어도 브레이크는 작동된다.
④ 하이드롤릭 피스톤의 체크 볼이 밀착 불량이면 브레이크가 작동되지 않는다.

정답 27 ② 28 ② 29 ③ 30 ④ 31 ② 32 ③

제 3 장 주행장치

3-1 타이어(tire)

1 타이어의 구조

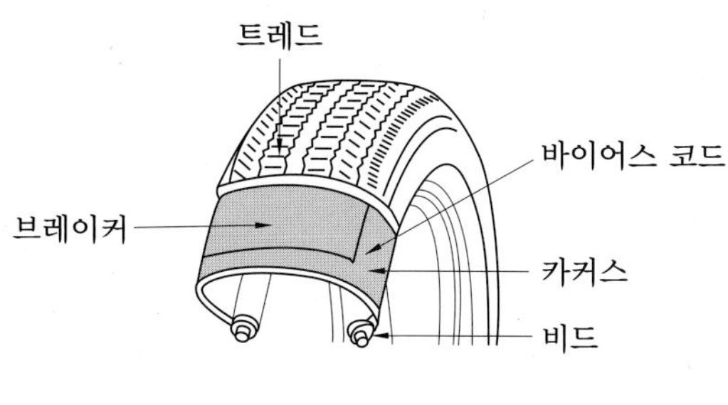

타이어의 구조

(1) 트레드(tread)

타이어가 직접 노면과 접촉되어 마모에 견디고 적은 슬립으로 견인력을 증대시키는 부분이다.

(2) 브레이커(breaker)

몇 겹의 코드 층을 내열성의 고무로 싼 구조로 되어 있으며, 트레드와 카커스의 분리를 방지하고 노면에서의 완충작용도 한다.

(3) 카커스(carcass)

타이어의 골격을 이루는 부분이며, 공기압력을 견디어 일정한 체적을 유지하고, 하중이나 충격에 따라 변형하여 완충작용을 한다.

(4) 비드 부분(bead section)

타이어가 림과 접촉하는 부분이며, 비드 부분이 늘어나는 것을 방지하고 타이어가 림에서 빠지는 것을 방지하기 위해 내부에 몇 줄의 피아노선이 원둘레 방향으로 들어 있다.

3-2 무한궤도[트랙(track) or 크롤러(crawler)]

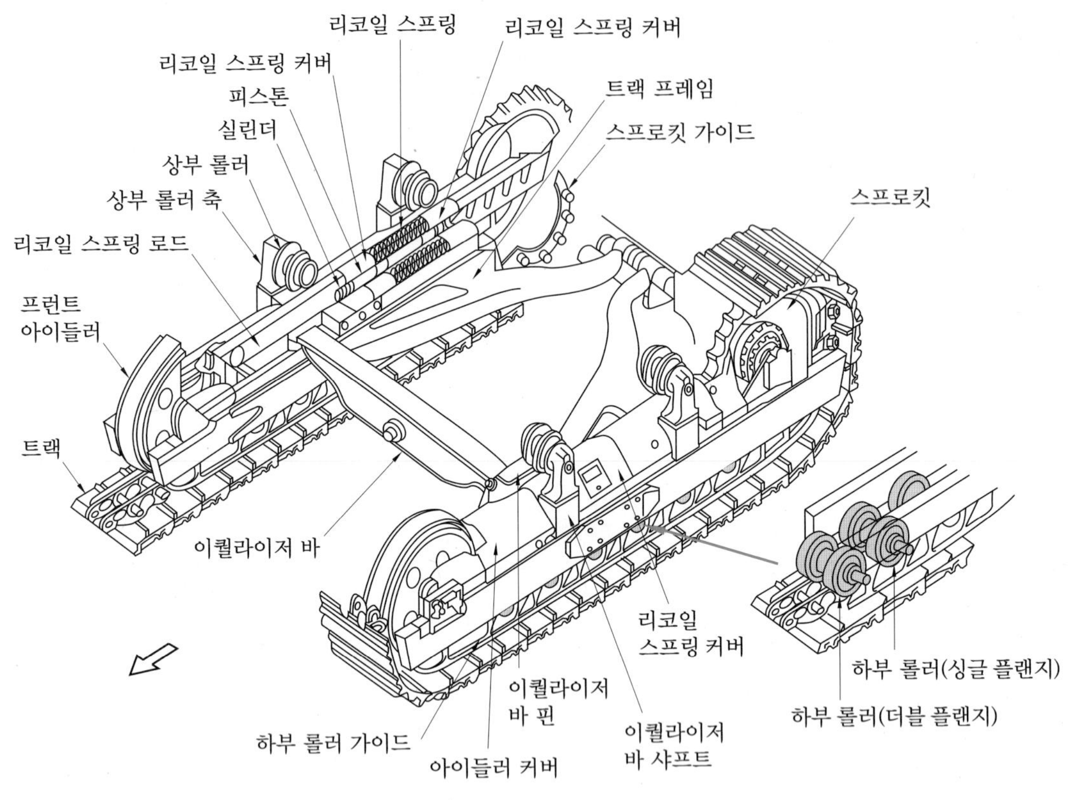

무한궤도 장치의 구조

(1) 트랙(track)

① **트랙의 구조 :** 링크 · 핀 · 부싱 및 슈 등으로 구성되며, 프런트 아이들러, 상 · 하부 롤러, 스프로킷에 감겨져 있고, 스프로킷으로부터 동력을 받아 구동된다.

② **트랙 슈의 종류 :** 단일돌기 슈, 2중 돌기 슈, 3중 돌기 슈, 습지용 슈, 고무 슈, 암반용 슈, 평활 슈 등이 있다.

(2) 프런트 아이들러(front idler ; 전부 유동륜)

트랙의 장력을 조정하면서 트랙의 진행방향을 유도한다.

(3) 리코일 스프링(recoil spring)

주행 중 트랙 전방에서 오는 충격을 완화하여 차체 파손을 방지하고 운전을 원활하게 한다.

(4) 상부 롤러(carrier roller)

① 프런트 아이들러와 스프로킷 사이에 1~2개가 설치된다.
② 트랙이 밑으로 처지는 것을 방지하고, 트랙의 회전을 바르게 유지한다.
③ 싱글 플랜지형(바깥쪽으로 플랜지가 있는 형식)을 주로 사용한다.

(5) 하부 롤러(track roller)

트랙 프레임에 3~7개 정도가 설치되며, 건설기계의 전체 중량을 지탱하며, 전체 중량을 트랙에 균등하게 분배해 주고 트랙의 회전을 바르게 유지한다.

(6) 스프로킷(sprocket, 기동륜)

주행모터로부터 동력을 받아 트랙을 구동한다.

굴삭기 운전기능사

출제 예상 문제

01. 타이어의 구조에서 직접 노면과 접촉되어 마모에 견디고 적은 슬립으로 견인력을 증대시키는 곳의 명칭은?

① 트레드　② 브레이커
③ 카커스　④ 비드

해설 트레드(tread)는 타이어가 직접 노면과 접촉되어 마모에 견디고 적은 슬립으로 견인력을 증대시키는 곳이다.

02. 타이어에서 고무로 피복된 코드를 여러 겹으로 겹친 층에 해당되며 타이어 골격을 이루는 부분은?

① 트레드　② 숄더
③ 카커스　④ 비드

해설 카커스(carcass)는 고무로 피복된 코드를 여러 겹 겹친 층에 해당되며, 타이어 골격을 이루는 부분이다.

03. 타이어에서 몇 겹의 코드 층을 내열성의 고무로 싼 구조로 되어 있으며, 트레드와 카커스의 분리를 방지하고 노면에서의 완충작용도 하는 부분은?

① 카커스　② 트레드
③ 비드　④ 브레이커

해설 브레이커(breaker)는 몇 겹의 코드 층을 내열성의 고무로 싼 구조로 되어 있으며, 트레드와 카커스의 분리를 방지하고 노면에서의 완충작용도 한다.

04. 내부에는 고탄소강의 강선(피아노선)을 묶음으로 넣고 고무로 피복한 림 상태의 보강 부위로 타이어를 림에 견고하게 고정시키는 역할을 하는 부분은?

① 카커스(carcass)
② 비드(bead)
③ 숄더(should)
④ 트레드(tread)

해설 비드는 내부에는 고탄소강의 강선(피아노선)을 묶음으로 넣고 고무로 피복한 림 상태의 보강 부위로 타이어를 림에 견고하게 고정시키는 역할을 한다.

05. 타이어형 건설기계에 부착된 부품을 확인하였더니 13.00-24-18PR로 명기되어 있었다. 다음 중 어느 것에 해당되는가?

① 유압 펌프
② 엔진 일련번호
③ 타이어 규격
④ 기동전동기 용량

06. 건설기계에 사용되는 저압타이어 호칭치수 표시는?

① 타이어의 외경-타이어의 폭-플라이 수
② 타이어의 폭-타이어의 내경-플라이 수
③ 타이어의 폭-림의 지름
④ 타이어의 내경-타이어의 폭-플라이 수

해설 저압타이어 호칭치수는 타이어의 폭(인치)-타이어의 내경(인치)-플라이 수로 표시한다.

정답 01 ① 02 ③ 03 ④ 04 ② 05 ③ 06 ②

07. 타이어에 11.00-20-12PR이란 표시 중 "11.00"이 나타내는 것은?

① 타이어 외경을 인치로 표시한 것
② 타이어 폭을 센티미터로 표시한 것
③ 타이어 내경을 인치로 표시한 것
④ 타이어 폭을 인치로 표시한 것

해설 11.00-20-12PR에서 11.00은 타이어 폭(인치), 20은 타이어 내경(인치), 12PR은 플라이 수를 의미한다.

08. 타이어형 건설기계 주행 중 발생할 수도 있는 히트 세퍼레이션 현상에 대한 설명으로 맞는 것은?

① 물에 젖은 노면을 고속으로 달리면 타이어와 노면 사이에 수막이 생기는 현상
② 고속으로 주행 중 타이어가 터져 버리는 현상
③ 고속 주행 시 차체가 좌·우로 밀리는 현상
④ 고속 주행할 때 타이어 공기압이 낮아져 타이어가 찌그러지는 현상

해설 히트 세퍼레이션(heat separation)이란 고속으로 주행할 때 열에 의해 타이어의 고무나 코드가 용해 및 분리되어 터지는 현상이다.

09. 하부구동장치(under carriage)에서 건설기계의 중량을 지탱하고 완충작용을 하기 위하여 설치된 것은?

① 상부롤러 ② 트랙
③ 하부롤러 ④ 트랙 프레임

해설 트랙 프레임은 하부 구동장치에서 굴삭기의 중량을 지탱하고 완충작용을 한다.

10. 무한궤도형 건설기계에서 트랙의 구성품으로 옳은 것은?

① 슈, 조인트, 스프로킷, 핀, 슈 볼트
② 스프로킷, 트랙롤러, 상부 롤러, 아이들러
③ 슈, 스프로킷, 하부 롤러, 상부 롤러, 감속기
④ 슈, 슈 볼트, 링크, 부싱, 핀

해설 트랙은 슈, 슈 볼트, 링크, 부싱, 핀 등으로 구성되어 있다.

11. 트랙장치의 구성품 중 트랙 슈와 슈를 연결하는 부품은?

① 부싱과 캐리어 롤러
② 하부 롤러와 상부 롤러
③ 아이들러와 스프로킷
④ 트랙링크와 핀

해설 트랙링크와 핀으로 트랙 슈와 슈를 연결한다.

12. 트랙링크의 수가 38조라면 트랙 핀의 부싱은 몇 조인가?

① 37조 ② 38조 ③ 39조 ④ 40조

해설 트랙링크의 수가 38조라면 트랙 핀의 부싱은 38조이다.

13. 트랙 슈의 종류로 틀린 것은?

① 단일돌기 슈 ② 습지용 슈
③ 이중돌기 슈 ④ 변하중 돌기 슈

해설 **트랙 슈의 종류** : 단일돌기 슈, 2중 돌기 슈, 3중 돌기 슈, 습지용 슈, 고무 슈, 암반용 슈, 평활 슈 등

14. 도로를 주행할 때 포장노면의 파손을 방지하기 위해 주로 사용하는 트랙 슈는?

① 평활 슈 ② 습지용 슈
③ 스노 슈 ④ 단일돌기 슈

해설 평활 슈는 도로를 주행할 때 포장노면의 파손을 방지하기 위해 사용한다.

정답 07 ④ 08 ② 09 ④ 10 ④ 11 ④ 12 ② 13 ④ 14 ①

15. 무한궤도형 건설기계에서 트랙을 탈거하기 위해서 우선적으로 제거해야 하는 것은?

① 부싱 ② 마스터 핀
③ 링크 ④ 트랙 슈

해설 마스터 핀은 트랙의 분리를 쉽게 하기 위하여 둔 것이다.

16. 트랙 장력을 조절하면서 트랙의 진행방향을 유도하는 하부주행 장치는?

① 하부롤러 ② 장력 실린더
③ 상부롤러 ④ 전부 유동륜

해설 전부 유동륜(front idler)은 트랙의 장력을 조정하면서 트랙의 진행방향을 유도한다.

17. 무한궤도형 건설기계에서 주행 중 트랙 전방에서 오는 충격을 완화하여 차체 파손을 방지하고 운전을 원활하게 해 주는 것은?

① 트랙롤러 ② 리코일 스프링
③ 상부롤러 ④ 댐퍼 스프링

해설 리코일 스프링(recoil spring)은 트랙장치에서 트랙과 프런트 아이들러의 충격을 완화시키기 위해 설치한다.

18. 무한궤도형 건설기계에서 리코일 스프링을 이중 스프링으로 사용하는 이유로 가장 적합한 것은?

① 강한 탄성을 얻기 위하여
② 서징현상을 줄이기 위해서
③ 스프링이 잘 빠지지 않게 하기 위해서
④ 강력한 힘을 축적하기 위해서

해설 리코일 스프링을 2중 스프링으로 하는 이유는 서징(surging)현상을 줄이기 위함이다.

19. 무한궤도형 건설기계에서 리코일 스프링을 분해해야 할 경우는?

① 프런트 아이들러의 파손
② 트랙의 파손
③ 스프로킷의 파손
④ 스프링이나 샤프트의 절손

해설 스프링이나 샤프트가 절손되면 리코일 스프링을 분해하여야 한다.

20. 트랙 프레임 위에 한쪽만 지지하거나 양쪽을 지지하는 브래킷에 1~2개가 설치되어 트랙 아이들러와 스프로킷 사이에서 트랙이 처지는 것을 방지하는 동시에 트랙의 회전위치를 정확하게 유지하는 역할을 하는 것은?

① 브레이스 ② 캐리어 롤러
③ 스프로킷 ④ 아우터 스프링

해설 캐리어 롤러(상부 롤러)는 트랙 프레임 위에 한쪽만 지지하거나 양쪽을 지지하는 브래킷에 1~2개가 설치되어 트랙 아이들러와 스프로킷 사이에서 트랙이 처지는 것을 방지하는 동시에 트랙의 회전위치를 정확하게 유지한다.

21. 상부 롤러에 대한 설명으로 틀린 것은?

① 더블 플랜지형을 주로 사용한다.
② 트랙이 밑으로 처지는 것을 방지한다.
③ 전부 유동륜과 스프로킷 사이에 1~2개가 설치된다.
④ 트랙의 회전을 바르게 유지한다.

해설 상부 롤러는 싱글 플랜지형(바깥쪽으로 플랜지가 있는 형식)을 사용한다.

22. 롤러(roller)에 대한 설명 중 틀린 것은?

① 상부 롤러는 일반적으로 1~2개가 설치되어 있다.

정답 15 ② 16 ④ 17 ② 18 ② 19 ④ 20 ② 21 ① 22 ④

② 상부 롤러는 스프로킷과 아이들러 사이에 트랙이 처지는 것을 방지한다.
③ 하부 롤러는 트랙프레임의 한쪽 아래에 3~7개 설치되어 있다.
④ 하부 롤러는 트랙의 마모를 방지해 준다.

해설 하부 롤러는 굴삭기의 전체 하중을 지지하고 중량을 트랙에 균등하게 분배해 주며, 트랙의 회전위치를 바르게 유지한다.

23. 무한궤도형 건설기계에서 스프로킷에 가까운 쪽의 하부 롤러는 어떤 형식을 사용하는가?

① 더블 플랜지형　② 오프셋형
③ 싱글 플랜지형　④ 플랫형

해설 하부 롤러는 싱글 플랜지형과 더블 플랜지형을 사용하는데 싱글 플랜지형은 반드시 프런트 아이들러와 스프로킷이 있는 쪽에 설치하여야 한다. 또 싱글 플랜지형과 더블 플랜지형은 하나 건너서 하나씩(교번) 설치한다.

24. 무한궤도형 건설기계에서 스프로킷이 한쪽으로만 마모되는 원인으로 가장 적합한 것은?

① 트랙장력이 늘어났을 때
② 트랙링크가 마모되었을 때
③ 상부 롤러가 과다하게 마모되었을 때
④ 스프로킷 및 아이들러가 직선배열이 아닐 때

해설 스프로킷이 한쪽으로만 마모되는 원인은 스프로킷 및 아이들러가 직선배열이 아니기 때문이다.

25. 트랙장력을 조정하는 이유가 아닌 것은?

① 트랙구성 부품의 수명을 연장하기 위하여
② 트랙의 이탈을 방지하기 위하여
③ 스윙모터의 과부하를 방지하기 위하여
④ 스프로킷의 마모를 방지하기 위하여

해설 **트랙장력을 조정하는 이유** : 트랙구성 부품(프런트 아이들러, 상부와 하부 롤러)의 수명을 연장하기 위하여, 트랙의 이탈을 방지하기 위하여, 스프로킷의 마모를 방지하기 위하여

26. 무한궤도형 건설기계에서 트랙장력을 측정하는 부위로 가장 적합한 것은?

① 프런트 아이들러와 스프로킷 사이
② 1번 상부 롤러와 2번 상부 롤러 사이
③ 스프로킷과 상부 롤러 사이
④ 프런트 아이들러와 상부 롤러 사이

해설 트랙장력은 프런트 아이들러와 상부 롤러 사이에서 측정한다.

27. 무한궤도형 건설기계에서 트랙장력 조정 방법으로 옳은 것은?

① 캐리어 롤러의 조정방식으로 한다.
② 트랙장력 조정용 심(shim)을 끼워서 한다.
③ 트랙장력 조정용 실린더에 그리스를 주입한다.
④ 하부 롤러의 조정방식으로 한다.

해설 트랙의 장력을 조정할 때에는 트랙장력 조정용 실린더에 그리스를 주입한다.

28. 트랙장치의 트랙유격이 너무 커졌을 때 발생하는 현상으로 가장 적합한 것은?

① 주행속도가 빨라진다.
② 슈판 마모가 급격해진다.
③ 주행속도가 매우 느려진다.
④ 트랙이 벗겨지기 쉽다.

해설 트랙유격이 커지면 트랙이 벗겨지기 쉽다.

정답 23 ③　24 ④　25 ③　26 ④　27 ③　28 ④

29. 무한궤도형 건설기계에서 트랙의 장력을 너무 팽팽하게 조정했을 때 미치는 영향으로 틀린 것은?

① 트랙링크의 마모
② 프런트 아이들러의 마모
③ 트랙의 이탈
④ 구동 스프로킷의 마모

해설 트랙장력이 너무 팽팽하면 상 · 하부 롤러, 트랙링크, 프런트 아이들러, 구동 스프로킷 등 트랙부품의 조기마모의 원인이 된다.

30. 무한궤도형 건설기계의 트랙 유격을 조정할 때 유의사항으로 잘못된 방법은?

① 브레이크가 있는 경우에는 브레이크를 사용한다.
② 굴삭기를 평지에 주차시킨다.
③ 트랙을 들고서 늘어지는 것을 점검한다.
④ 2~3회 나누어 조정한다.

해설 트랙 장력(유격)을 조정할 때 브레이크가 있는 경우에는 브레이크를 사용해서는 안 된다.

31. 무한궤도형 건설기계에서 트랙이 자주 벗겨지는 원인으로 가장 거리가 먼 것은?

① 유격(긴도)이 규정보다 클 때
② 트랙의 상 · 하부 롤러가 마모되었을 때
③ 최종 구동기어가 마모되었을 때
④ 트랙의 중심 정렬이 맞지 않았을 때

해설 **트랙이 벗겨지는 원인** : 트랙이 너무 이완되었거나 트랙의 정렬이 불량할 때, 프런트 아이들러, 상 · 하부 롤러 및 스프로킷의 마멸이 클 때, 고속주행 중 급선회를 하였을 때, 리코일 스프링의 장력이 부족할 때, 경사지에서 작업할 때

32. 무한궤도형 건설기계에서 트랙을 분리하여야 할 경우가 아닌 것은?

① 트랙을 교환하고자 할 때
② 트랙 상부 롤러를 교환하고자 할 때
③ 스프로킷을 교환하고자 할 때
④ 아이들러를 교환하고자 할 때

해설 트랙을 분리하여야 하는 경우는 트랙을 교환할 때, 스프로킷을 교환할 때, 프런트 아이들러를 교환할 때 등이다.

33. 무한궤도형 건설기계에서 주행 불량 현상의 원인이 아닌 것은?

① 한쪽 주행모터의 브레이크 작동이 불량할 때
② 유압펌프의 토출유량이 부족할 때
③ 트랙에 오일이 묻었을 때
④ 스프로킷이 손상되었을 때

34. 〈보기〉 중 무한궤도형 건설기계에서 트랙 장력 조정방법으로 모두 옳은 것은?

보기
㉮ 그리스 주입 방식
㉯ 조정너트 방식
㉰ 전자제어 방식
㉱ 유압제어 방식

① ㉮, ㉰
② ㉮, ㉯
③ ㉮, ㉯, ㉰
④ ㉯, ㉰, ㉱

해설 트랙 장력(긴도) 조정방법에는 그리스를 주입하는 방법과 조정너트를 이용하는 방법이 있다.

정답 29 ③ 30 ① 31 ③ 32 ② 33 ③ 34 ②

굴삭기
운전기능사

제 4 편

굴삭기 작업장치

제 1 장 굴삭기의 개요

굴삭기(excavator)는 토사굴토 작업, 굴착 작업, 도랑파기 작업, 쌓기, 깎기, 되메우기, 토사상차 작업에 사용된다. 종류에는 작업 방법에 따라 백호형과 셔블형이 있으며, 주행방식에 따라 타이어형과 무한궤도(트랙)형이 있다.

1-1 백호(back hoe)형 굴삭기

이 형식은 지면보다 낮은 부분을 굴착하기 쉽도록 중앙이 굽은 붐(boom)을 사용하며, 암(arm)과 버킷(bucket)을 뒤쪽으로 당기는 동작을 하여 굴착 작업을 한다.

1-2 셔블(쇼벨, shovel)형 굴삭기

이 형식은 지면보다 높은 부분을 굴착할 때 사용하며 버킷을 앞쪽으로 밀면서 굴착을 한다. 또 버킷에 보텀 덤프(bottom dump)가 설치되어 있어 버킷에 담긴 토사가 쉽게 쏟아지도록 하기 위하여 버킷 아래쪽이 열리도록 되어 있다.

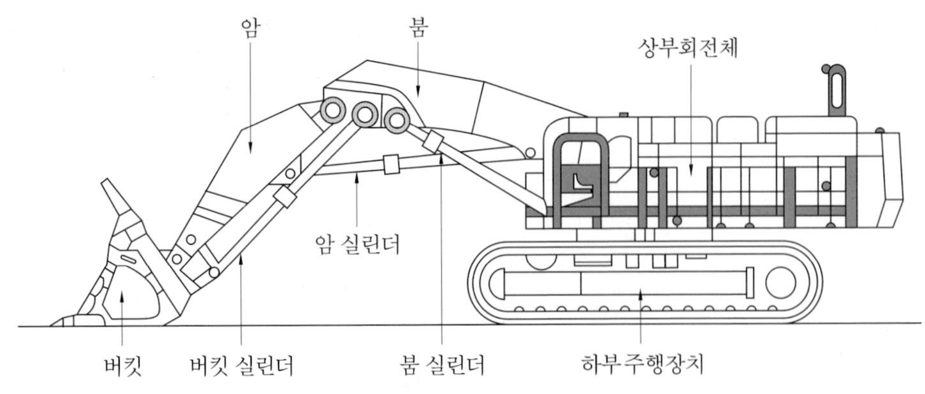

셔블형 굴삭기

1-3 타이어형과 무한궤도형의 특징

① 타이어형은 장거리 이동이 쉽고, 기동성능이 양호하며, 변속 및 주행속도가 빠르다.

② 무한궤도형은 접지면적이 크기 때문에 사지(모래땅)나 습지와 같이 위험한 지역에서 작업이 가능하다.

③ 무한궤도형은 접지압력이 낮아 기복이 심한 곳에서의 작업이 유리하다.

제 2 장 굴삭기의 주요 구조

굴삭기는 작업 장치, 상부회전체, 하부주행장치로 구성되어 있다.

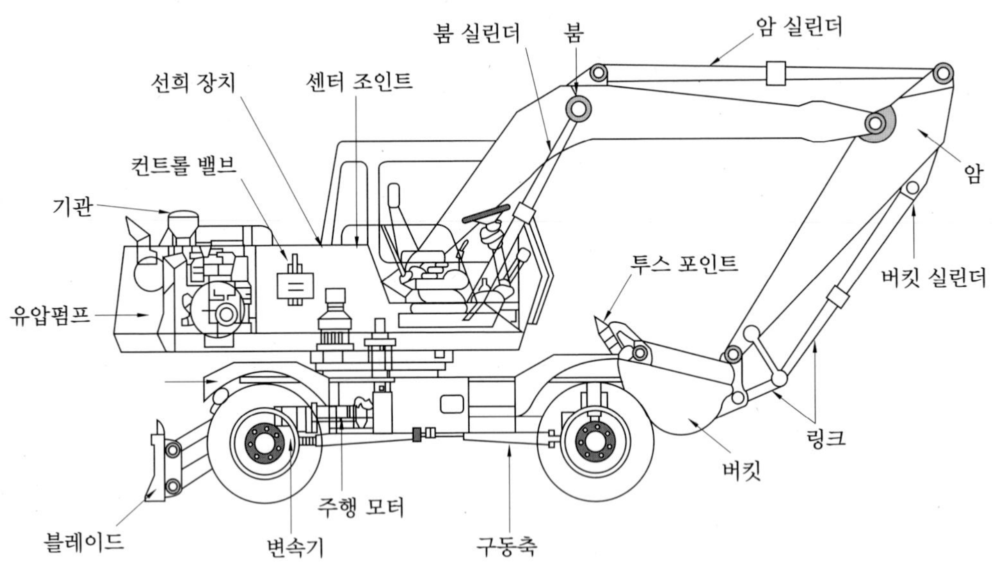

백호형 굴삭기

2-1 상부회전체

① 상부회전체는 기관, 유압 펌프, 운전석 등이 설치되어 있다.

② 하부주행장치(하부주행체)의 프레임 위에 설치되고, 프레임 위에 스윙 볼 레이스(swing ball race)와 결합되어 있으며, 앞쪽에는 붐이 풋 핀(foot pin)을 통해 설치되어 있다.

③ 작업을 할 때 굴삭기의 뒷부분이 들리는 것을 방지하기 위하여 카운터 웨이트(밸런스 웨이트, 평형추)를 설치한다.

2-2 작업장치의 기능

① 굴삭기의 작업장치는 붐, 암(디퍼스틱), 버킷으로 구성되어 있으며, 작업 사이클은 굴착 → 붐 상승 → 스윙(선회) → 적재(덤프) → 스윙(선회) → 굴착이다.
② 굴착 작업을 할 때에는 암 제어레버, 붐 제어레버, 버킷 제어레버를 사용한다.

(1) 버킷(bucket)

① 버킷은 굴착한 흙을 담는 장치이며, 용량은 m^3로 표시한다.
② 버킷 투스(버킷 포인트) : 버킷의 굴삭력을 증가시키기 위해 설치하며, 샤프형과 록형이 있다.
㈎ 샤프형 투스(sharp type tooth) : 점토 · 석탄 등을 절단하여 굴착 및 적재할 때 사용한다.
㈏ 록형 투스(lock type tooth) : 암석 · 자갈 등을 굴착 및 적재 작업에 사용한다.

(2) 암(디퍼 스틱 : arm or dipper stick)

암은 버킷과 붐 사이를 연결하는 장치이며, 일반적으로 암과 붐의 각도가 90~110°일 때 굴착력이 가장 크며, 암의 각도는 전방 50°, 후방 15°까지 65° 사이일 때가 가장 효율적인 굴착력을 발휘할 수 있다. 종류에는 표준 암(standard arm), 롱 암(long arm), 숏 암(short arm), 익스텐션 암(extension arm) 등이 있다.

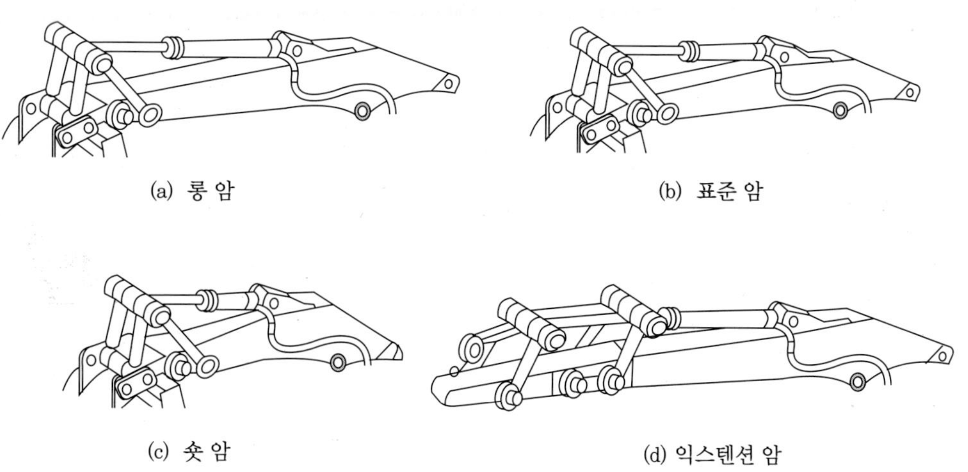

(a) 롱 암 (b) 표준 암 (c) 숏 암 (d) 익스텐션 암

굴삭기 암의 종류

(3) 붐(boom)

붐은 암을 지지하는 장치이며, 상부회전체에 풋 핀(foot pin)을 통해 설치된다. 종류에는 원피스 붐(one piece boom), 투피스 붐(two piece boom), 오프셋 붐(off-set boom) 등이 있다.

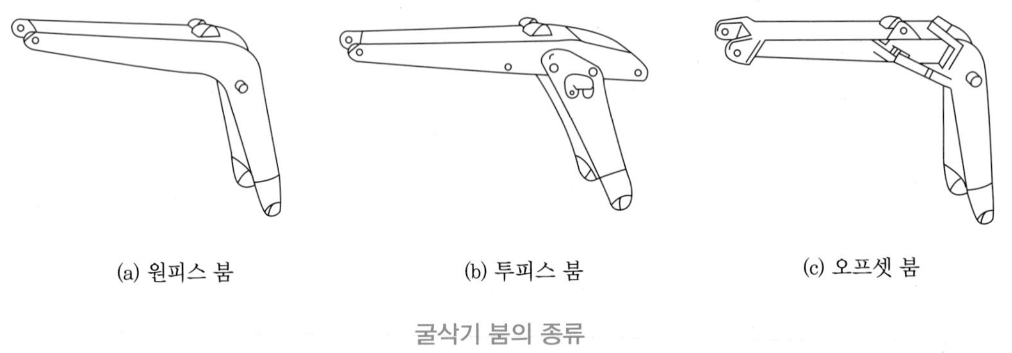

굴삭기 붐의 종류

2-3 선택 작업장치의 종류

(1) 브레이커(breaker)

브레이커는 정(chisel)의 머리 부분에 유압 왕복해머로 연속적으로 타격을 가해 암석, 아스팔트, 콘크리트 등을 파쇄하는 작업 장치이다.

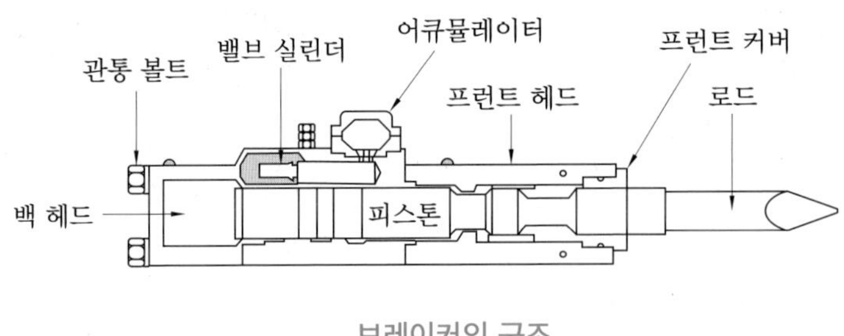

브레이커의 구조

(2) 크러셔(crusher)

크러셔는 2개의 집게로 작업 대상물을 집고, 집게를 조여서 암반 및 콘크리트 파쇄 작업과 철근절단 작업 및 건물을 해체할 때 사용하는 작업장치이다.

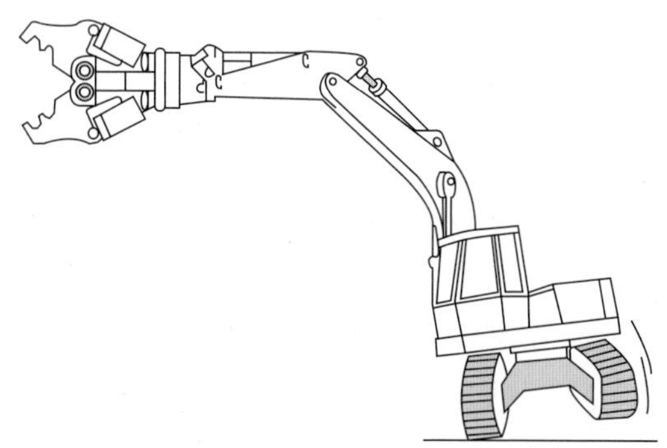

크러셔

(3) 그랩(grab) 또는 그래플(grapple) – 집게

그랩은 유압 실린더를 이용하여 2~5개의 집게를 움직여 작업물질을 집는 장치이다.

① **오렌지 그랩(orange grab 또는 오렌지 크램셀)** : 암반 상·하차, 쓰레기 수거 작업을 할 때 사용하며, 고철 등을 집어 상판을 눌러 주는 데 사용한다.

② **멀티 그랩(multi grab ; 다용도 집게)** : 돌이나 목재 등을 집는 데 사용하며, 멀티 그랩은 암에 유압 실린더를 부착하여 사용한다.

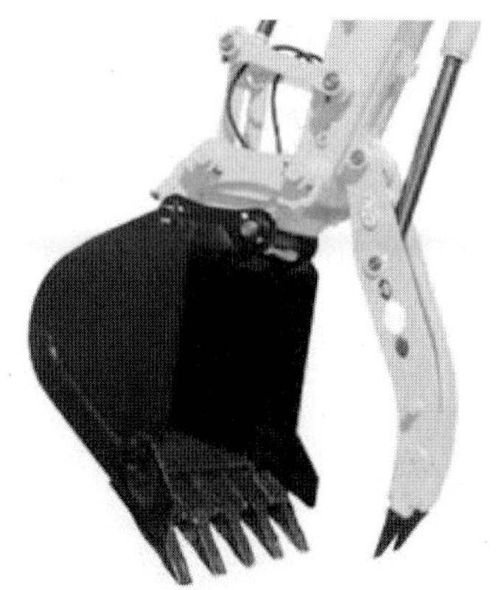

멀티 그랩

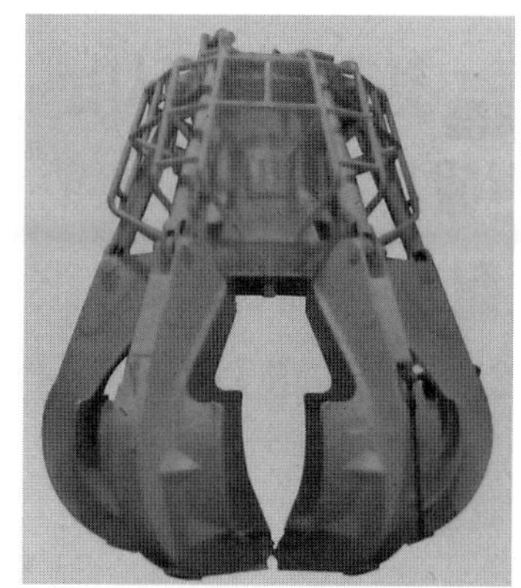

오렌지 그랩

(4) 그 밖의 선택 작업장치

① **리퍼(ripper)** : 연한 암석의 절삭 작업, 아스콘, 콘크리트 제거 작업 등에 사용한다.

② **우드 클램프(wood clamp)** : 목재의 상차 및 하차 작업에 사용한다.

③ **어스 오거(earth auger)** : 유압 모터를 이용한 스크루로 구멍을 뚫고 전신주 등을 박는 작업에 사용한다.

④ **트윈 헤더**(twin header) : 발파가 불가능한 지역의 모래, 암석, 석회암 절삭 작업(연한 암석지대의 터널 굴삭)을 할 때 사용한다.

2-4 하부주행장치(하부주행체)

무한궤도형 굴삭기 하부주행장치의 동력전달 순서는 기관 → 유압 펌프 → 제어밸브 → 센터 조인트 → 주행 모터 → 트랙이다.

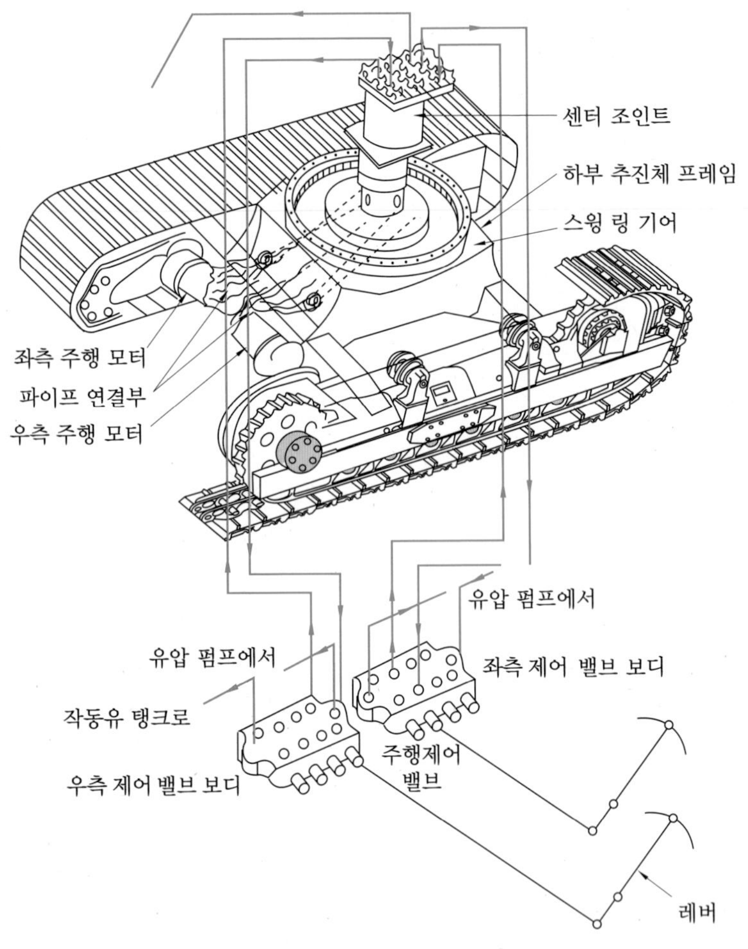

무한궤도형 굴삭기 하부주행 장치의 구조

(1) 센터 조인트(center joint)

① 상부회전체의 중심 부분에 설치되며, 상부회전체의 유압유를 하부주행장치(주행 모터)로 공급해 주는 장치이다.

② 상부회전체가 회전하더라도 호스, 파이프 등이 꼬이지 않고 원활히 유압유를 보낸다.

(2) 주행 모터(track motor)

① 센터 조인트로부터 유압을 받아서 작동하며, 감속기어 · 스프로킷 및 트랙을 회전시켜 주행이 가능하도록 한다.

② 주행동력은 유압 모터(주행 모터)로부터 공급받으며, 무한궤도형 굴삭기의 조향(환향)작용은 유압(주행) 모터로 한다.

(3) 무한궤도형 굴삭기의 조향 방법

① **피벗 턴(pivot turn) :** 주행레버를 1개만 조작하여 선회하는 방법이다.

② **스핀 턴(spin turn) :** 주행레버 2개를 동시에 반대 방향으로 조작하여 선회하는 방법이다.

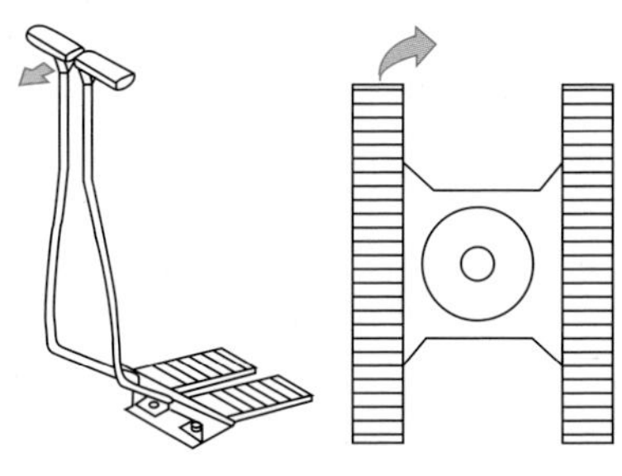

피벗 턴

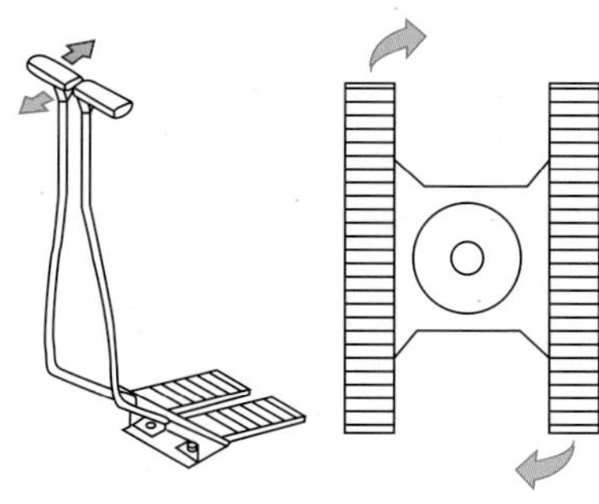

스핀 턴

제 3 장 굴삭기의 작업 방법

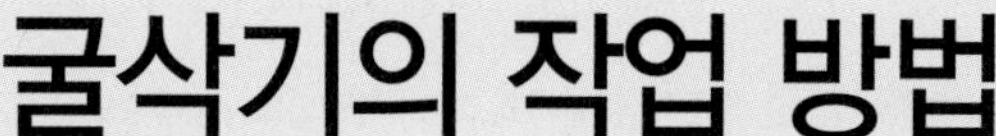

3-1 굴삭기 워밍업(난기운전) 방법

유압장치 내의 유압유 온도는 40~80℃ 범위가 정상이므로 기관을 시동하여 곧바로 작업에 들어가면 유압장치의 고장을 유발하게 되므로 작업 전에 유압유 온도가 최소한 30℃ 이상이 되도록 하기 위한 운전을 해야 하는데, 이를 워밍업(난기운전)이라 한다. 워밍업의 순서는 다음과 같다.

① 기관을 시동한 후 공회전 상태로 5분 정도 둔다.
② 운전석의 가속 다이얼(또는 레버)을 돌려 기관의 회전속도를 중속으로 한 후 버킷 레버만 당긴 상태로 5~10분 동안 운전한다.
③ 가속 다이얼(또는 레버)을 고속으로 하고 버킷 또는 암 레버를 당기거나 밀어 놓은 채로 5분 정도 운전한다.
④ 붐 상하동작과 스윙 및 전 · 후 주행을 5분 정도 한다.

3-2 굴삭기로 작업할 때 안전사항

① 타이어형 굴삭기로 작업할 때에는 반드시 아우트리거를 받친다.
② 작업할 때 버킷 옆에 사람이 있어서는 안 된다.
③ 작업할 때 작업 반경을 초과하여 하중을 이동시키지 않는다.
④ 작업할 때 유압 실린더의 피스톤 행정 끝에서 약간 여유를 남기도록 운전한다.
⑤ 조종사는 작업반경의 주위를 파악한 후 스윙 및 붐의 작동을 행한다.
⑥ 버킷에 무거운 하중이 있을 때는 5~10cm 들어 올려서 굴삭기의 안전을 확인한다.
⑦ 버킷이나 하중을 달아 올린 채로 브레이크를 걸어두어서는 안 된다.
⑧ 굴착하면서 주행을 해서는 안 되며, 기중 작업은 가능한 피하는 것이 좋다.
⑨ 경사지에서 작업할 때 측면절삭을 해서는 안 되며, 작업을 중지할 때는 파낸 모서리로부터 굴삭기를 이동시킨다.
⑩ 상부에서 붕괴낙하 위험이 있는 장소에서 작업을 해서는 안 된다.

⑪ 굴착 면이 높은 경우에는 계단식으로 굴착한다.
⑫ 부석이나 붕괴되기 쉬운 지반은 적절한 보강을 한다.
⑬ 땅을 깊이 팔 때는 붐의 호스나 버킷 실린더의 호스가 지면에 닿지 않도록 한다.
⑭ 암석 · 토사 등을 평탄하게 고를 때는 선회관성을 이용하면 스윙모터에 과부하가 걸리기 쉽다.
⑮ 스윙하면서 버킷으로 암석을 부딪쳐 파쇄해서는 안 된다.
⑯ 한쪽 트랙을 들 때에는 암과 붐 사이의 각도를 90~110°로 한 후 들어 주는 것이 좋다.

3-3 굴삭기를 트레일러에 상차하는 방법

① 가급적 경사대를 사용한다.
② 경사대는 10~15° 정도 경사시키는 것이 좋다.
③ 트레일러로 운반할 때 작업장치를 반드시 뒤쪽으로 한다.
④ 붐을 이용하여 버킷으로 차체를 들어 올려 탑재하는 방법도 이용되지만 전복의 위험이 있어 특히 주의를 요하는 방법이다.

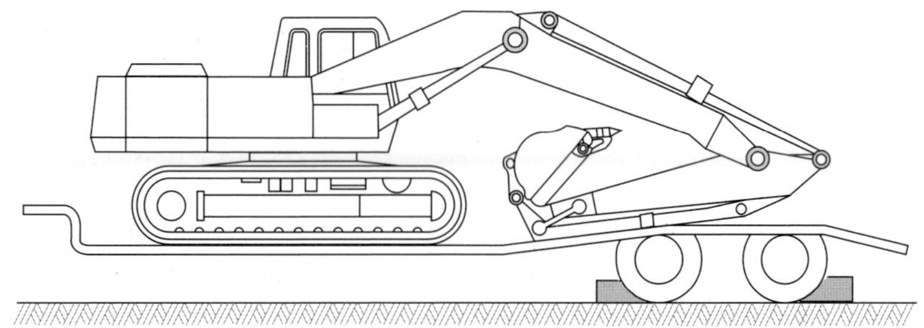

상차 후 작업장치 정위치

참고 액슬 허브(axle hub)의 오일을 배출시킬 때에는 플러그를 6시 방향에, 주입할 때는 플러그를 9시 방향에 위치시킨다.

굴삭기
운전기능사

출제 예상 문제

01. 다음 중 토목공사에서 터파기, 쌓기, 깎기, 되메우기 작업에 사용하는 건설기계는?

① 천공기 ② 불도저
③ 굴삭기 ④ 롤러

해설 굴삭기는 터파기 작업, 도랑파기 작업, 쌓기, 깎기, 되메우기, 토사상차 작업에 사용한다.

02. 굴삭기로 할 수 없는 작업은 어느 것인가?

① 땅고르기 작업 ② 차량토사 적재
③ 경사면 굴토 ④ 준설 작업

03. 굴삭기의 위치보다 높은 곳을 굴착하는 데 알맞은 것으로 토사 및 암석을 트럭에 적재하기 쉽게 디퍼 덮개를 개폐하도록 제작된 것은?

① 파워 셔블 ② 기중기
③ 굴삭기 ④ 스크레이퍼

해설 파워 셔블(power shovel)은 굴삭기의 위치보다 높은 곳을 굴착하는 데 알맞은 것으로 토사 및 암석을 트럭에 적재하기 쉽게 디퍼(버킷) 덮개를 개폐하도록 제작된 건설기계이다.

04. 트랙형 굴삭기와 비교한 타이어형 굴삭기의 장점에 속하는 것은?

① 굴착능력이 크다.
② 기동성능이 좋다.
③ 등판능력이 크다.
④ 접지압이 낮아 습지 작업에 유리하다.

해설 타이어형은 장거리 이동이 빠르고, 기동성능이 양호하다.

05. 굴삭기의 주행 형식별 분류에서 접지면적이 크고 접지압력이 작아 사지나 습지와 같이 위험한 지역에서 작업이 가능한 형식으로 적당한 것은?

① 무한궤도형 ② 트럭 탑재형
③ 반 정치형 ④ 타이어형

해설 무한궤도형은 접지면적이 크고 접지압력이 작아 사지나 습지와 같이 위험한 지역에서 작업이 가능하다.

06. 무한궤도형 굴삭기의 장점으로 가장 거리가 먼 것은?

① 접지압력이 낮다.
② 운송수단 없이 장거리 이동이 가능하다.
③ 노면 상태가 좋지 않은 장소에서 작업이 용이하다.
④ 습지 및 사지에서 작업이 가능하다.

해설 무한궤도형 굴삭기를 장거리 이동할 경우에는 트레일러로 운반하여야 한다.

07. 휠형(wheel type) 굴삭기에서 아워 미터(hour meter)의 역할은?

① 엔진 가동시간을 나타낸다.
② 주행거리를 나타낸다.
③ 오일량을 나타낸다.
④ 작동유량을 나타낸다.

정답 01 ③ 02 ④ 03 ① 04 ② 05 ① 06 ② 07 ①

해설 아워 미터(시간계)는 엔진의 가동시간을 표시하는 계기이며, 엔진 가동시간에 맞추어 예방정비 및 각종 오일 교환과 각 부위 주유를 정기적으로 하기 위해 설치한다.

08. 굴삭기의 3대 주요 구성요소로 가장 적당한 것은?

① 상부회전체, 하부회전체, 중간회전체
② 작업장치, 하부추진체, 중간선회체
③ 상부조정 장치, 하부회전 장치, 중간동력 장치
④ 작업장치, 상부회전체, 하부추진체

해설 굴삭기는 작업장치, 상부회전체, 하부추진체로 구성된다.

09. 굴삭기에 연결할 수 없는 작업장치는 어느 것인가?

① 스캐리 파이어 ② 어스오거
③ 파일 드라이버 ④ 파워 셔블

해설 굴삭기에 연결할 수 있는 작업장치는 백호, 셔블, 파일 드라이버, 어스오거, 우드 그래플(그랩), 리퍼 등이 있다.

10. 굴삭기 작업장치에서 진흙 등의 굴착 작업을 할 때 용이한 버킷은?

① 폴립 버킷 ② 이젝터 버킷
③ 포크 버킷 ④ 리퍼 버킷

해설 이젝터 버킷은 진흙 등의 굴착 작업을 할 때 용이하다.

11. 굴삭기 작업장치에서 배수로, 농수로 등 도랑파기 작업을 할 때 가장 알맞은 버킷은?

① V형 버킷 ② 리퍼버킷
③ 폴립버킷 ④ 힌지드 버킷

해설 V형 버킷은 배수로, 농수로 등 도랑파기 작업을 할 때 사용한다.

12. 굴삭기의 작업장치 중 아스팔트, 콘크리트 등을 깰 때 사용되는 것으로 가장 적합한 것은?

① 드롭해머 ② 파일 드라이버
③ 마그네트 ④ 브레이커

해설 브레이커(breaker)는 정(chisel)의 머리 부분에 유압방식 왕복해머로 연속적으로 타격을 가해 암석, 콘크리트. 아스팔트 등을 파쇄하는 작업 장치이다.

13. 유압 모터를 이용한 스크루로 구멍을 뚫고 전신주 등을 박는 작업에 사용되는 굴삭기 작업장치는?

① 그래플 ② 브레이커
③ 오거 ④ 리퍼

해설 오거(auger 또는 어스오거)는 유압 모터를 이용한 스크루로 구멍을 뚫고 전신주 등을 박는 작업에 사용한다.

14. 굴삭기에서 작업장치의 동력전달 순서로 맞는 것은?

① 엔진 → 제어밸브 → 유압 펌프 → 유압 실린더 및 유압 모터
② 유압 펌프 → 엔진 → 제어밸브 → 유압 실린더 및 유압 모터
③ 유압 펌프 → 엔진 → 유압 실린더 및 유압 모터 → 제어밸브
④ 엔진 → 유압 펌프 → 제어밸브 → 유압 실린더 및 유압 모터

해설 굴삭기 작업장치의 동력전달 순서는 엔진 → 유압 펌프 → 제어밸브 → 유압 실린더 및 유압 모터이다.

정답 08 ④ 09 ① 10 ② 11 ① 12 ④ 13 ③ 14 ④

15. 굴삭기에서 유압 실린더를 이용하여 집게를 움직여 통나무를 집어 상차하거나 쌓을 때 사용하는 작업장치는?

① 백호
② 파일 드라이버
③ 우드 그래플(그랩)
④ 브레이커

해설 우드 그래플(wood grapple, 그랩)은 유압 실린더를 이용하여 집게를 움직여 통나무를 집어 상차하거나 쌓을 때 사용하는 작업장치이다.

16. 굴삭기의 작업장치에서 굳은 땅, 언 땅, 콘크리트 및 아스팔트 파괴 또는 나무뿌리 뽑기, 발파한 암석 파기 등에 가장 적합한 것은?

① 리퍼 ② 크렘셀
③ 셔블 ④ 폴립버킷

해설 리퍼(ripper)는 굳은 땅, 언 땅, 콘크리트 및 아스팔트 파괴 또는 나무뿌리 뽑기, 발파한 암석 파기 등에 사용된다.

17. 굴삭기의 기본 작업 사이클 과정으로 맞는 것은?

① 선회 → 굴착 → 적재 → 선회 → 굴착 → 붐 상승
② 굴착 → 붐 상승 → 스윙 → 적재 → 스윙 → 굴착
③ 굴착 → 적재 → 붐 상승 → 선회 → 굴착 → 선회
④ 선회 → 적재 → 굴착 → 적재 → 붐 상승 → 선회

해설 굴삭기의 작업 사이클은 굴착 → 붐 상승 → 스윙(선회) → 적재(흙 쏟기) → 스윙(선회) → 굴착이다.

18. 굴삭기의 작업 1순환(1사이클)을 구분하면 몇 가지 동작으로 나눌 수 있는가?

① 2가지 동작 ② 4가지 동작
③ 5가지 동작 ④ 8가지 동작

19. 굴삭기 버킷용량 표시로 맞는 것은?

① in^2 ② yd^2 ③ m^2 ④ m^3

해설 굴삭기 버킷용량은 m^3로 표시한다.

20. 굴삭기의 버킷에서 굴삭력을 증가시키기 위해 부착하는 것은?

① 노스 ② 투스(포인트)
③ 보강 판 ④ 사이드 판

해설 버킷의 굴삭력을 증가시키기 위해 버킷 앞부분에 투스(포인트)를 부착한다.

21. 굴삭기 버킷 투스의 종류 중 점토, 석탄 등의 굴착 작업에 사용하며, 절입성능이 좋은 것은 어느 것인가?

① 샤프형 투스(sharp type tooth)
② 롤러형 투스(roller type tooth)
③ 록형 투스(lock type tooth)
④ 슈형 투스(shoe type tooth)

해설 버킷 투스의 종류
㉠ 샤프형 투스 : 점토, 석탄 등을 잘라 낼 때 사용하며 절입성능이 좋다.
㉡ 록형 투스 : 암석, 자갈 등의 굴착 및 적재 작업에 사용한다.

22. 굴삭기 붐(boom)은 무엇에 의하여 상부 회전체에 연결되어 있는가?

① 테이퍼 핀(taper pin)
② 풋 핀(foot pin)
③ 킹 핀(king pin)
④ 코터 핀(cotter pin)

정답 15 ③ 16 ① 17 ② 18 ③ 19 ④ 20 ② 21 ① 22 ②

해설 붐은 풋(푸트) 핀에 의해 상부회전체에 설치된다.

23. 굴삭기의 굴삭 작업은 주로 어느 것을 사용하는가?

① 버킷 실린더 ② 붐 실린더
③ 암 실린더 ④ 주행 모터

해설 굴삭 작업을 할 때에는 주로 암(디퍼스틱) 실린더를 사용한다.

24. 굴삭기 작업장치의 연결 부분(작동 부분) 니플에 주유하는 것은?

① 그리스 ② 엔진오일
③ 기어오일 ④ 유압유

해설 작업장치의 연결 부분(핀 부분)의 니플에는 그리스(G.A.A)를 주유한다.

25. 굴삭기 작업장치의 핀 등에 그리스가 주유되었는지를 확인하는 방법으로 옳은 것은?

① 그리스 니플을 분해하여 확인한다.
② 그리스 니플을 깨끗이 청소한 후 확인한다.
③ 그리스 니플의 볼을 눌러 확인한다.
④ 그리스 주유 후 확인할 필요가 없다.

해설 그리스 주유 확인은 니플의 볼을 눌러 확인한다.

26. 다음 중 굴삭기의 조종레버가 아닌 것은?

① 암 및 스윙 제어레버
② 붐 및 버킷 제어레버
③ 전 · 후진 주행레버
④ 버킷 스윙 제어레버

27. 굴삭기의 작업 제어레버 중 굴삭 작업과 직접 관계가 없는 것은?

① 버킷 제어레버
② 스윙 제어레버
③ 암(스틱) 제어레버
④ 붐 제어레버

해설 굴삭 작업을 할 때 사용하는 것은 암(스틱) 제어레버, 붐 제어레버, 버킷 제어레버이다.

28. 굴삭기가 굴삭 작업 시 작업능력이 떨어지는 원인으로 맞는 것은?

① 릴리프 밸브 조정불량
② 아워 미터 고장
③ 조향핸들 유격과다
④ 트랙 슈에 주유가 안 됨

해설 릴리프 밸브의 조정이 불량하면 굴삭 작업을 할 때 능력이 떨어진다.

29. 굴삭기의 붐 제어레버를 계속하여 상승위치로 당기고 있으면 어느 곳에 가장 큰 손상이 발생하는가?

① 엔진
② 유압 펌프
③ 릴리프 밸브 및 시트
④ 유압 모터

해설 굴삭기의 붐 제어레버를 계속하여 상승위치로 당기고 있으면 릴리프 밸브 및 시트에 가장 큰 손상이 발생한다.

30. 굴삭기의 붐의 작동이 느린 이유가 아닌 것은?

① 유압유에 이물질이 혼입되었을 때
② 유압유의 압력이 저하되었을 때
③ 유압유의 압력이 과다할 때
④ 유압유의 압력이 낮을 때

정답 23 ③ 24 ① 25 ③ 26 ④ 27 ② 28 ① 29 ③ 30 ③

31. 굴삭기 붐의 자연 하강량이 많을 때의 원인이 아닌 것은?

① 유압 실린더의 내부누출이 있다.
② 컨트롤 밸브의 스풀에서 누출이 많다.
③ 유압 실린더 배관이 파손되었다.
④ 유압작동 압력이 과도하게 높다.

해설 유압이 과도하게 낮으면 붐의 자연 하강량이 커진다.

32. 굴삭기의 상부회전체는 무엇에 의해 하부주행체와 연결되어 있는가?

① 풋 핀 ② 스윙 볼 레이스
③ 스윙 모터 ④ 주행 모터

해설 상부회전체는 스윙 볼 레이스(swing ball race)에 의해 하부주행체와 연결되어 있다.

33. 굴삭기의 상부회전체는 몇 도까지 회전이 가능한가?

① 90° ② 180°
③ 270° ④ 360°

해설 굴삭기의 상부회전체는 360° 회전이 가능하다.

34. 굴삭기의 선회동작 시 유압유의 흐름을 나타낸 것이다. ( ) 안에 알맞은 것은?

유압 펌프 → 제어밸브 → 브레이크 밸브 → 스윙 모터 → 브레이크 밸브 → ( ) → 오일 탱크

① 제어밸브 ② 브레이크 밸브
③ 스윙 모터 ④ 유압 펌프

해설 굴삭기 선회 시 유압유의 흐름 : 유압 펌프 → 제어밸브 → 브레이크 밸브 → 스윙 모터 → 브레이크 밸브 → (제어밸브) → 오일 탱크

35. 굴삭기의 스윙동작이 안 되는 원인으로 틀린 것은?

① 릴리프 밸브의 설정압력이 부족하다.
② 오버로드 릴리프 밸브의 설정압력이 부족하다.
③ 앞뒤로 움직이는 암이 고장 났다.
④ 쿠션밸브가 불량하다.

36. 다음 중 굴삭기에 대한 설명으로 틀린 것은?

① 스윙 제어레버는 부드럽게 조작한다.
② 주행레버 2개를 동시에 앞으로 밀면 굴삭기는 전진한다.
③ 센터 조인트는 상부회전체 중심 부분에 설치되어 있다.
④ 스윙모터는 일반적으로 기어모터를 사용한다.

해설 굴삭기의 스윙모터는 레이디얼 피스톤 모터를 사용한다.

37. 굴삭기 작업 시 안정성을 주고 굴삭기의 균형을 잡아 주기 위하여 설치하는 것은?

① 붐 ② 스틱
③ 버킷 ④ 카운터 웨이트

해설 카운터 웨이트(밸런스 웨이트, 평형추)는 작업할 때 안정성을 주고 굴삭기의 균형을 잡아 주기 위하여 설치하는 것이다. 즉 작업을 할 때 굴삭기의 뒷부분이 들리는 것을 방지한다.

38. 타이어형 굴삭기에서 유압식 동력전달장치 중 변속기를 직접 구동시키는 것은?

① 선회 모터 ② 토크컨버터
③ 주행 모터 ④ 기관

해설 타이어형 굴삭기가 주행할 때 주행 모터의 회

정답 31 ④ 32 ② 33 ④ 34 ① 35 ③ 36 ④ 37 ④ 38 ③

전력이 입력축을 통해 전달되면 변속기 내의 유성기어 → 유성기어 캐리어 → 출력축을 통해 차축으로 전달된다.

39. 무한궤도형 굴삭기에는 유압 모터가 몇 개 설치되어 있는가?

① 3개 ② 5개 ③ 1개 ④ 2개

해설 무한궤도형 굴삭기에는 일반적으로 주행 모터 2개와, 스윙모터 1개가 설치된다.

40. 무한궤도형 굴삭기의 구성품이 아닌 것은?

① 유압 펌프 ② 오일 냉각기
③ 자재이음 ④ 주행 모터

해설 자재이음은 타이어형 건설기계에서 구동각도의 변화를 주는 부품이다.

41. 무한궤도형 굴삭기의 하부추진체 동력전달 순서로 맞는 것은?

① 엔진 → 제어밸브 → 센터 조인트 → 유압 펌프 → 주행 모터 → 트랙
② 엔진 → 제어밸브 → 센터 조인트 → 주행 모터 → 유압 펌프 → 트랙
③ 엔진 → 센터 조인트 → 유압 펌프 → 제어밸브 → 주행 모터 → 트랙
④ 엔진 → 유압 펌프 → 제어밸브 → 센터 조인트 → 주행 모터 → 트랙

해설 무한궤도식 굴삭기의 하부추진체 동력전달 순서는 엔진 → 유압 펌프 → 제어밸브 → 센터 조인트 → 주행 모터 → 트랙이다.

42. 굴삭기의 상부선회체 유압유를 하부주행체로 전달하는 역할을 하고 상부선회체가 선회 중에 배관이 꼬이지 않게 하는 것은?

① 주행 모터 ② 선회감속장치
③ 센터 조인트 ④ 선회 모터

해설 센터 조인트(center joint)는 상부회전체의 회전중심 부분에 설치되어 있으며, 메인 유압 펌프의 유압유를 주행모터로 전달한다. 또 상부회전체가 회전하더라도 호스, 파이프 등이 꼬이지 않도록 하고 유압유를 원활히 공급한다.

43. 굴삭기 센터 조인트의 기능으로 가장 알맞은 것은?

① 메인 유압 펌프에서 공급되는 유압유를 하부 유압장치로 공급한다.
② 차체의 중앙 고정축 주위에 움직이는 암이다.
③ 앞 · 뒷바퀴의 중앙에 있는 디퍼렌셜 기어에 오일을 공급한다.
④ 트랙을 구동시켜 주행하도록 한다.

44. 무한궤도형 굴삭기의 주행동력으로 이용되는 것은?

① 차동장치 ② 전기모터
③ 유압 모터 ④ 변속기 동력

해설 무한궤도형 굴삭기의 주행동력은 유압 모터(주행 모터)로부터 공급받는다.

45. 무한궤도형 굴삭기 좌 · 우 트랙에 각각 한 개씩 설치되어 있으며 센터 조인트로부터 유압을 받아 조향기능을 하는 구성품은?

① 주행 모터 ② 드래그 링크
③ 조향기어 박스 ④ 동력조향 실린더

해설 주행 모터는 무한궤도형 굴삭기 좌 · 우 트랙에 각각 한 개씩 설치되어 있으며 센터 조인트로부터 유압을 받아 조향기능을 한다.

정답 39 ① 40 ③ 41 ④ 42 ③ 43 ① 44 ③ 45 ①

46. 무한궤도형 굴삭기의 환향은 무엇에 의하여 작동되는가?

① 주행펌프 ② 스티어링 휠
③ 스로틀 레버 ④ 주행 모터

해설 무한궤도형 굴삭기의 환향(조향)작용은 유압(주행) 모터로 한다.

47. 트랙형 굴삭기의 한쪽 주행레버만 조작하여 회전하는 것을 무엇이라 하는가?

① 피벗회전 ② 급회전
③ 스핀회전 ④ 원웨이 회전

해설 **피벗회전(pivot turn)** : 좌 · 우측의 한쪽 주행레버만 밀거나, 당기면 한쪽 트랙만 전 · 후진시켜 조향을 하는 방법이다.

48. 무한궤도 굴삭기의 상부회전체가 하부주행체에 대해 역 위치에 있을 때 좌측 주행레버를 당기면 차체가 어떻게 회전되는가?

① 좌향 스핀회전
② 우향 스핀회전
③ 좌향 피벗회전
④ 우향 피벗회전

해설 상부회전체가 하부주행체에 대해 역 위치에 있을 때 좌측 주행레버를 당기면 차체는 좌향 피벗회전을 한다.

49. 굴삭기의 양쪽 주행레버를 조작하여 급회전하는 것을 무슨 회전이라고 하는가?

① 저속회전 ② 스핀회전
③ 피벗회전 ④ 원웨이 회전

해설 **스핀회전(spin turn)** : 양쪽 주행레버를 동시에 한쪽 레버를 앞으로 밀고, 한쪽 레버는 뒤로 당기면서 급회전하는 조향 방법이다.

50. 무한궤도 굴삭기로 주행 중 회전 반경을 가장 작게 할 수 있는 방법은?

① 한쪽 주행모터만 구동시킨다.
② 구동하는 주행모터 이외에 다른 모터의 조향 브레이크를 강하게 작동시킨다.
③ 2개의 주행모터를 서로 반대 방향으로 동시에 구동시킨다.
④ 트랙의 폭이 좁은 것으로 교체한다.

해설 회전 반경을 작게 하려면 2개의 주행모터를 서로 반대 방향으로 동시에 구동시킨다. 즉 스핀회전을 한다.

51. 휠 타입 굴삭기의 출발 시 주의사항으로 틀린 것은?

① 주차 브레이크가 해제되었는지 확인한다.
② 붐을 최대한 높이 든다.
③ 좌우 작업레버는 잠가 둔다.
④ 좌우 아우트리거가 완전히 올라갔는지 확인한다.

52. 타이어형 굴삭기가 전진이나 후진주행이 되지 않을 때 점검개소로 틀린 것은?

① 추진축의 스플라인 부분을 점검한다.
② 휠 허브의 유성기어를 점검한다.
③ 액슬 축의 절단여부를 점검한다.
④ 붐 하이드롤릭 실린더 내의 유압을 점검한다.

53. 굴삭기에서 그리스를 주입하지 않아도 되는 곳은?

① 버킷 핀 ② 링키지
③ 트랙 슈 ④ 선회 베어링

해설 트랙 슈에는 그리스 등을 주유하지 않는다.

정답 46 ④ 47 ① 48 ③ 49 ② 50 ③ 51 ② 52 ④ 53 ③

54. 타이어 굴삭기의 주행 전 주의사항으로 틀린 것은?

① 버킷 실린더, 암 실린더를 충분히 늘려 펴서 버킷이 캐리어 상면 높이 위치에 있도록 한다.
② 버킷 레버, 암 레버, 붐 실린더 레버가 움직이지 않도록 잠가 둔다.
③ 선회고정 장치는 반드시 풀어 놓는다.
④ 굴삭기에 그리스, 오일, 진흙 등이 묻어 있는지 점검한다.

해설 주행을 할 때 선회고정 장치는 반드시 잠가 두어야 한다.

55. 무한궤도형 굴삭기의 주행 방법 중 잘못된 것은?

① 가능하면 평탄한 길을 택하여 주행한다.
② 요철이 심한 곳에서는 엔진 회전속도를 높여 통과한다.
③ 돌이 주행 모터에 부딪치지 않도록 한다.
④ 연약한 땅을 피해서 간다.

56. 크롤러형의 굴삭기 주행운전에서 적합하지 않은 것은?

① 암반을 통과할 때 엔진 회전속도는 고속이어야 한다.
② 주행할 때 버킷의 높이는 30~50cm가 좋다.
③ 가능하면 평탄지면을 택하고, 엔진은 중속이 적합하다.
④ 주행할 때 전부장치는 전방을 향해야 좋다.

57. 무한궤도형 굴삭기에서 주행 불량 현상의 원인이 아닌 것은?

① 한쪽 주행 모터의 브레이크 작동이 불량할 때
② 유압 펌프의 토출유량이 부족할 때
③ 트랙에 오일이 묻었을 때
④ 스프로킷이 손상되었을 때

해설 **주행 불량의 원인** : 유압 펌프의 토출유량이 부족할 때, 센터 조인트가 불량할 때, 주행 모터의 브레이크 작동이 불량할 때, 스프로킷이 손상되었을 때

58. 크롤러형 굴삭기가 주행 중 주행방향이 틀려지고 있을 때 그 원인과 가장 관계가 적은 것은?

① 트랙의 균형이 맞지 않았을 때
② 유압장치에 이상이 있을 때
③ 트랙 슈가 약간 마모되었을 때
④ 지면이 불규칙할 때

해설 **주행방향이 틀려지는 이유** : 트랙의 균형(정렬)불량, 센터 조인트 작동불량, 유압장치의 불량, 지면의 불규칙

59. 굴삭기 하부추진체와 트랙의 점검항목 및 조치사항을 열거한 것 중 틀린 것은?

① 구동 스프로킷의 마멸한계를 초과하면 교환한다.
② 각부 롤러의 이상상태 및 리닝 장치의 기능을 점검한다.
③ 트랙 링크의 장력을 규정 값으로 조정한다.
④ 리코일 스프링의 손상 등 상·하부 롤러 균열 및 마멸 등이 있으면 교환한다.

해설 리닝 장치(leaning system)는 모터그레이더에서 회전 반경을 줄이기 위해 사용하는 앞바퀴 경사장치이다.

정답 54 ③ 55 ② 56 ① 57 ③ 58 ③ 59 ②

60. 트랙형 굴삭기의 주행장치에 브레이크 장치가 없는 이유로 가장 적당한 것은?

① 주속으로 주행하기 때문이다.
② 트랙과 지면의 마찰이 크기 때문이다.
③ 주행제어 레버를 반대로 작용시키면 정지하기 때문이다.
④ 주행제어 레버를 중립으로 하면 주행 모터의 유압유 공급 쪽과 복귀 쪽 회로가 차단되기 때문이다.

해설 트랙형 굴삭기의 주행장치에 브레이크 장치가 없는 이유는 주행제어 레버를 중립으로 하면 주행 모터의 유압유 공급 쪽과 복귀 쪽 회로가 차단되기 때문이다.

61. 굴삭기 운전 시 작업안전 사항으로 적합하지 않은 것은?

① 스윙하면서 버킷으로 암석을 부딪쳐 파쇄하는 작업을 하지 않는다.
② 안전한 작업 반경을 초과해서 하중을 이동시킨다.
③ 굴삭하면서 주행하지 않는다.
④ 작업을 중지할 때는 파낸 모서리로부터 굴삭기를 이동시킨다.

해설 굴삭기로 작업할 때 작업 반경을 초과해서 하중을 이동시켜서는 안 된다.

62. 굴삭기 운전 중 주의사항으로 가장 거리가 먼 것은?

① 기관을 필요 이상 공회전시키지 않는다.
② 급가속, 급브레이크는 굴삭기에 악영향을 주므로 피한다.
③ 커브 주행은 커브에 도달하기 전에 속력을 줄이고, 주의하여 주행한다.
④ 주행 중 이상소음, 냄새 등의 이상을 느낀 경우에는 작업 후 점검한다.

해설 주행 중 이상소음, 냄새 등의 이상을 느낀 경우에는 즉시 점검하여야 한다.

63. 굴삭기로 작업 시 운전자의 시선은 항상 어디를 향해야 하는가?

① 붐 ② 암 ③ 버킷 ④ 후방

64. 굴삭기 작업의 안전수칙으로 옳지 못한 것은?

① 조종석을 떠날 때에는 엔진의 가동을 정지시킨다.
② 버킷에 토사를 담아 올릴 때에는 제동을 걸어 둔다.
③ 조종자의 시선은 반드시 버킷을 주시해야 한다.
④ 후진할 때에는 후진을 하기 전에 사람이나 장애물을 확인한다.

해설 버킷에 토사를 담아 올릴 때에는 제동을 걸어 두어서는 안 된다.

65. 굴삭기 작업 시 지켜야 할 안전수칙 중 틀린 것은?

① 흙을 파면서 스윙하지 말 것
② 한쪽 트랙을 들 때에는 붐과 암의 각도를 50도 이내로 할 것
③ 경사지에 주차를 할 때에는 반드시 고임목을 고일 것
④ 작업이 끝나고 조종석을 떠날 때에는 반드시 버킷을 지면에 내려놓을 것

해설 한쪽 트랙을 들 때에는 붐과 암의 각도를 90도로 할 것

66. 굴삭기 작업에서 안전사항으로 옳은 것은?

정답 60 ④ 61 ② 62 ④ 63 ③ 64 ② 65 ② 66 ④

① 장거리 주행 시에는 붐을 진행방향과 반대방향으로 향하게 한다.
② 주행할 때 좌우 아우트리거는 지면에 닿아 있어야 한다.
③ 후진 시에는 후진 후 장애물을 확인한다.
④ 무거운 하중은 버킷을 5~10cm 정도 들어 올려 보아 안전을 확인한 후 작업에 임한다.

67. 굴삭기 작업 중 동시작동이 불가능하거나 해서는 안 되는 작동은 어느 것인가?

① 굴착을 하면서 스윙한다.
② 붐을 들면서 덤핑을 한다.
③ 붐을 낮추면서 스윙을 한다.
④ 붐을 낮추면서 굴착을 한다.

해설 굴착을 하면서 스윙을 하면 스윙모터에 과부하가 걸리므로 해서는 안 된다.

68. 굴삭기 작업 시 작업 안전사항으로 틀린 것은?

① 기중작업은 가능한 피하는 것이 좋다.
② 타이어형 굴삭기로 작업 시 안전을 위하여 아우트리거를 받치고 작업한다.
③ 경사지 작업 시 측면절삭을 행하는 것이 좋다.
④ 한쪽 트랙을 들 때에는 암과 붐 사이의 각도는 90~110° 범위로 해서 들어 주는 것이 좋다.

해설 경사지에서 작업할 때 측면절삭을 해서는 안 된다.

69. 굴삭기 작업 방법 중 틀린 것은?

① 버킷으로 옆으로 밀거나 스윙할 때의 충격력을 이용하지 않는다.
② 하강하는 버킷이나 붐의 중력을 이용하여 굴착하도록 한다.
③ 굴착 부분을 주의 깊게 관찰하면서 작업하도록 한다.
④ 과부하를 받으면 버킷을 지면에 내리고 모든 레버를 중립으로 한다.

해설 하강하는 버킷이나 붐의 중력을 이용하여 굴착해서는 안 된다.

70. 굴삭기 작업 방법으로 적합하지 않은 것은?

① 작업효율을 위하여 지면의 형상에 따라 선회나 이동거리를 최대화한다.
② 지면은 낙석이나 움푹 파인 곳이 없이 평탄하게 조성한다.
③ 버킷에 토사가 담겼을 때에는 급선회, 급가속, 급제동을 하지 않는다.
④ 붐을 상승시킨 상태에서 급선회, 급가속, 급제동을 하지 않는다.

해설 작업효율을 위하여 지면의 형상에 따라 선회나 이동거리를 최소화하여야 한다.

71. 굴삭기로 작업할 때 안전한 작업 방법에 관한 사항들이다. 가장 적절하지 않은 것은?

① 작업 후에는 암과 버킷 실린더로드를 최대로 줄이고 버킷을 지면에 내려놓을 것
② 토사를 굴착하면서 스윙하지 말 것
③ 암석을 옮길 때는 버킷으로 밀어내지 말 것
④ 버킷을 들어 올린 채로 브레이크를 걸어 두지 말 것

해설 암석을 옮길 때는 버킷으로 밀어내도록 한다.

정답 67 ① 68 ③ 69 ② 70 ① 71 ③

72. 굴삭기 작업 안전수칙에 대한 설명 중 틀린 것은?

① 버킷에 무거운 하중이 있을 때는 5~10cm 들어 올려서 굴삭기의 안전을 확인한 후 작업한다.
② 버킷이나 하중을 달아 올린 채로 브레이크를 걸어두어서는 안 된다.
③ 작업할 때는 버킷 옆에 항상 작업을 보조하기 위한 사람이 위치하도록 한다.
④ 운전자는 작업반경의 주위를 파악한 후 스윙, 붐의 작동을 행한다.

73. 굴삭기로 작업할 때 주의사항으로 틀린 것은?

① 땅을 깊이 팔 때는 붐의 호스나 버킷 실린더의 호스가 지면에 닿지 않도록 한다.
② 암석, 토사 등을 평탄하게 고를 때는 선회관성을 이용하면 능률적이다.
③ 암 레버의 조작 시 잠깐 멈췄다가 움직이는 것은 유압 펌프의 토출유량이 부족하기 때문이다.
④ 작업 시는 유압 실린더의 피스톤 행정 끝에서 약간 여유를 남기도록 운전한다.

해설 암석, 토사 등을 평탄하게 고를 때는 선회관성을 이용하면 스윙모터에 과부하가 걸리기 쉬우므로 해서는 안 된다.

74. 굴착을 깊게 하여야 하는 작업 시 안전준수 사항으로 가장 거리가 먼 것은?

① 작업장소의 조명 및 위험요소의 유무 등에 대하여 점검하여야 한다.
② 작업은 가능한 숙련자가 하고, 작업안전 책임자가 있어야 한다.
③ 여러 단계로 나누지 않고, 한 번에 굴착한다.
④ 산소결핍의 위험이 있는 경우는 안전담당자에게 산소농도 측정 및 기록을 하게 한다.

해설 굴착을 깊게 할 때에는 여러 단계로 나누어 굴착한다.

75. 굴삭기로 절토 작업 시 안전준수 사항으로 잘못된 것은?

① 상부에서 붕괴낙하 위험이 있는 장소에서 작업은 금지한다.
② 부석이나 붕괴되기 쉬운 지반은 적절한 보강을 한다.
③ 굴착 면이 높은 경우에는 계단식으로 굴착한다.
④ 상 · 하부 동시작업으로 작업능률을 높인다.

해설 절토 작업을 할 때 상 · 하부 동시작업을 해서는 안 된다.

76. 다음 중 굴삭기 굴착 작업 시 진행방향으로 옳은 것은?

① 전진 ② 후진 ③ 선회 ④ 우방향

해설 굴삭기로 작업을 할 때에는 후진시키면서 한다.

77. 다음 중 굴삭기의 효과적인 굴착 작업이 아닌 것은?

① 붐과 암의 각도를 80~110° 정도로 선정한다.
② 버킷은 의도한 대로 위치하고 붐과 암을 계속 변화시키면서 굴착한다.
③ 버킷 투스의 끝이 암(디퍼스틱)보다 안쪽으로 향해야 한다.
④ 굴착한 후 암(디퍼스틱)을 오므리면서

정답 72 ③ 73 ② 74 ③ 75 ④ 76 ② 77 ③

붐은 상승위치로 변화시켜 하역위치로 스윙한다.

해설 굴착 작업을 할 때에는 버킷 투스의 끝이 암(디퍼스틱)보다 바깥쪽으로 향해야 한다.

78. 굴삭기로 넓은 홈을 굴착 작업 시 가장 알맞은 굴착순서는?

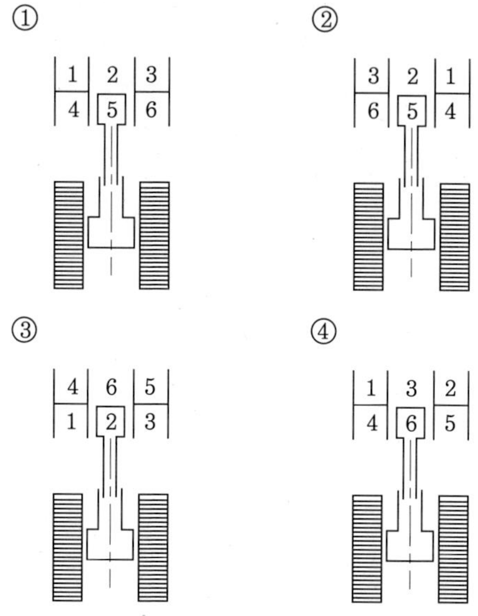

79. 타이어형 굴삭기의 각 장치 가운데 작업 시 옆방향 전도를 방지하는 것을 주목적으로 하는 것은 다음 중 어느 것인가?

① 붐 스톱장치 ② 파워롤링 장치
③ 스윙 록 장치 ④ 아우트리거

해설 아우트리거는 굴삭기가 작업할 때 옆방향 전도를 방지하는 것을 주목적으로 하는 장치이다.

80. 굴삭기를 주행할 때 주의사항으로 틀린 것은?

① 가능한 한 지면이 고르고 굳은 평지로만 주행한다.
② 지면이 고르지 못한 지역은 트랙장력을 느슨하지 않게 조정하고 저속으로 주행한다.
③ 주행이 잘 안될 때에는 트랙 부싱 사이에 진흙이나 오물이 끼어 있는지 점검한다.
④ 경사지를 오르거나 내려올 때에는 버킷을 지면에서 30~50cm 정도 들고 주행한다.

81. 굴삭기를 이용하여 수중 작업을 하거나 하천을 건널 때의 안전사항으로 맞지 않는 것은?

① 타이어 굴삭기는 액슬 중심점 이상이 물에 잠기지 않도록 주의하면서 도하한다.
② 무한궤도 굴삭기는 주행 모터의 중심선 이상이 물에 잠기지 않도록 주의하면서 도하한다.
③ 타이어 굴삭기는 블레이드를 앞쪽으로 하고 도하한다.
④ 수중 작업 후에는 물에 잠겼던 부위에 새로운 그리스를 주입한다.

해설 무한궤도 굴삭기는 상부롤러 중심선 이상이 물에 잠기지 않도록 주의하면서 도하한다.

82. 타이어형 굴삭기의 조작 방법으로 틀린 것은?

① 전진에서 후진으로, 후진에서 전진으로 변속을 할 때에는 정지 상태에서 한다.
② 주행속도가 빠를 때에는 주차 브레이크 레버를 사용한다.
③ 엔진을 시동할 때에는 전 · 후진레버를 중립에 둔다.
④ 조향핸들은 두 손으로 가볍게 잡고 조작한다.

정답 78 ④ 79 ④ 80 ③ 81 ② 82 ②

83. 굴삭기 작업 중 운전자 하차 시 주의사항으로 틀린 것은?

① 엔진가동을 정지시킨 후 가속레버를 최대로 당겨 놓는다.
② 타이어형인 경우 경사지에서 정차 시 고임목을 설치한다.
③ 버킷을 땅에 완전히 내린다.
④ 엔진가동을 정지시킨다.

해설 가속레버(또는 가속 다이얼)를 저속위치로 내려놓은 다음 엔진의 시동을 끈다.

84. 경사지에서 굴삭기를 주 · 정차시킬 때 틀린 것은?

① 버킷을 지면에 내려놓는다.
② 주차 브레이크를 작동시킨다.
③ 클러치를 분리하여 둔다.
④ 바퀴를 고임목으로 고인다.

85. 다음은 휠 타입 굴삭기의 주행 중 정지 방법에 관한 설명이다. 맞는 것은?

① 가속페달을 힘껏 밟는다.
② 브레이크 페달을 밟고 전 · 후진레버를 중립으로 한다.
③ 버킷을 땅에 내리면서 정지한다.
④ 엔진시동을 먼저 끄고, 브레이크 페달을 밟아 정지한다.

86. 굴삭기를 주차시키고자 할 때의 방법으로 틀린 것은?

① 단단하고 평탄한 지면에 주차시킨다.
② 어태치먼트(attachment)는 굴삭기 중심선과 일치시킨다.
③ 유압계통의 유압을 완전히 제거한다.
④ 유압 실린더 로드는 최대로 노출시켜 놓는다.

해설 유압 실린더 로드를 노출시켜서는 안 된다.

87. 작업 종료 후 굴삭기 다루기를 설명한 것으로 틀린 것은?

① 약간 경사진 곳에 버킷을 들어 올린 상태로 주차한다.
② 연료탱크에 연료를 가득 채운다.
③ 각 부분의 그리스 주입은 아워 미터에 따라 한다.
④ 굴삭기 내 · 외부를 깨끗이 청소한다.

88. 굴삭기의 수중 작업 후 점검사항으로 옳은 것은?

① 굴삭 록의 작동상태를 점검한다.
② 주행장치는 작업 전에 물로 세척한다.
③ 작업장치와 트랙장치의 상태를 점검한다.
④ 주행장치는 40~50시간마다 주유한다.

89. 다음 중 굴삭기에 급유를 해야 할 곳에 급유를 옳게 연결한 것은?

① 붐, 암, 버킷 실린더 핀 : 기어오일
② 선회 베어링 : 그리스
③ 주행감속 기어 : 엔진오일
④ 트랜스미션 : 유압유

90. 타이어 굴삭기의 액슬 허브(axle hub)에 오일을 교환하고자 한다. 오일을 배출시킬 때와 주입할 때의 플러그 위치로 옳은 것은?

① 배출시킬 때 : 1시 방향, 주입할 때 : 9시 방향

정답 83 ① 84 ③ 85 ② 86 ④ 87 ① 88 ③ 89 ② 90 ②

② 배출시킬 때 : 6시 방향, 주입할 때 : 9시 방향
③ 배출시킬 때 : 3시 방향, 주입할 때 : 9시 방향
④ 배출시킬 때 : 2시 방향, 주입할 때 : 12시 방향

해설 액슬 허브의 오일을 배출시킬 때에는 플러그를 6시 방향에, 주입할 때는 플러그를 9시 방향에 위치시킨다.

91. 무한궤도형 굴삭기를 트레일러에 상 · 하차하는 방법 중 틀린 것은?

① 언덕을 이용한다.
② 기중기를 이용한다.
③ 타이어를 이용한다.
④ 건설기계 전용 상하차대를 이용한다.

92. 굴삭기를 트레일러에 상차하는 방법에 대한 것으로 가장 적합하지 않은 것은?

① 가급적 경사대를 사용한다.
② 트레일러로 운반 시 작업장치를 반드시 앞쪽으로 한다.
③ 경사대는 10~15° 정도 경사시키는 것이 좋다.
④ 붐을 이용하여 버킷으로 차체를 들어 올려 탑재하는 방법도 이용되지만 전복의 위험이 있어 특히 주의를 요하는 방법이다.

해설 트레일러로 굴삭기를 운반할 때 작업장치를 반드시 뒤쪽으로 한다.

93. 전부장치가 부착된 굴삭기를 트레일러로 수송할 때 붐이 향하는 방향으로 가장 적합한 것은?

① 왼쪽 방향 ② 오른쪽 방향
③ 앞 방향 ④ 뒤 방향

94. 굴삭기를 트레일러에 탑재하여 운반할 때 상부회전체와 하부추진체를 고정시켜 주는 것은?

① 밸런스 웨이트 ② 스윙 록 장치
③ 센터 조인트 ④ 주행 록 장치

해설 스윙 록 장치(선회고정 장치)는 굴삭기를 트레일러에 탑재하여 운반할 때 상부회전체와 하부추진체를 고정시켜 준다.

95. 굴삭기를 기중기로 들어 올릴 때 주의사항으로 틀린 것은?

① 와이어로프는 충분한 강도가 있어야 한다.
② 배관 등에 와이어로프가 닿지 않도록 한다.
③ 굴삭기의 앞부분부터 들리도록 와이어로프를 묶는다.
④ 굴삭기 중량에 맞는 기중기를 사용한다.

96. 굴삭기의 일상점검 사항이 아닌 것은?

① 엔진 오일량
② 냉각수 누출여부
③ 오일 냉각기 세척
④ 유압 오일량

97. 굴삭기의 기관시동 전에 이뤄져야 하는 외관점검 사항이 아닌 것은?

① 고압호스 및 파이프 연결부 손상여부
② 각종 오일의 누유여부
③ 각종 볼트, 너트의 체결상태
④ 유압유 탱크의 필터의 오염상태

정답 91 ③ 92 ② 93 ④ 94 ② 95 ③ 96 ③ 97 ④

98. **굴삭기의 작업 중 운전자가 관심을 가져야 할 사항이 아닌 것은?**

① 엔진 회전속도 게이지
② 온도 게이지
③ 작업속도 게이지
④ 굴삭기의 잡음상태

99. **굴삭기 작업종료 후의 주의사항으로 가장 관계가 적은 것은?**

① 굴삭기를 토사붕괴 · 홍수 등의 위험이 없는 평탄한 장소에 주차시킨다.
② 연료를 탱크에 가득 채운다.
③ 버킷은 지면에 내려놓는다.
④ 운전자는 유압유가 완전히 냉각된 후에 굴삭기에서 떠난다.

100. **다음 중 굴삭기의 작업 후 외관 점검대상이 아닌 것은?**

① 하부 롤러에 오일이 묻어 있다.
② 엔진 블리더 파이프 끝에 오일이 묻어 있다.
③ 유압 실린더 로드 섭동 부분에 오일이 묻어 있다.
④ 컨트롤 밸브 스풀 섭동 부분에 오일이 묻어 있다.

정답 98 ③ 99 ④ 100 ④

굴삭기
운전기능사

제 5 편

건설기계 유압장치

굴삭기 운전기능사

제 1 장

유압의 개요

1-1 액체의 성질

① 기체는 압력을 가하면 압축되지만, 액체는 압력을 가해도 압축되지 않는다.
② 액체는 힘과 운동을 전달할 수 있다.
③ 액체는 힘을 증대시킬 수 있다.
④ 액체는 작용력을 감소시킬 수 있다.

1-2 유압장치의 정의

유압장치는 유압유의 압력에너지(유압)를 이용하여 기계적인 일(유압 실린더와 유압 모터의 작동)을 하도록 하는 기계이다.

1-3 파스칼(Pascal)의 원리

① 밀폐된 용기 내의 한 부분에 가해진 압력은 액체 내의 모든 부분에 동일한 압력으로 전달된다.
② 정지된 액체의 한 점에 있어서의 압력의 크기는 모든 방향에 대하여 동일하다.
③ 정지된 액체에 접하고 있는 면에 가해진 압력은 그 면에 수직으로 작용한다.

1-4 압력

① 압력이란 단위면적에 작용하는 힘, 즉 압력 $= \frac{\text{가해진 힘}}{\text{단면적}}$이며, 단위는 kgf/cm^2, PSI, Pa(kPa, MPa), mmHg, bar, atm, mAq 등을 사용한다.

② 압력에 영향을 주는 요소는 유압유의 유량, 유압유의 점도, 파이프 지름의 크기 등이 있다.

1-5 유량

① 유량이란 유압장치 내에서 이동되는 유압유의 양이다. 즉 단위시간에 이동하는 유압유의 체적이다.
② 단위는 GPM(gallon per minute) 또는 LPM(L/min, liter per minute)을 사용한다.

1-6 유압장치의 장점 및 단점

(1) 유압장치의 장점

① 작은 동력원으로 큰 힘을 낼 수 있다.
② 과부하 방지가 간단하고 정확하다.
③ 운동방향을 쉽게 변경할 수 있다.
④ 정확한 위치제어가 가능하다.
⑤ 힘의 전달 및 증폭과 연속적 제어가 쉽다.
⑥ 무단변속이 가능하고 작동이 원활하다.
⑦ 원격제어가 가능하고, 속도제어가 쉽다.
⑧ 윤활성, 내마멸성, 방청성이 좋다.
⑨ 에너지 축적이 가능하다.

(2) 유압장치의 단점

① 유압유 온도의 영향에 따라 정밀한 속도와 제어가 곤란하다.
② 유압유의 온도에 따라서 점도가 변하므로 기계의 속도가 변한다.
③ 회로구성이 어렵고 누설되는 경우가 있다.
④ 유압유는 가연성이 있어 화재의 위험이 있다.
⑤ 폐유에 의해 주변 환경이 오염될 수 있다.
⑥ 에너지의 손실이 크고, 관로를 연결하는 곳에서 유압유가 누출될 우려가 있다.
⑦ 고압 사용으로 인한 위험성 및 이물질에 민감하다.
⑧ 구조가 복잡하므로 고장 원인의 발견이 어렵다.

제 2 장

유압유(작동유)

2-1 유압유의 점도

점도는 점성의 정도를 나타내는 척도이며, 유압유의 점도는 온도가 올라가면 낮아지고 온도가 내려가면 높아진다.

(1) 유압유의 점도가 높을 때의 영향

① 유압이 높아지므로 유동저항이 커져 압력손실이 증가한다.
② 내부마찰이 증가하므로 동력손실이 증가한다.
③ 열 발생의 원인이 될 수 있다.

(2) 유압유의 점도가 낮을 때의 영향

① 유압장치(회로) 내의 유압이 낮아진다.
② 유압 펌프의 효율이 저하된다.
③ 유압 실린더와 유압 모터의 작동속도가 늦어진다.
④ 유압 실린더 · 유압 모터 및 제어밸브에서 누출현상이 발생한다.

참고 유압유에 점도가 서로 다른 2종류의 오일을 혼합하면 열화 현상을 촉진시킨다.

2-2 유압유의 구비조건

① 내열성이 크고, 인화점 및 발화점이 높아야 한다.
② 점성과 적절한 유동성이 있어야 한다.
③ 점도지수 및 체적탄성계수가 커야 한다.
④ 압축성, 밀도, 열팽창계수가 작아야 한다.
⑤ 화학적 안정성(산화 안정성)이 커야 한다.
⑥ 기포분리 성능(소포성)이 커야 한다.

2-3 유압유 첨가제

유압유 첨가제에는 산화방지제, 유성향상제, 마모방지제, 소포제(거품 방지제), 유동점 강하제, 점도지수 향상제 등이 있다.

2-4 유압유에 수분이 미치는 영향

유압유에 수분이 생성되는 주원인은 공기혼입 때문이며, 유압유에 수분이 유입되었을 때의 영향은 다음과 같다.

① 유압유의 산화와 열화를 촉진시킨다.
② 유압장치의 내마모성을 저하시킨다.
③ 유압유의 윤활성 및 방청성을 저하시킨다.
④ 수분함유 여부는 가열한 철판 위에 유압유를 떨어뜨려 점검한다.

2-5 유압유 열화 판정 방법

① 자극적인 악취유무를 확인(냄새로 확인)한다.
② 수분이나 침전물의 유무를 확인한다.
③ 점도상태 및 색깔의 변화를 확인한다.
④ 흔들었을 때 생기는 거품이 없어지는 양상을 확인한다.
⑤ 유압유 교환을 판단하는 조건은 점도의 변화, 색깔의 변화, 수분의 함유 여부이다.

2-6 유압유의 온도

① 유압유의 정상작동 온도범위는 40~80℃ 정도이다.
② 난기운전 후 유압유의 온도범위는 25~30℃ 정도이다.
③ 최저허용 유압유의 온도범위는 40℃ 정도이다.
④ 최고허용 유압유의 온도범위는 80℃ 정도이다.
⑤ 열화가 발생하기 시작하는 유압유의 온도범위는 100℃ 이상이다.

2-7 유압장치의 이상 현상

(1) 캐비테이션(cavitation, 공동현상)

캐비테이션은 유압이 진공에 가까워짐으로써 저압 부분에서 기포가 발생하며, 기포가 파괴되어 국부적인 고압이나 소음과 진동이 발생하고, 양정과 효율이 저하되는 현상이다.

(2) 서지압(surge pressure)

서지압이란 과도적으로 발생하는 이상 압력의 최댓값이다. 즉 유압 회로 내의 제어밸브를 갑자기 닫았을 때(작업제어레버를 중립으로 하였을 때), 유압유의 속도 에너지가 압력 에너지로 변화하면서 일시적으로 큰 압력 증가가 발생하는 현상이다.

(3) 유압 실린더의 숨 돌리기 현상

유압 실린더 숨 돌리기 현상은 유압유의 공급이 부족할 때 발생하며, 이 현상이 발생하면 작동시간의 지연이 생겨 피스톤 작동이 불안정하게 되고, 서지압이 발생한다.

굴삭기 운전기능사

출제 예상 문제

01. 건설기계의 유압장치를 가장 적절히 표현한 것은?

① 유압유를 이용하여 전기를 생산하는 장치이다.
② 유압유의 유압 에너지를 이용하여 기계적인 일을 하도록 하는 장치이다.
③ 유압유의 연소 에너지를 통해 동력을 생산하는 장치이다.
④ 기체를 액체로 전환시키기 위하여 압축하는 장치이다.

해설 유압장치란 유압유의 유압 에너지를 이용하여 기계적인 일을 하도록 하는 것이다.

02. 파스칼의 원리와 관련된 설명이 아닌 것은?

① 밀폐된 용기 내의 한 부분에 가해진 압력은 액체 내의 모든 부분에 같은 압력으로 전달된다.
② 정지된 액체의 한 점에 있어서의 압력의 크기는 모든 방향에 대하여 동일하다.
③ 정지된 액체에 접하고 있는 면에 가해진 압력은 그 면에 수직으로 작용한다.
④ 점성이 없는 비압축성 유체에서 압력에너지, 위치에너지, 운동에너지의 합은 같다.

해설 파스칼의 원리(Pascal's principle)
㉠ 밀폐된 용기 속의 액체 일부에 가해진 압력은 액체 내의 모든 부분에 같은 압력으로 전달된다.
㉡ 정지된 액체의 한 점에 있어서의 압력의 크기는 모든 방향에 대하여 동일하다.
㉢ 정지된 액체에 접하고 있는 면에 가해진 압력은 그 면에 수직으로 작용한다.

03. 유압의 압력을 올바르게 나타낸 것은?

① 압력 = 단면적×가해진 힘
② 압력 = $\frac{\text{가해진 힘}}{\text{단면적}}$
③ 압력 = $\frac{\text{단면적}}{\text{가해진 힘}}$
④ 압력 = 가해진 힘－단면적

해설 압력 = 가해진 힘÷단면적,
즉 압력 = $\frac{\text{가해진 힘}}{\text{단면적}}$

04. 압력단위가 아닌 것은?

① N · m ② atm ③ Pa ④ bar

해설 압력의 단위에는 kgf/cm^2, PSI, atm, Pa(kPa, MPa), mmHg, bar, atm, mAq 등이 있다.

05. 각종 압력을 설명한 것으로 틀린 것은?

① 계기압력 : 대기압을 기준으로 한 압력
② 절대압력 : 완전진공을 기준으로 한 압력
③ 대기압력 : 절대압력과 계기압력을 곱한 압력
④ 진공압력 : 대기압 이하의 압력, 즉 음(－)의 계기압력

해설 대기압력이란 지상에서 관측한 기압이며, 지면에서 대기의 상단에 이르는 단위면적의 수직인 기주(氣柱)의 무게이다. 기압의 단위는 헥토파스칼(hPa)을 사용한다.

정답 01 ② 02 ④ 03 ② 04 ① 05 ③

06. 유압유의 압력에 영향을 주는 요소로 가장 관계가 적은 것은?

① 유압유의 점도
② 관로의 직경
③ 유압유의 유량
④ 오일탱크 용량

해설 압력에 영향을 주는 요소는 유압유의 유량, 유압유의 점도, 관로직경의 크기이다.

07. 유압장치 관련 용어에서 GPM이 나타내는 것은?

① 복동 실린더의 치수를 말한다.
② 유압장치 내에서 형성되는 압력의 크기를 말한다.
③ 유압유 흐름에 대한 저항의 세기를 말한다.
④ 유압장치 내에서 이동되는 유압유의 양을 말한다.

해설 GPM(gallon per minute)이란 유압장치 내에서 단위시간에 이동되는 유압유의 양. 즉 분당 토출하는 유압유의 양이다.

08. 유압장치의 장점이 아닌 것은?

① 과부하 방지가 간단하고 정확하다.
② 유압유의 온도가 변하면 속도가 변한다.
③ 소형으로 힘이 강력하다.
④ 무단변속이 가능하고 작동이 원활하다.

해설 유압장치는 유압유의 온도에 따라서 점도가 변하므로 유압기계의 속도가 변화하는 단점이 있다.

09. 유압장치의 단점에 대한 설명 중 틀린 것은?

① 유압유 누유로 인해 환경오염을 유발할 수 있다.
② 전기 · 전자의 조합으로 자동제어가 곤란하다.
③ 관로를 연결하는 곳에서 작동유가 누출될 수 있다.
④ 고압사용으로 인한 위험성이 존재한다.

해설 유압장치는 전기 · 전자의 조합으로 자동제어가 가능하다.

10. 유압유에 대한 설명으로 틀린 것은?

① 점도는 압력손실에 영향을 미친다.
② 점도지수가 낮아야 한다.
③ 마찰 부분의 윤활작용 및 냉각작용도 한다.
④ 공기가 혼입되면 유압기기의 성능은 저하된다.

해설 유압유는 점도지수가 높아야 한다.

11. 유압유의 점도에 대한 설명으로 틀린 것은?

① 온도가 상승하면 점도는 낮아진다.
② 점성의 정도를 표시하는 값이다.
③ 점도가 낮아지면 유압이 떨어진다.
④ 점성계수를 밀도로 나눈 값이다.

해설 유압유의 점도란 점성의 정도를 표시하는 값이며, 온도가 상승하면 점도는 낮아지고, 점도가 낮아지면 유압이 떨어진다.

12. 유압유의 점도가 지나치게 높았을 때 나타나는 현상이 아닌 것은?

① 내부마찰이 증가하고, 압력이 상승한다.
② 유압유 누설이 증가한다.
③ 동력손실이 증가하여 기계효율이 감소한다.
④ 유동저항이 커져 압력손실이 증가한다.

정답 06 ④ 07 ④ 08 ② 09 ② 10 ② 11 ④ 12 ②

해설 유압유의 점도가 너무 낮으면 누출이 증가한다.

13. 〈보기〉에서 유압장치에 사용되는 유압유의 점도가 너무 낮을 경우 나타날 수 있는 현상으로 모두 맞는 것은?

보기
㉮ 유압 펌프의 효율이 저하한다.
㉯ 유압 실린더 및 컨트롤밸브에서 누출현상이 발생한다.
㉰ 유압계통(회로) 내의 압력이 저하된다.
㉱ 시동저항이 증가한다.

① ㉮, ㉯, ㉰ ② ㉮, ㉯, ㉱
③ ㉯, ㉰, ㉱ ④ ㉮, ㉰, ㉱

해설 **유압유의 점도가 너무 낮을 경우** : 유압 펌프의 효율 저하, 유압유의 누설 증가, 유압계통(회로) 내의 압력 저하, 유압장치의 작동속도가 늦어짐

14. 작동유가 넓은 온도범위에서 사용되기 위한 조건으로 가장 알맞은 것은?

① 산화작용이 양호해야 한다.
② 점도지수가 높아야 한다.
③ 소포성이 좋아야 한다.
④ 유성이 커야 한다.

해설 작동유가 넓은 온도범위에서 사용되기 위해서는 점도지수가 높아야 한다.

15. 유압유에 점도가 서로 다른 2종류의 오일을 혼합하였을 경우에 대한 설명으로 맞는 것은?

① 유압유 첨가제의 좋은 부분만 작동하므로 오히려 더욱 좋다.
② 점도가 달라지나 사용에는 전혀 지장이 없다.
③ 혼합은 권장사항이며, 사용에는 전혀 지장이 없다.
④ 열화현상을 촉진시킨다.

해설 유압유에 점도가 서로 다른 2종류의 오일을 혼합하면 열화현상을 촉진시킨다.

16. 작동유의 주요기능이 아닌 것은?

① 윤활작용 ② 냉각작용
③ 압축작용 ④ 동력전달 기능

해설 작동유의 주요기능은 동력전달 기능, 윤활작용, 냉각작용이다.

17. 〈보기〉에서 유압유가 갖추어야 할 조건으로 모두 맞는 것은?

보기
㉮ 압력에 대해 비압축성일 것
㉯ 밀도가 작을 것
㉰ 열팽창계수가 작을 것
㉱ 체적탄성계수가 작을 것
㉲ 점도지수가 낮을 것
㉳ 발화점이 높을 것

① ㉮, ㉯, ㉰, ㉱ ② ㉯, ㉰, ㉲, ㉳
③ ㉯, ㉱, ㉲, ㉳ ④ ㉮, ㉯, ㉰, ㉳

해설 **유압유가 갖추어야 할 조건** : 압력에 대해 비압축성일 것, 밀도가 작을 것, 열팽창계수가 작을 것, 체적탄성계수가 클 것, 점도지수가 높을 것, 인화점과 발화점이 높을 것

18. 유압유의 첨가제가 아닌 것은?

① 마모방지제 ② 유동점 강하제
③ 산화방지제 ④ 점도지수 방지제

해설 유압유 첨가제에는 마모방지제, 점도지수 향상제, 산화방지제, 소포제(기포 방지제), 유성향상제, 유동점 강하제 등이 있다.

정답 13 ① 14 ② 15 ④ 16 ③ 17 ④ 18 ④

19. 금속 사이의 마찰을 방지하기 위한 방안으로 마찰계수를 저하시키기 위하여 사용되는 첨가제는?

① 방청제
② 유성향상제
③ 점도지수 향상제
④ 유동점 강하제

해설 유성향상제는 금속 사이의 마찰을 방지하기 위한 방안으로 마찰계수를 저하시키기 위하여 사용되는 첨가제이다.

20. 난연성 작동유의 종류에 해당하지 않는 것은?

① 석유계 작동유
② 유중수형 작동유
③ 물-글리콜형 작동유
④ 인산 에스텔형 작동유

해설 난연성 작동유의 종류에는 유중수형 작동유, 물-글리콜형 작동유, 인산-에스텔형 작동유 등이 있다.

21. 유압유를 외관상 점검한 결과 정상적인 상태를 나타내는 것은?

① 투명한 색채로 처음과 변화가 없다.
② 암흑색채이다.
③ 흰 색채를 나타낸다.
④ 기포가 발생되어 있다.

해설 정상적인 유압유는 외관상 투명한 색채로 처음과 변화가 없어야 한다.

22. 유압유의 점검사항과 관계없는 것은?

① 점도 ② 마멸성
③ 소포성 ④ 윤활성

해설 유압유의 점검사항은 점도, 내마멸성, 소포성, 윤활성이다.

23. 유압유에 수분이 미치는 영향이 아닌 것은?

① 유압유의 윤활성을 저하시킨다.
② 유압유의 방청성을 저하시킨다.
③ 유압유의 내마모성을 향상시킨다.
④ 유압유의 산화와 열화를 촉진시킨다.

해설 유압유에 수분이 혼입되면 윤활성, 방청성, 내마모성을 저하시키고, 산화와 열화를 촉진시킨다.

24. 사용 중인 작동유의 수분함유 여부를 현장에서 판정하는 것으로 가장 적합한 방법은?

① 작동유를 가열한 철판 위에 떨어뜨려 본다.
② 작동유를 시험관에 담아, 침전물을 확인한다.
③ 여과지에 약간(3~4방울)의 작동유를 떨어뜨려 본다.
④ 작동유의 냄새를 맡아 본다.

해설 가열한 철판 위에 작동유를 떨어뜨려 보아 수분함유 여부를 판정한다.

25. 유압장치에서 유압유에 거품이 생기는 원인으로 가장 거리가 먼 것은?

① 오일 탱크와 유압 펌프 사이에 공기가 유입될 때
② 유압유가 부족하여 공기가 일부 흡입되었을 때
③ 유압 펌프 축 주위의 흡입 쪽 실(seal)이 손상되었을 때
④ 유압유의 점도지수가 클 때

26. 현장에서 작동유의 열화를 찾아내는 방법이 아닌 것은?

정답 19 ② 20 ① 21 ① 22 ② 23 ③ 24 ① 25 ④ 26 ②

① 색깔의 변화나 수분, 침전물의 유무 확인
② 작동유를 가열하였을 때 냉각되는 시간 확인
③ 자극적인 악취 유무 확인
④ 흔들었을 때 생기는 거품이 없어지는 양상 확인

해설 **작동유의 열화를 판정하는 방법 :** 점도상태로 확인, 색깔의 변화나 수분, 침전물의 유무 확인, 자극적인 악취 유무 확인(냄새로 확인), 흔들었을 때 생기는 거품이 없어지는 양상 확인

27. 유압유의 노화촉진 원인이 아닌 것은?

① 유온이 높을 때
② 다른 오일이 혼입되었을 때
③ 수분이 혼입되었을 때
④ 플러싱을 했을 때

해설 플러싱(flushing)이란 유압유가 노화되었을 때 유압장치 내부를 세척하는 작업이다.

28. 유압유의 열화를 촉진시키는 가장 직접적인 요인은?

① 유압유의 온도가 상승하였을 때
② 배관에 사용되는 금속의 강도가 약화되었을 때
③ 공기 중의 습도가 저하되었을 때
④ 유압 펌프를 고속으로 회전시켰을 때

해설 유압유의 온도가 상승하면 열화가 촉진된다.

29. 유압유 교환을 판단하는 조건이 아닌 것은?

① 유압유 점도의 변화
② 유압유 색깔의 변화
③ 유압유 수분의 함량
④ 유량의 감소

30. 유압유를 교환하고자 할 때 선택조건으로 가장 적합한 것은?

① 유명 정유회사 유압유
② 가장 가격이 비싼 유압유
③ 제작회사에서 해당 건설기계에 추천하는 유압유
④ 시중에서 쉽게 구입할 수 있는 유압유

31. 유압 회로에서 작동유의 정상작동 온도에 해당되는 것은?

① 5~10℃ ② 40~80℃
③ 112~115℃ ④ 125~140℃

해설 작동유의 정상작동 온도범위는 40~80℃ 정도이다.

32. 유압유의 온도상승 원인에 해당하지 않는 것은?

① 유압유의 점도가 너무 높을 때
② 유압 모터 내에서 내부마찰이 발생될 때
③ 유압 회로 내의 작동압력이 너무 낮을 때
④ 유압 회로 내에서 공동현상이 발생될 때

해설 유압 회로 내의 작동압력이 너무 높으면 유압유의 온도가 상승한다.

33. 유압유의 온도가 상승할 때 나타날 수 있는 결과가 아닌 것은?

① 유압유의 누설이 발생한다.
② 유압 펌프의 효율이 저하한다.
③ 유압유의 점도가 상승한다.
④ 유압제어밸브의 기능이 저하한다.

해설 유압유의 온도가 상승하면 유압유의 열화를 촉진하고, 유압유의 점도가 낮아져 누설이 일어나며, 유압 펌프의 효율과 유압제어밸브의 기능이 저하된다.

정답 27 ④ 28 ① 29 ④ 30 ③ 31 ② 32 ③ 33 ③

34. 유압유 관내에 공기가 혼입되었을 때 일어날 수 있는 현상이 아닌 것은?

① 기화현상
② 열화현상
③ 공동현상
④ 숨 돌리기 현상

해설 관로에 공기가 침입하면 실린더 숨 돌리기 현상, 열화 촉진현상, 공동현상 등이 발생한다.

35. 유압장치 내부에 국부적으로 높은 압력이 발생하여 소음과 진동이 발생하는 현상은?

① 오리피스
② 벤트포트
③ 캐비테이션
④ 노이즈

해설 캐비테이션(공동현상)은 저압 부분의 유압이 진공에 가까워짐으로써 기포가 발생하며, 기포가 파괴되어 국부적인 고압이나 소음과 진동이 발생하고, 양정과 효율이 저하되는 현상이다.

36. 공동(cavitation)현상이 발생하였을 때의 영향 중 가장 거리가 먼 것은?

① 체적효율이 감소한다.
② 고압 부분의 기포가 과포화 상태로 된다.
③ 최고압력이 발생하여 급격한 압력파가 일어난다.
④ 유압장치 내부에 국부적인 고압이 발생하여 소음과 진동이 발생된다.

해설 공동현상이 발생하면 저압 부분의 기포가 과포화 상태로 된다.

37. 유압 회로 내에서 서지압(surge pressure)이란?

① 과도적으로 발생하는 이상 압력의 최댓값
② 과도적으로 발생하는 이상 압력의 최솟값
③ 정상적으로 발생하는 압력의 최댓값
④ 정상적으로 발생하는 압력의 최솟값

해설 서지압이란 유압 회로에서 과도하게 발생하는 이상 압력의 최댓값이다.

38. 유압 회로 내의 밸브를 갑자기 닫았을 때, 유압유의 속도 에너지가 압력 에너지로 변하면서 일시적으로 큰 압력 증가가 생기는 현상을 무엇이라 하는가?

① 캐비테이션(cavitation) 현상
② 서지(surge) 현상
③ 채터링(chattering) 현상
④ 에어레이션(aeration) 현상

해설 서지 현상은 유압 회로 내의 밸브를 갑자기 닫았을 때, 유압유의 속도 에너지가 압력 에너지로 변화하면서 일시적으로 큰 압력 증가가 발생하는 현상이다.

39. 유압 실린더에서 숨 돌리기 현상이 생겼을 때 일어나는 현상이 아닌 것은?

① 작동지연 현상이 생긴다.
② 피스톤 동작이 정지된다.
③ 유압유의 공급이 과대해진다.
④ 작동이 불안정하게 된다.

해설 숨 돌리기 현상은 유압유의 공급이 부족할 때 발생한다.

정답 34 ① 35 ③ 36 ② 37 ① 38 ② 39 ③

제 3 장 유압장치

유압장치(hydraulic system)는 유압구동장치(기관 또는 전동기), 유압발생장치(유압 펌프), 유압제어장치(유압제어 밸브)로 구성되어 있다.

3-1 오일 탱크(hydraulic oil tank)

(1) 오일 탱크의 구조

① 오일 탱크는 주입구 캡, 유면계, 격판(배플), 스트레이너, 드레인 플러그 등으로 구성되어 있으며, 유압유를 저장하는 장치이다.

② 유압 펌프 흡입구멍에는 스트레이너를 설치하며, 흡입구멍은 오일 탱크 가장 밑면과 어느 정도 공간을 두고 설치하여야 한다.

③ 유압 펌프 흡입구멍과 탱크로의 귀환구멍(복귀구멍) 사이에는 격판(baffle plate)을 설치한다.

④ 유압 펌프 흡입구멍은 탱크로의 귀환구멍(복귀구멍)으로부터 가능한 한 멀리 떨어진 위치에 설치한다.

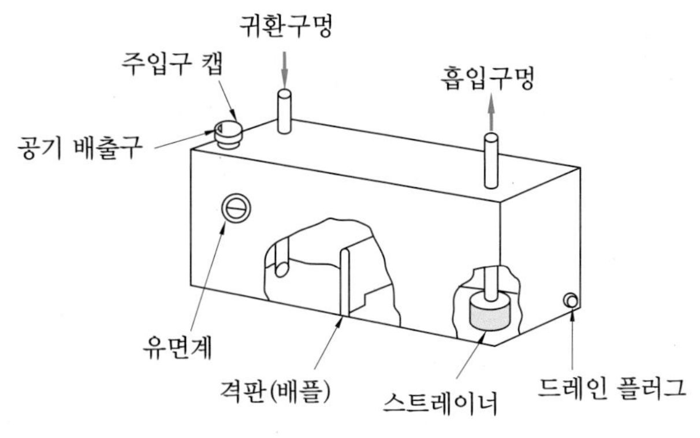

오일 탱크의 구조

(2) 오일 탱크의 기능

① 스트레이너가 설치되어 있어 유압장치 내로 불순물이 혼입되는 것을 방지한다.

② 오일 탱크 외벽으로의 열 방출에 의해 적정온도를 유지할 수 있다.
③ 격판(배플)을 설치하여 유압유의 출렁거림을 방지하고, 기포 발생 방지 및 제거 작용을 한다.

3-2 유압 펌프(hydraulic pump)

1 유압 펌프의 개요

① 동력원(내연기관, 전동기 등)으로부터의 기계적인 에너지를 이용하여 유압유에 압력에너지를 부여하는 장치이다.
② 동력원과 커플링으로 직결되어 있어 동력원이 회전하는 동안에는 항상 회전하여 오일 탱크 내의 유압유를 흡입하여 제어밸브로 보낸다.
③ 종류에는 기어 펌프, 베인 펌프, 피스톤(플런저) 펌프, 나사 펌프, 트로코이드 펌프 등이 있다.
④ 정용량형은 토출유량을 변화시키려면 유압 펌프의 회전속도를 바꾸어야 하는 형식이다.
⑤ 가변용량형은 작동 중 유압 펌프의 회전속도를 바꾸지 않고도 토출유량을 변환시킬 수 있는 형식이다.

2 유압 펌프의 종류와 특징

(1) 기어 펌프(gear pump)

① 기어 펌프의 개요

기어 펌프의 종류에는 외접기어 펌프와 내접기어 펌프가 있으며, 회전속도에 따라 흐름용량(유량)이 변화하는 정용량형이다.

② 기어 펌프의 장점 및 단점

기어 펌프의 장점	기어 펌프의 단점
• 소형이며 구조가 간단해 제작이 쉽다. • 가혹한 조건에 잘 견디고, 고속회전이 가능하다. • 흡입성능이 우수해 유압유의 기포 발생이 적다.	• 수명이 비교적 짧다. • 토출유량의 맥동이 커 소음과 진동이 크다. • 펌프효율이 낮다. • 대용량 및 초고압 유압 펌프로 하기가 어렵다.

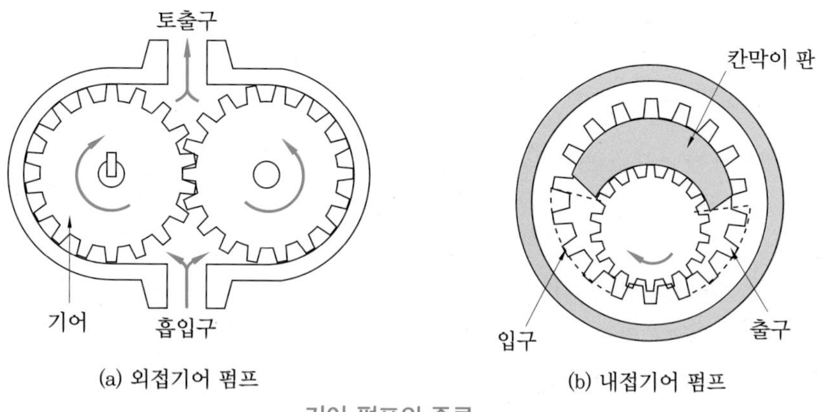

(a) 외접기어 펌프

(b) 내접기어 펌프

기어 펌프의 종류

③ 외접기어 펌프의 폐입(폐쇄) 현상

㈎ 토출된 유압유 일부가 입구 쪽으로 귀환하여 토출유량 감소, 축동력 증가 및 케이싱 마모, 기포 발생 등의 원인을 유발하는 현상이다.

㈏ 소음과 진동의 원인이 되며, 폐쇄된 부분의 유압유는 압축이나 팽창을 받는다.

㈐ 기어 측면에 접하는 펌프 측판(side plate)에 릴리프 홈을 만들어 방지한다.

(2) 베인 펌프(vane pump)

① 베인 펌프의 개요

㈎ 베인 펌프는 캠링(케이스), 로터(회전자), 베인(날개)으로 구성되어 있다.

㈏ 로터를 회전시키면 베인과 캠링(케이싱)의 내벽과 밀착된 상태가 되므로 기밀을 유지한다.

㈐ 정용량형과 가변용량형이 있으며, 토크(torque)가 안정되어 있다.

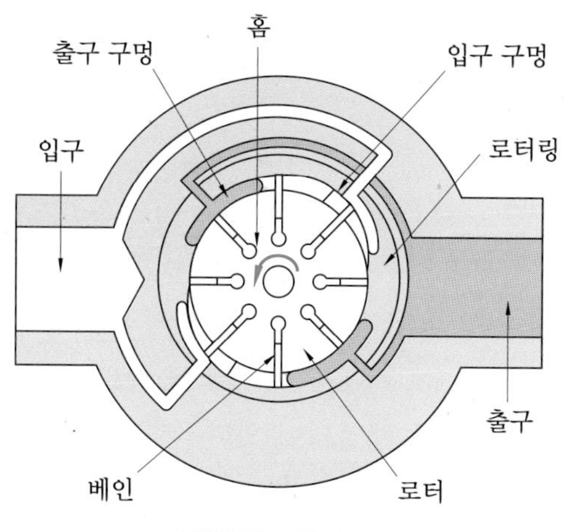

베인 펌프의 구조

② 베인 펌프의 장점 및 단점

베인 펌프의 장점	베인 펌프의 단점
• 소형 · 경량이며, 구조가 간단하고 성능이 좋다. • 수명이 길며 장시간 안정된 성능을 발휘할 수 있다. • 토출압력의 맥동과 소음이 적다. • 베인의 마모에 의한 압력 저하가 발생하지 않는다. • 수리 및 관리가 쉽다.	• 제작할 때 높은 정밀도가 요구된다. • 유압유의 오염에 주의해야 한다. • 흡입 진공도가 허용한도 이하이어야 한다. • 유압유의 점도에 제한을 받는다.

(3) 플런저(피스톤) 펌프(plunger or piston pump)

① 플런저 펌프의 개요

(가) 구동축이 회전운동을 하면 플런저(피스톤)가 실린더 내를 왕복운동을 하면서 펌프작용을 한다.

(나) 맥동적 출력을 하지만 다른 유압 펌프에 비하여 최고압력의 토출이 가능하고, 효율에서도 전체 압력범위가 높다.

② 플런저 펌프의 장점 및 단점

플런저 펌프의 장점	플런저 펌프의 단점
• 플런저(피스톤)가 직선운동을 한다. • 축은 회전 또는 왕복운동을 한다. • 토출유량의 변화범위가 크다. 즉 가변용량에 적합하다.	• 구조가 복잡하여 수리가 어렵다. • 가격이 비싸다. • 베어링에 가해지는 부하가 크다.

③ 플런저 펌프의 분류

(가) 액시얼형 플런저 펌프(axial type plunger pump) : 플런저를 유압 펌프 축과 평행하게 설치하며, 플런저(피스톤)가 경사판에 연결되어 회전한다. 경사판의 기능은 유압 펌프의 용량조절이며, 유압 펌프 중에서 발생유압이 가장 높다.

(나) 레이디얼형 플런저 펌프(radial type plunger pump) : 플런저가 유압 펌프 축에 직각으로, 즉 반지름 방향으로 배열되어 있다. 기본 작동은 간단하지만 구조가 복잡하다.

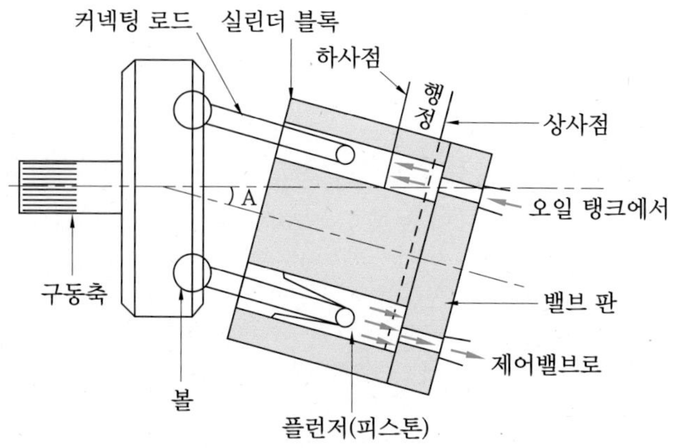

액시얼형 플런저 펌프의 구조

3 유압 펌프의 용량 표시 방법

① 주어진 압력과 그때의 토출유량으로 표시한다.
② 토출유량의 단위는 LPM(L/min)이나 GPM(gallon per minute)을 사용한다.

3-3 제어밸브(control valve)

유압유의 압력, 유량 또는 방향을 제어하는 밸브의 총칭이다.
① **압력제어밸브** : 일의 크기를 결정한다.
② **유량제어밸브** : 일의 속도를 결정한다.
③ **방향제어밸브** : 일의 방향을 결정한다.

1 압력제어밸브

(1) 압력제어밸브의 기능

압력제어밸브는 유압 회로 중 유압을 일정하게 유지하거나 최고압력을 제한한다.

(2) 압력제어밸브의 종류

종류에는 릴리프 밸브, 감압(리듀싱) 밸브, 시퀀스 밸브, 무부하(언로더) 밸브, 카운터 밸런스 밸브 등이 있다.

① **릴리프 밸브**(relief valve)

㈎ 릴리프 밸브는 유압 펌프 출구와 제어밸브 입구 사이, 즉 유압 펌프와 방향제어 밸브 사이에 설치된다.

㈏ 유압장치 내의 압력을 일정하게 유지하고, 최고압력을 제한하여 회로를 보호하며, 과부하 방지와 유압기기의 보호를 위하여 최고압력을 규제한다.

참고 크랭킹 압력과 채터링

- 크랭킹 압력 : 릴리프 밸브에서 포핏밸브를 밀어 올려 유압유가 흐르기 시작할 때의 압력이다.
- 채터링(chattering) : 릴리프 밸브의 볼(ball)이 밸브의 시트를 때려 소음을 발생시키는 현상이다.

② **감압 밸브(리듀싱 밸브, reducing valve)**

㈎ 감압 밸브는 상시개방(열림) 상태로 되어 있다가 출구(2차 쪽)의 압력이 감압밸브의 설정압력보다 높아지면 밸브가 작용하여 유압 회로를 닫는다.

㈏ 회로 일부의 압력을 릴리프 밸브의 설정압력 이하로 하고 싶을 때 사용한다. 즉 유압회로에서 메인 유압보다 낮은 압력으로 유압 액추에이터를 동작시키고자 할 때 사용한다.

㈐ 입구(1차 쪽)의 주 회로에서 출구(2차 쪽)의 감압회로로 유압유가 흐른다.

③ **시퀀스 밸브**(sequence valve) : 시퀀스 밸브(순차밸브)는 유압원에서의 주 회로부터 유압 실린더 등이 2개 이상의 분기회로를 가질 때, 각 유압 실린더를 일정한 순서로 순차적으로 작동시킨다. 즉 유압 실린더나 모터의 작동순서를 결정한다.

④ **무부하 밸브(언로드 밸브, unloader valve)**

㈎ 무부하 밸브는 유압 회로 내의 압력이 설정압력에 도달하면 유압 펌프에서 토출된 유압유를 전부 오일 탱크로 회송시켜 유압 펌프를 무부하로 운전시키는 데 사용한다.

㈏ 고압 · 소용량, 저압 · 대용량 유압 펌프를 조합 운전할 경우 회로 내의 압력이 설정압력에 도달하면 저압 대용량 유압 펌프의 토출유량을 오일 탱크로 귀환시키는 작용을 한다.

㈐ 유압장치에서 2개의 유압 펌프를 사용할 때 펌프의 전체 송출량을 필요로 하지 않을 경우, 동력의 절감과 유온 상승을 방지한다.

⑤ **카운터 밸런스 밸브**(counter balance valve)

㈎ 카운터 밸런스 밸브는 체크밸브가 내장되는 밸브이며, 유압 회로의 한 방향의 흐

름에 대해서는 설정된 배압을 생기게 하고, 다른 방향의 흐름은 자유롭게 흐르도록 한다.

㈏ 중력 및 자체중량에 의한 자유낙하 등을 방지하기 위하여 회로에 배압을 유지한다.

2 유량제어밸브

(1) 유량제어밸브의 기능

유량제어밸브는 액추에이터의 운동속도를 제어하기 위하여 사용한다.

(2) 유량제어밸브의 종류

① **교축 밸브**(throttle valve) : 밸브 내의 통로면적을 외부로부터 바꾸어 유압유의 통로에 저항을 부여하여 유량을 조정한다.

② **오리피스 밸브**(orifice valve) : 유압유가 통하는 작은 지름의 구멍으로 비교적 소량의 유량측정 등에 사용된다.

③ **분류 밸브**(low dividing valve) : 2개 이상의 액추에이터에 동일한 유량을 분배하여 작동속도를 동기시키는 경우에 사용한다.

④ **니들 밸브**(needle valve) : 밸브보디가 바늘모양으로 되어, 노즐 또는 파이프 속의 유량을 조절한다.

⑤ **속도제어 밸브**(speed control valve) : 액추에이터의 작동속도를 제어하기 위하여 사용하며, 가변교축 밸브와 체크 밸브를 병렬로 설치하여 유압유를 한쪽 방향으로는 자유흐름으로 하고 반대방향으로는 제어흐름이 되도록 한다.

⑥ **급속배기 밸브**(quick exhaust valve) : 입구와 출구, 배기구멍에 3개의 포트가 있는 밸브이다. 입구유량에 비해 배기유량이 매우 크다.

⑦ **스톱 밸브**(stop valve) : 유압유의 흐름 방향과 평행하게 개폐되는 밸브이다.

⑧ **스로틀 체크밸브**(throttle check valve) : 한쪽에서의 흐름은 교축이고 반대 방향에서의 흐름은 자유롭다.

3 방향제어밸브

(1) 방향제어밸브의 기능

유압유의 흐름방향을 변환하며, 유압유의 흐름방향을 한쪽으로만 허용한다. 즉 유압 실린더나 유압 모터의 작동방향을 바꾸는 데 사용한다.

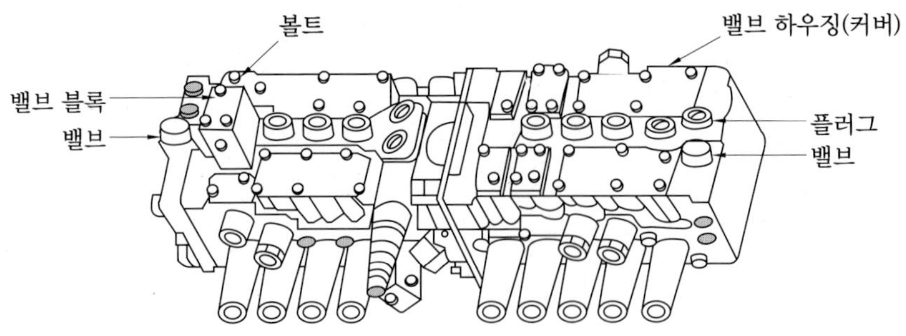

방향제어밸브의 구조

(2) 방향제어밸브의 종류

① **스풀 밸브**(spool valve) : 액추에이터의 방향전환 밸브이며, 원통형 슬리브 면에 내접하여 축 방향으로 이동하여 유압 회로를 개폐하는 형식의 밸브이다. 즉 유압유의 흐름방향을 바꾸기 위해 사용한다.

② **체크 밸브**(check valve) : 유압 회로에서 역류를 방지하고 회로 내의 잔류압력을 유지한다. 즉 유압유의 흐름을 한쪽으로만 허용하고 반대방향의 흐름을 제어한다.

③ **셔틀 밸브**(shuttle valve) : 2개 이상의 입구와 1개의 출구가 설치되어 있으며, 출구가 최고 압력의 입구를 선택하는 기능을 가진 밸브이다.

4 디셀러레이션 밸브(deceleration valve)

유압 실린더를 행정최종 단에서 실린더의 작동속도를 감속하여 서서히 정지시키고자 할 때 사용하며, 일반적으로 캠(cam)으로 조작된다.

3-4 액추에이터(actuator)

① 액추에이터는 유압유의 압력 에너지(힘)를 기계적 에너지(일)로 변환시키는 작용을 하는 장치이다.

② 유압 펌프를 통하여 송출된 유압 에너지를 직선운동(유압 실린더)이나 회전운동(유압 모터)을 통하여 기계적 일을 하는 장치이다.

1 유압 실린더(hydraulic cylinder)

① 유압 실린더, 피스톤, 피스톤 로드로 구성된 직선 왕복운동을 하는 액추에이터이다.

② 종류에는 단동 실린더, 복동 실린더(싱글 로드형과 더블 로드형), 다단 실린더, 램형 실린더 등이 있다.

③ 단동 실린더형은 한쪽 방향에 대해서만 유효한 일을 하고, 복귀는 중력이나 복귀스프링에 의한다.

④ 복동 실린더형은 피스톤의 양쪽에 유압유를 교대로 공급하여 양방향의 운동을 유압으로 작동시킨다.

⑤ 지지방식에는 푸트형, 플랜지형, 트러니언형, 클레비스형이 있다.

⑥ 쿠션기구는 실린더의 피스톤이 고속으로 왕복운동할 때 행정의 끝에서 피스톤이 커버에 충돌하여 발생하는 충격을 흡수하고, 그 충격력에 의해서 발생하는 유압 회로의 악영향이나 유압기기의 손상을 방지하기 위해서 설치한다.

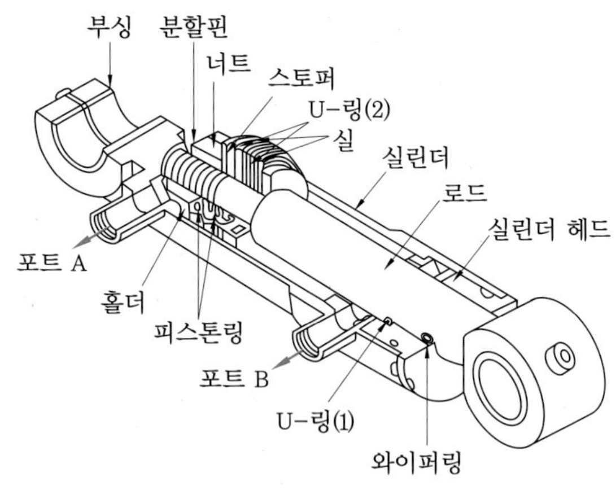

복동형 유압 실린더의 구조

2 유압 모터(hydraulic motor)

① 유압 모터는 유압 에너지에 의해 연속적으로 회전운동을 하여 기계적인 일을 하는 장치이다.

② 종류에는 기어 모터, 베인 모터, 플런저 모터가 있다.

(1) 유압 모터의 장점

① 넓은 범위의 무단변속이 쉽다.

② 구조가 간단하며, 과부하에 대해 안전하다.

③ 자동원격 조작이 가능하고 작동이 신속 · 정확하다.

④ 회전속도나 방향의 제어가 쉽다.

⑤ 소형 · 경량으로 큰 출력을 낼 수 있다.
⑥ 관성이 작아 응답성이 빠르다.
⑦ 정 · 역회전 변화가 쉽다.
⑧ 전동 모터에 비하여 급속정지가 쉽다.

(2) 유압 모터의 단점

① 유압유에 먼지나 공기가 침입하지 않도록 특히 보수에 주의해야 한다.
② 유압유의 점도 변화에 의하여 유압 모터의 사용에 제약이 따른다.
③ 공기와 먼지 등이 침투하면 성능에 영향을 준다.
④ 유압유는 인화하기 쉽다.

3-5 그 밖의 유압장치

1 어큐뮬레이터(축압기, accumulator)

① 유압 펌프에서 발생한 유압을 저장하고, 맥동을 소멸시키며 유압 에너지의 저장, 충격흡수 등에 이용되는 기구이다.
② 블래더형 어큐뮬레이터(축압기)의 고무주머니 내에는 질소가스를 주입한다.

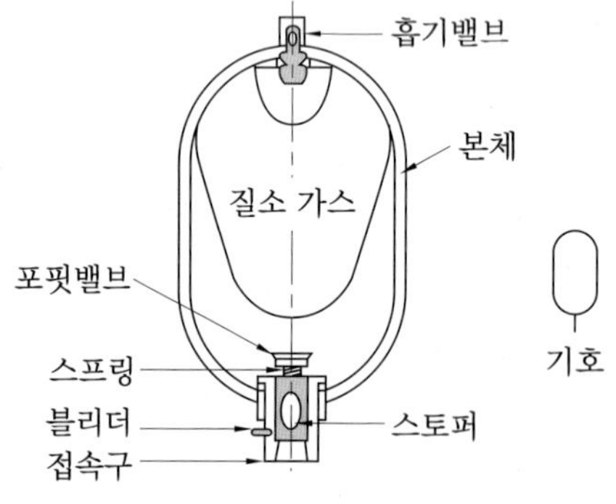

블래더형 어큐뮬레이터의 구조

2 오일 여과기(oil filter)

① 오일 여과기는 유압유 내에 금속의 마모된 찌꺼기나 카본 덩어리 등의 이물질을 제거하는 장치이다.

② 종류에는 흡입 여과기, 고압 여과기, 저압 여과기 등이 있다.
③ 스트레이너는 유압 펌프의 흡입 쪽에 설치되어 여과작용을 한다.
④ 여과입도가 너무 조밀하면(여과 입도수가 높으면) 공동현상(캐비테이션)이 발생한다.
⑤ 유압장치의 수명 연장을 위한 가장 중요한 요소는 유압유 및 오일 여과기의 점검 및 교환이다.

3 오일 냉각기(oil cooler)

① 오일 냉각기는 유압유 온도를 알맞게 유지하기 위해 유압유를 냉각시키는 장치이다.
② 유압유의 양은 정상인데 유압장치가 과열하면 가장 먼저 오일 냉각기를 점검한다.
③ 구비조건은 촉매작용이 없을 것, 오일 흐름에 저항이 적을 것, 온도조정이 잘될 것, 정비 및 청소하기가 편리할 것 등이다.
④ 수랭식 오일 냉각기는 냉각수를 이용하여 유압유 온도를 항상 적정한 온도로 유지하며, 소형으로 냉각능력은 크지만 고장이 발생하면 유압유 중에 물이 혼입될 우려가 있다.

4 유압 호스(hydraulic hose)

① 플렉시블 호스는 내구성이 강하고 작동 및 움직임이 있는 곳에 사용하기 적합하다.
② 가장 큰 압력에 견딜 수 있는 것은 나선 와이어 블레이드 호스이다.

5 오일 실(oil seal)

유압유의 누출을 방지하는 부품이며, 유압유가 누출되면 오일 실(seal)을 가장 먼저 점검한다.

① O-링은 유압기기의 고정부위에서 유압유의 누출을 방지하며, 구비조건은 다음과 같다.
㈎ 탄성이 양호하고, 압축변형이 적을 것
㈏ 정밀가공 면을 손상시키지 않을 것
㈐ 내압성과 내열성이 클 것
㈑ 설치하기가 쉬울 것
㈒ 피로강도가 크고, 비중이 적을 것

굴삭기 운전기능사

출제 예상 문제

01. 유압장치의 구성요소가 아닌 것은?

① 유압발생장치 ② 유압구동장치
③ 유압제어장치 ④ 유압 재순환 장치

해설 유압장치는 유압구동장치(기관 또는 전동기), 유압발생장치(유압 펌프), 유압제어장치(유압 제어밸브)로 구성되어 있다.

02. 건설기계에서 사용하는 유압장치의 구성요소가 아닌 것은?

① 제어밸브 ② 오일 탱크
③ 자동변속기 ④ 유압 펌프

03. 유압 탱크의 주요 구성요소가 아닌 것은?

① 유압계 ② 주입구
③ 유면계 ④ 격판(배플)

해설 오일 탱크는 스트레이너, 유면계, 격판(배플), 드레인 플러그, 주입구 등으로 구성되어 있다.

04. 오일 탱크 내의 오일량을 표시하는 것은?

① 온도계 ② 유량계
③ 유면계 ④ 유압계

해설 유면계로 오일 탱크 내의 오일량을 점검한다.

05. 오일 탱크에 저장되어 있는 유압유의 양을 점검할 때의 유압유 온도는?

① 과랭 온도일 때
② 완랭 온도일 때
③ 정상작동 온도일 때
④ 열화온도일 때

해설 유압유의 양은 정상작동 온도일 때 점검한다.

06. 오일 탱크 내의 유압유를 전부 배출시킬 때 사용하는 것은?

① 드레인 플러그 ② 배플
③ 어큐뮬레이터 ④ 리턴라인

해설 오일 탱크 내의 유압유를 배출시킬 때에는 드레인 플러그를 사용한다.

07. 유압장치의 오일 탱크에서 펌프 흡입구멍의 설치에 대한 설명으로 틀린 것은?

① 유압 펌프 흡입구와 탱크로의 귀환구멍(복귀구멍) 사이에는 격리판(baffle plate)를 설치한다.
② 유압 펌프 흡입구에는 스트레이너(오일 여과기)를 설치한다.
③ 유압 펌프 흡입구는 반드시 탱크 가장 밑면에 설치한다.
④ 유압 펌프 흡입구는 탱크로의 귀환구멍(복귀구멍)으로부터 될 수 있는 한 멀리 떨어진 위치에 설치한다.

해설 유압 펌프 흡입구(스트레이너)는 오일 탱크 밑면과 어느 정도 공간을 두고 설치하여야 한다.

08. 건설기계의 작동유 탱크의 역할로 틀린 것은?

① 유압유 온도를 적정하게 유지한다.
② 유압유를 저장한다.
③ 유압유 내 이물질의 침전작용을 한다.
④ 유압을 적정하게 유지시킨다.

정답 01 ④ 02 ③ 03 ① 04 ③ 05 ③ 06 ① 07 ③ 08 ④

해설 **작동유 탱크의 기능** : 유압유의 저장, 유압유의 적정온도를 유지, 유압유 중의 이물질 분리(침전) 작용

09. **건설기계 유압장치의 오일 탱크의 구비 조건 중 거리가 가장 먼 것은?**

① 배유구(드레인 플러그)와 유면계를 설치할 것
② 흡입관과 복귀관 사이에 격판(차폐장치)을 설치할 것
③ 유면을 흡입라인 아래까지 항상 유지할 수 있을 것
④ 흡입 작동유 여과를 위한 스트레이너를 설치할 것

해설 오일 탱크 내의 유면은 항상 "Full"에 가깝게 유지하여야 한다.

10. **원동기(내연기관, 전동기 등)로부터의 기계적인 에너지를 이용하여 유압유에 유압 에너지를 부여해 주는 유압기기는?**

① 유압 탱크 ② 유압 펌프
③ 유압밸브 ④ 유압스위치

해설 유압 펌프는 원동기의 기계적 에너지를 유압 에너지로 변환한다.

11. **건설기계의 유압 펌프는 무엇에 의해 구동되는가?**

① 엔진의 플라이휠에 의해 구동된다.
② 엔진의 캠축에 의해 구동된다.
③ 전동기에 의해 구동된다.
④ 에어 컴프레서에 의해 구동된다.

해설 건설기계의 유압 펌프는 엔진의 플라이휠에 의해 구동된다.

12. **일반적인 유압 펌프에 대한 설명으로 가장 거리가 먼 것은?**

① 유압유를 흡입하여 제어밸브로 송유(토출)한다.
② 엔진 또는 전기모터의 동력으로 구동된다.
③ 벨트에 의해서만 구동된다.
④ 동력원이 회전하는 동안에는 항상 회전한다.

해설 유압 펌프는 동력원과 기어나 커플링으로 직결되어 있어 동력원이 회전하는 동안에는 항상 회전하여 오일 탱크 내의 유압유를 흡입하여 제어밸브로 송유(토출)한다.

13. **유압장치에 사용되는 펌프형식이 아닌 것은?**

① 베인 펌프 ② 플런저 펌프
③ 분사 펌프 ④ 기어 펌프

해설 유압 펌프의 종류에는 기어 펌프, 베인 펌프, 피스톤(플런저) 펌프, 나사 펌프, 트로코이드 펌프 등이 있다.

14. **유압기기에서 회전 펌프가 아닌 것은?**

① 기어 펌프 ② 피스톤 펌프
③ 나사 펌프 ④ 베인 펌프

해설 회전 펌프에는 기어 펌프, 베인 펌프, 나사 펌프가 있다.

15. **유압 펌프 중 토출유량을 변화시킬 수 있는 것은?**

① 가변 토출량형 ② 고정 토출량형
③ 회전 토출량형 ④ 수평 토출량형

해설 유압 펌프의 토출유량을 변화시킬 수 있는 것은 가변 토출형이며, 회전수가 같을 때 펌프의 토출유량이 변화하는 펌프를 가변용량형 펌프라 한다.

정답 09 ③ 10 ② 11 ① 12 ③ 13 ③ 14 ② 15 ①

16. 그림과 같이 2개의 기어와 케이싱으로 구성되어 작동유를 토출하는 펌프는?

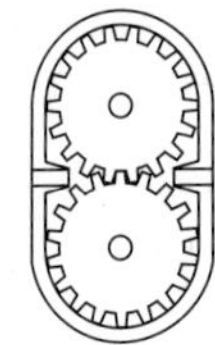

① 내접기어 펌프
② 외접기어 펌프
③ 스크루 기어 펌프
④ 트로코이드 기어 펌프

17. 기어 펌프(gear pump)에 대한 설명으로 모두 옳은 것은?

보기
㉮ 정용량 펌프이다.
㉯ 가변용량 펌프이다.
㉰ 제작이 용이하다.
㉱ 다른 펌프에 비해 소음이 크다.

① ㉮, ㉯, ㉰　　② ㉮, ㉯, ㉱
③ ㉯, ㉰, ㉱　　④ ㉮, ㉰, ㉱

해설 기어 펌프는 회전속도에 따라 흐름용량이 변화하는 정용량형이며, 제작이 용이하나 다른 펌프에 비해 소음이 큰 단점이 있다.

18. 외접형 기어 펌프에서 토출된 유량 일부가 입구 쪽으로 귀환하여 토출유량 감소, 축동력 증가 및 케이싱 마모 등의 원인을 유발하는 현상을 무엇이라고 하는가?

① 폐입 현상　　② 숨 돌리기 현상
③ 공동 현상　　④ 열화촉진 현상

해설 폐입 현상이란 토출된 유량 일부가 입구 쪽으로 귀환하여 토출량 감소, 축동력 증가 및 케이싱 마모, 기포 발생 등의 원인을 유발하는 현상이다.

19. 날개로 펌핑 동작을 하며, 소음과 진동이 적은 유압 펌프는?

① 기어 펌프　　② 플런저 펌프
③ 베인 펌프　　④ 나사 펌프

해설 베인 펌프는 원통형 캠링(cam ring) 안에 로터(rotor)가 설치되어 있으며 로터에는 홈이 있고, 그 홈 속에 판 모양의 베인(vane, 날개)이 끼워져 로터와 함께 회전하여 작동유가 출입할 수 있도록 되어 있다.

20. 베인 펌프의 일반적인 특징이 아닌 것은?

① 대용량, 고속 가변형에 적합하지만 수명이 짧다.
② 맥동과 소음이 적다.
③ 간단하고 성능이 좋다.
④ 소형 · 경량이다.

해설 베인 펌프는 수명은 길지만, 대용량, 고속 가변형에 부적합하다.

21. 플런저 펌프의 특징으로 가장 거리가 먼 것은?

① 구조가 간단하고 값이 싸다.
② 펌프효율이 높다.
③ 베어링에 부하가 크다.
④ 일반적으로 토출압력이 높다.

해설 플런저(피스톤) 펌프는 구조가 복잡하므로 가격이 비싸다.

22. 유압 펌프에서 경사판의 각도를 조정하여 토출유량을 변환시키는 펌프는?

① 기어펌프　　② 로터리 펌프
③ 베인 펌프　　④ 플런저 펌프

정답 16 ② 17 ④ 18 ① 19 ③ 20 ① 21 ① 22 ④

해설 액시얼형 플런저 펌프는 경사판의 각도를 조정하여 토출유량(펌프용량)을 변환시킨다.

23. **피스톤형 유압 펌프에서 회전 경사판의 기능으로 가장 적합한 것은?**

① 유압 펌프 용량을 조정한다.
② 유압 펌프 출구를 개 · 폐한다.
③ 유압 펌프 압력을 조정한다.
④ 유압 펌프 회전속도를 조정한다.

24. **유압 펌프에서 토출압력이 가장 높은 것은?**

① 베인 펌프
② 레이디얼 플런저 펌프
③ 기어 펌프
④ 액시얼 플런저 펌프

해설 액시얼 플런저 펌프의 토출압력이 가장 높다.

25. **유압 펌프의 용량을 나타내는 방법은?**

① 주어진 압력과 그때의 오일무게로 표시한다.
② 주어진 속도와 그때의 토출압력으로 표시한다.
③ 주어진 압력과 그때의 토출유량으로 표시한다.
④ 주어진 속도와 그때의 점도로 표시한다.

해설 유압 펌프의 용량은 주어진 압력과 그때의 토출유량으로 표시한다.

26. **유압 펌프의 토출유량을 표시하는 단위로 옳은 것은?**

① L/min ② kgf · m
③ kgf/cm^2 ④ kW 또는 PS

해설 유압 펌프 토출유량의 단위는 L(ℓ)/min(LPM)이나 GPM을 사용한다.

27. **유압 펌프가 작동 중 소음이 발생할 때의 원인으로 틀린 것은?**

① 유압 펌프 축의 편심오차가 크다.
② 유압 펌프 흡입관 접합부로부터 공기가 유입된다.
③ 릴리프 밸브 출구에서 오일이 배출되고 있다.
④ 스트레이너가 막혀 흡입용량이 너무 작아졌다.

해설 **유압 펌프에서 소음이 발생하는 원인** : 유압 펌프 축의 편심오차가 클 때, 유압 펌프 흡입관 접합부로부터 공기가 유입될 때, 스트레이너가 막혀 흡입용량이 너무 작아졌을 때

28. **유압 펌프에서 흐름(flow ; 유량)에 대해 저항(제한)이 생기면?**

① 유압 펌프 회전수의 증가 원인이 된다.
② 압력 형성의 원인이 된다.
③ 밸브 작동속도의 증가 원인이 된다.
④ 유압유 흐름의 증가 원인이 된다.

해설 유압 펌프에서 흐름(flow ; 유량)에 대해 저항(제한)이 생기면 압력 형성의 원인이 된다.

29. **유압 펌프가 유압유를 토출하지 않을 때의 원인으로 틀린 것은?**

① 오일 탱크의 유면이 낮다.
② 흡입관으로 공기가 유입된다.
③ 토출 측 배관 체결볼트가 이완되었다.
④ 유압유가 부족하다.

해설 토출 측 배관 체결볼트가 이완된 경우에는 유압유가 누출된다.

정답 23 ① 24 ④ 25 ③ 26 ① 27 ③ 28 ② 29 ③

30. 유압 펌프 내의 내부 누설은 무엇에 반비례하여 증가하는가?

① 작동유의 오염 ② 작동유의 점도
③ 작동유의 압력 ④ 작동유의 온도

해설 유압 펌프 내의 내부 누설은 작동유의 점도에 반비례하여 증가한다.

31. 유압 펌프의 작동유 유출여부 점검 방법에 해당하지 않는 것은?

① 정상작동 온도로 난기운전을 실시하여 점검하는 것이 좋다.
② 고정 볼트가 풀린 경우에는 추가 조임을 한다.
③ 작동유 유출점검은 운전자가 관심을 가지고 점검하여야 한다.
④ 하우징에 균열이 발생되면 패킹을 교환한다.

해설 하우징에 균열이 발생되면 하우징을 교체하여야 한다.

32. 유압유의 압력, 유량 또는 방향을 제어하는 밸브의 총칭은?

① 안전밸브 ② 제어밸브
③ 감압밸브 ④ 축압기

해설 제어밸브란 유압유의 압력, 유량 또는 방향을 제어하는 밸브의 총칭이다.

33. 유압 회로에 사용되는 제어밸브의 역할과 종류의 연결사항으로 틀린 것은?

① 일의 크기 제어 : 압력제어밸브
② 일의 속도 제어 : 유량제어밸브
③ 일의 방향 제어 : 방향제어밸브
④ 일의 시간 제어 : 속도제어밸브

해설 제어밸브의 기능

㉠ 압력제어밸브 : 일의 크기 결정
㉡ 유량제어밸브 : 일의 속도 결정
㉢ 방향제어밸브 : 일의 방향 결정

34. 건설기계에서 사용하는 압력제어밸브는 어느 위치에서 작동하는가?

① 오일 탱크와 유압 펌프
② 유압 펌프와 방향제어밸브
③ 방향제어밸브와 유압 실린더
④ 유압 실린더 내부

해설 압력제어밸브는 유압 펌프와 방향제어밸브 사이에서 작동한다.

35. 유압유의 압력을 제어하는 밸브가 아닌 것은?

① 릴리프 밸브 ② 체크 밸브
③ 리듀싱 밸브 ④ 시퀀스 밸브

해설 압력제어밸브의 종류에는 릴리프 밸브, 리듀싱(감압) 밸브, 시퀀스(순차) 밸브, 언로드(무부하) 밸브, 카운터 밸런스 밸브 등이 있다.

36. 유압장치 내의 압력을 일정하게 유지하고 최고압력을 제한하여 회로를 보호해 주는 밸브는?

① 릴리프 밸브 ② 체크 밸브
③ 스풀 밸브 ④ 로터리 밸브

해설 릴리프 밸브는 유압장치 내의 압력을 일정하게 유지하고, 최고압력을 제한하여 회로를 보호하며, 과부하 방지와 유압기기의 보호를 위하여 최고압력을 규제한다.

37. 릴리프 밸브에서 포핏 밸브를 밀어 올려 유압유가 흐르기 시작할 때의 압력은?

① 허용압력 ② 전량압력
③ 설정압력 ④ 크랭킹 압력

정답 30 ② 31 ④ 32 ② 33 ④ 34 ② 35 ② 36 ① 37 ④

해설 크랭킹 압력(cranking pressure)이란 릴리프 밸브에서 포핏 밸브를 밀어 올려 유압유가 흐르기 시작할 때의 압력이다.

38. 유압 계통에서 릴리프 밸브의 스프링 장력이 약화될 때 발생될 수 있는 현상은?

① 채터링 현상 ② 노킹 현상
③ 트램핑 현상 ④ 블로바이 현상

해설 채터링(chattering)이란 릴리프 밸브에서 스프링 장력이 약할 때 볼(ball)이 밸브의 시트를 때려 소음을 내는 진동현상이다.

39. 유압으로 작동되는 작업장치에서 작업 중 힘이 떨어질 때의 원인과 가장 밀접한 밸브는?

① 메인 릴리프 밸브
② 체크(check) 밸브
③ 방향전환 밸브
④ 메이크업 밸브

해설 메인 릴리프 밸브의 작동이 불량하면 작업 중 힘이 떨어진다.

40. 유압 회로에서 어떤 부분회로의 압력을 주 회로의 압력보다 저압으로 해서 사용하고자 할 때 사용하는 밸브는?

① 릴리프 밸브
② 리듀싱 밸브
③ 체크 밸브
④ 카운터 밸런스 밸브

해설 리듀싱(감압) 밸브는 회로 일부의 압력을 릴리프 밸브의 설정압력(메인 유압) 이하로 하고 싶을 때 사용한다.

41. 감압 밸브에 대한 설명으로 틀린 것은?

① 유압장치에서 회로 일부의 압력을 릴리프 밸브의 설정압력 이하로 하고 싶을 때 사용한다.
② 입구(1차 쪽)의 주 회로에서 출구(2차 쪽)의 감압회로로 유압유가 흐른다.
③ 상시폐쇄 상태로 되어 있다.
④ 출구(2차 쪽)의 압력이 감압밸브의 설정압력보다 높아지면 밸브가 작용하여 유로를 닫는다.

해설 감압 밸브는 상시개방 상태로 되어 있다가 출구(2차 쪽)의 압력이 감압밸브의 설정압력보다 높아지면 밸브가 작용하여 유로를 닫는다.

42. 압력제어밸브 중 상시 닫혀 있다가 일정 조건이 되면 열려 작동하는 밸브가 아닌 것은?

① 무부하 밸브 ② 감압 밸브
③ 릴리프 밸브 ④ 시퀀스 밸브

43. 유압 회로 내의 압력이 설정압력에 도달하면 펌프에서 토출된 오일을 전부 탱크로 회송시켜 펌프를 무부하로 운전시키는 데 사용하는 밸브는?

① 체크 밸브(check valve)
② 시퀀스 밸브(sequence valve)
③ 언로드 밸브(unloader valve)
④ 카운터 밸런스 밸브(counter balance valve)

해설 언로드(무부하) 밸브는 유압 회로 내의 압력이 설정압력에 도달하면 펌프에서 토출된 오일을 전부 탱크로 회송시켜 펌프를 무부하로 운전시키는 데 사용한다.

정답 38 ① 39 ① 40 ② 41 ③ 42 ② 43 ③

44. 2개 이상의 분기회로를 갖는 회로 내에서 작동순서를 회로의 압력 등에 의하여 제어하는 밸브는?

① 체크 밸브 ② 시퀀스 밸브
③ 한계 밸브 ④ 서보 밸브

해설 시퀀스 밸브는 순차작동 밸브라고도 하며, 2개 이상의 분기회로를 갖는 회로 내에서 작동순서(순차작동)를 회로의 압력 등에 의하여 제어한다.

45. 유압장치에서 고압 · 소용량, 저압 · 대용량 펌프를 조합 운전할 때, 작동압력이 규정압력 이상으로 상승 시 동력 절감을 하기 위해 사용하는 밸브는?

① 릴리프 밸브 ② 감압 밸브
③ 시퀀스 밸브 ④ 무부하 밸브

해설 무부하 밸브는 고압 · 소용량, 저압 · 대용량 펌프를 조합 운전할 때, 작동압력이 규정압력 이상으로 상승할 때 동력 절감을 하기 위해 사용한다.

46. 체크밸브가 내장되는 밸브로서 유압 회로의 한 방향의 흐름에 대해서는 설정된 배압을 생기게 하고, 다른 방향의 흐름은 자유롭게 흐르도록 한 밸브는?

① 셔틀 밸브
② 언로더 밸브
③ 슬로리턴 밸브
④ 카운터 밸런스 밸브

해설 카운터 밸런스 밸브는 체크밸브가 내장되는 밸브로서 유압 회로의 한 방향의 흐름에 대해서는 설정된 배압을 생기게 하고, 다른 방향의 흐름은 자유롭게 흐르도록 한다.

47. 자체중량에 의한 자유낙하 등을 방지하기 위하여 회로에 배압을 유지하는 밸브는?

① 감압 밸브
② 카운터 밸런스 밸브
③ 체크 밸브
④ 릴리프 밸브

해설 카운트 밸런스 밸브는 유압 실린더 등이 중력 및 자체중량에 의한 자유낙하를 방지하기 위해 배압을 유지한다.

48. 유압장치에서 작동체의 속도를 바꿔 주는 밸브는?

① 압력제어밸브 ② 방향제어밸브
③ 유량제어밸브 ④ 체크 밸브

해설 유량제어밸브는 액추에이터(작동체)의 운동속도를 조정하기 위하여 사용한다.

49. 유압장치에서 유량제어밸브의 종류가 아닌 것은?

① 교축 밸브 ② 유량조정밸브
③ 분류 밸브 ④ 릴리프 밸브

50. 안지름이 작은 파이프에서 미세한 유량을 조정하는 밸브는?

① 압력보상 밸브 ② 니들 밸브
③ 바이패스 밸브 ④ 스로틀 밸브

해설 니들밸브(needle valve)는 안지름이 작은 파이프에서 미세한 유량을 조절하는 밸브이다.

51. 유압장치에서 방향제어밸브에 대한 설명으로 틀린 것은?

① 유압유의 흐름방향을 변환한다.
② 액추에이터의 속도를 제어한다.
③ 유압유의 흐름방향을 한쪽으로만 허용한다.

정답 44 ② 45 ④ 46 ④ 47 ② 48 ③ 49 ④ 50 ② 51 ②

④ 유압 실린더나 유압 모터의 작동방향을 바꾸는 데 사용된다.

52. 회로 내 유체의 흐름방향을 제어하는 데 사용되는 밸브는?

① 교축 밸브 ② 셔틀 밸브
③ 감압 밸브 ④ 순차 밸브

해설 방향제어밸브의 종류에는 스풀 밸브, 체크 밸브, 셔틀 밸브 등이 있다.

53. 유압 작동기의 방향을 전환시키는 밸브에 사용되는 형식 중 원통형 슬리브 면에 내접하여 축 방향으로 이동하면서 유로를 개폐하는 형식은?

① 스풀 형식
② 포핏 형식
③ 베인 형식
④ 카운터 밸런스 밸브 형식

해설 스풀 밸브(spool valve)는 원통형 슬리브 면에 내접하여 축 방향으로 이동하여 유로를 개폐하여 유압유의 흐름방향을 바꾸는 기능을 한다.

54. 유압 컨트롤 밸브 내에 스풀 형식의 밸브 기능은?

① 축압기의 압력을 바꾸기 위해
② 유압 펌프의 회전방향을 바꾸기 위해
③ 유압장치 내의 압력을 상승시키기 위해
④ 유압유의 흐름방향을 바꾸기 위해

55. 유압 회로에서 유압유를 한쪽 방향으로만 흐르도록 하는 밸브는?

① 릴리프 밸브(relief valve)
② 파일럿 밸브(pilot valve)
③ 체크 밸브(check valve)
④ 오리피스 밸브(orifice valve)

해설 체크 밸브(check valve)는 역류를 방지하고, 회로 내의 잔류압력을 유지시키며, 유압유를 한쪽 방향으로만 흐르도록 한다.

56. 유압 회로 내에 잔압을 설정해 두는 이유로 가장 적합한 것은?

① 제동 해제 방지 ② 유로 파손 방지
③ 오일 산화 방지 ④ 작동 지연 방지

해설 유압 회로 내에 잔압(잔류압력)을 설정해 두는 이유는 작동 지연을 방지하기 위함이다.

57. 방향제어밸브를 동작시키는 방식이 아닌 것은?

① 수동방식 ② 전자방식
③ 스프링 방식 ④ 유압 파일럿 방식

해설 방향제어밸브를 동작시키는 방식에는 수동방식, 전자방식, 유압 파일럿 방식 등이 있다.

58. 방향제어밸브에서 내부 누유에 영향을 미치는 요소가 아닌 것은?

① 관로의 유량
② 밸브간극의 크기
③ 밸브 양단의 압력차이
④ 유압유의 점도

해설 방향제어밸브에서 내부 누유에 영향을 미치는 요소는 밸브간극의 크기, 밸브 양단의 압력차이, 유압유의 점도 등이다.

59. 유압장치에 사용되는 밸브부품의 세척유로 가장 적절한 것은?

① 엔진오일 ② 물
③ 합성세제 ④ 경유

해설 밸브부품은 솔벤트나 경유로 세척한다.

정답 52 ② 53 ① 54 ④ 55 ③ 56 ④ 57 ③ 58 ① 59 ④

60. 방향전환밸브 중 4포트 3위치 밸브에 대한 설명으로 틀린 것은?

① 직선형 스풀 밸브이다.
② 스풀의 전환위치가 3개이다.
③ 밸브와 주배관이 접속하는 접속구는 3개이다.
④ 중립위치를 제외한 양끝 위치에서 4포트 2위치이다.

해설 밸브와 주배관이 접속하는 접속구는 4개이다.

61. 일반적으로 캠(cam)으로 조작되는 유압 밸브로서 액추에이터의 속도를 서서히 감속시키는 밸브는?

① 디셀러레이션 밸브
② 카운터 밸런스 밸브
③ 방향제어밸브
④ 프레필 밸브

해설 디셀러레이션 밸브는 캠(cam)으로 조작되며 액추에이터의 속도를 서서히 감속시킬 때 사용한다.

62. 유압 실린더의 행정최종단에서 실린더의 속도를 감속하여 서서히 정지시키고자 할 때 사용되는 밸브는?

① 프레필 밸브(prefill valve)
② 디콤프레션 밸브(decompression valve)
③ 디셀러레이션 밸브(deceleration valve)
④ 셔틀 밸브(shuttle valve)

63. 유압유의 유압 에너지(압력, 속도)를 기계적인 일로 변환시키는 유압장치는?

① 유압 펌프 ② 유압 액추에이터
③ 유압밸브 ④ 어큐뮬레이터

해설 액추에이터(actuator)는 유압 펌프에서 발생된 유압 에너지를 기계적 에너지(직선운동이나 회전운동)로 바꾸는 장치이다.

64. 유압장치에서 액추에이터의 종류에 속하지 않는 것은?

① 감압 밸브 ② 유압 실린더
③ 유압 모터 ④ 플런저 모터

해설 액추에이터에는 직선운동을 하는 유압 실린더와 회전운동을 하는 유압 모터가 있다.

65. 유압 모터와 유압 실린더의 설명으로 옳은 것은?

① 둘 다 회전운동을 한다.
② 둘 다 왕복운동을 한다.
③ 유압 모터는 회전운동, 유압 실린더는 직선운동을 한다.
④ 유압 모터는 직선운동, 유압 실린더는 회전운동을 한다.

66. 유압 실린더의 주요 구성품이 아닌 것은?

① 피스톤 로드 ② 피스톤
③ 커넥팅 로드 ④ 실린더

해설 유압 실린더는 실린더, 피스톤, 피스톤 로드로 구성되어 있다.

67. 유압 실린더의 종류에 해당하지 않는 것은?

① 단동 실린더 ② 복동 실린더
③ 다단 실린더 ④ 회전 실린더

해설 유압 실린더의 종류에는 단동 실린더, 복동 실린더(싱글로드형과 더블로드형), 다단 실린더, 램형 실린더 등이 있다.

정답 60 ③ 61 ① 62 ③ 63 ② 64 ① 65 ③ 66 ③ 67 ④

68. **유압 실린더 중 피스톤의 양쪽에 유압유를 교대로 공급하여 양방향의 운동을 유압으로 작동시키는 형식은?**

① 단동식 ② 복동식
③ 다동식 ④ 편동식

해설 복동식은 유압 실린더 피스톤의 양쪽에 유압유를 교대로 공급하여 양방향의 운동을 유압으로 작동시킨다.

69. **유압 실린더의 지지방식이 아닌 것은?**

① 유니언형 ② 푸트형
③ 트러니언형 ④ 플랜지형

해설 **유압 실린더 지지방식** : 플랜지형, 트러니언형, 클레비스형, 푸트형

70. **유압 실린더에서 피스톤 행정이 끝날 때 발생하는 충격을 흡수하기 위해 설치하는 장치는?**

① 쿠션기구 ② 압력보상장치
③ 서보 밸브 ④ 스로틀 밸브

해설 쿠션기구는 유압 실린더에서 피스톤 행정이 끝날 때 발생하는 충격을 흡수하기 위해 설치하는 장치이다.

71. **〈보기〉 중 유압 실린더에서 발생되는 피스톤 자연하강현상(cylinder drift)의 발생 원인으로 모두 맞는 것은?**

보기
㉮ 작동압력이 높을 때
㉯ 유압 실린더 내부가 마모되었을 때
㉰ 컨트롤 밸브의 스풀이 마모되었을 때
㉱ 릴리프 밸브의 작동이 불량할 때

① ㉮, ㉯, ㉰ ② ㉮, ㉯, ㉱
③ ㉯, ㉰, ㉱ ④ ㉮, ㉰, ㉱

해설 실린더의 과도한 자연낙하현상은 작동압력이 낮을 때 발생한다.

72. **유압 실린더의 움직임이 느리거나 불규칙할 때의 원인이 아닌 것은?**

① 피스톤 링이 마모되었다.
② 유압유의 점도가 너무 높다.
③ 회로 내에 공기가 혼입되고 있다.
④ 체크 밸브의 방향이 반대로 설치되어 있다.

해설 **유압 실린더의 움직임이 느리거나 불규칙한 원인** : 피스톤 링이 마모되었을 때, 유압유의 점도가 너무 높을 때, 유압유가 부족할 때, 회로 내에 공기가 혼입되고 있을 때

73. **유압 실린더를 교환하였을 경우 조치해야 할 작업으로 가장 거리가 먼 것은?**

① 오일필터 교환
② 공기빼기 작업
③ 누유 점검
④ 시운전하여 작동상태 점검

해설 액추에이터(작업장치)를 교환하였을 때에는 기관을 시동하여 공회전시킨 후 작동상태 점검, 공기빼기 작업, 누유 점검, 유압유 보충을 한다.

74. **유압 에너지를 이용하여 외부에 기계적인 일을 하는 유압기기는?**

① 유압 모터 ② 근접 스위치
③ 유압 탱크 ④ 기동전동기

해설 유압 모터는 유압 에너지에 의해 연속적으로 회전운동함으로써 기계적인 일을 하는 장치이다.

정답 68 ② 69 ① 70 ① 71 ③ 72 ④ 73 ① 74 ①

75. 유압 모터의 회전력이 변화하는 것에 영향을 미치는 것은?

① 유압유 압력　② 유량
③ 유압유 점도　④ 유압유 온도

해설 유압 모터의 회전력에 영향을 주는 것은 유압유 압력이다.

76. 유압 모터를 선택할 때 고려사항과 가장 거리가 먼 것은?

① 효율　② 점도　③ 동력　④ 부하

77. 유압 모터의 종류에 포함되지 않는 것은?

① 기어형　② 베인형
③ 플런저형　④ 터빈형

해설 유압 모터의 종류에는 기어형, 베인형, 플런저형 등이 있다.

78. 유압 모터의 장점이 아닌 것은?

① 관성력이 크며, 소음이 크다.
② 전동 모터에 비하여 급속정지가 쉽다.
③ 광범위한 무단변속을 얻을 수 있다.
④ 작동이 신속 · 정확하다.

해설 유압 모터는 전동 모터에 비하여 급속정지가 쉽고, 넓은 범위의 무단변속이 용이하며, 관성력 및 소음이 작으며, 작동이 신속 · 정확하다.

79. 유압장치에서 기어 모터의 장점이 아닌 것은?

① 가격이 싸다.
② 구조가 간단하다.
③ 소음과 진동이 작다.
④ 먼지나 이물질이 많은 곳에서도 사용이 가능하다.

해설 기어 모터의 단점은 토크변동이 크고, 수명이 짧으며, 효율이 낮고, 소음과 진동이 크다는 점이다.

80. 플런저가 구동축의 직각방향으로 설치되어 있는 유압 모터는?

① 캠형 플런저 모터
② 액시얼형 플런저 모터
③ 블래더형 플런저 모터
④ 레이디얼형 플런저 모터

해설 레이디얼형 플런저 모터는 플런저가 구동축의 직각방향으로 설치되어 있다.

81. 유압 모터의 회전속도가 규정 속도보다 느릴 경우, 그 원인이 아닌 것은?

① 유압 펌프의 오일 토출유량이 과다할 때
② 각 작동부가 마모 또는 파손되었을 때
③ 유압유의 유입량이 부족할 때
④ 유압장치 내부에서 오일누설이 있을 때

해설 유압 펌프의 오일 토출유량이 과다하면 유압 모터의 회전속도가 빨라진다.

82. 유압 모터와 연결된 감속기의 오일수준을 점검할 때의 유의사항으로 틀린 것은?

① 오일이 정상온도일 때 오일수준을 점검해야 한다.
② 오일량은 영하(−)의 온도상태에서 가득 채워야 한다.
③ 오일수준을 점검하기 전에 항상 오일수준 게이지 주변을 깨끗하게 청소한다.
④ 오일량이 너무 적으면 모터 유닛이 올바르게 작동하지 않거나 손상될 수 있으므로 오일량은 항상 정량유지가 필요하다.

정답 75 ① 76 ② 77 ④ 78 ① 79 ③ 80 ④ 81 ① 82 ②

83. 유압 펌프에서 발생한 유압을 저장하고 맥동을 제거시키는 것은?

① 어큐뮬레이터 ② 언로딩 밸브
③ 릴리프 밸브 ④ 스트레이너

해설 어큐뮬레이터(축압기)는 유압 펌프에서 발생한 유압을 저장하고, 맥동을 소멸시키는 장치이다.

84. 축압기(어큐뮬레이터)의 기능과 관계가 없는 것은?

① 충격압력 흡수
② 유압 에너지 축적
③ 릴리프 밸브 제어
④ 유압 펌프 맥동 흡수

해설 축압기(어큐뮬레이터)의 용도는 압력보상, 체적변화 보상, 유압 에너지 축적, 유압 회로 보호, 맥동 감쇠, 충격압력 흡수, 일정압력 유지, 보조 동력원으로 사용 등이다.

85. 축압기의 종류 중 가스-오일방식이 아닌 것은?

① 스프링 하중방식(spring loaded type)
② 피스톤 방식(piston type)
③ 다이어프램 방식(diaphragm type)
④ 블래더 방식(bladder type)

해설 가스-오일방식 축압기에는 피스톤 방식, 다이어프램 방식, 블래더 방식이 있다.

86. 가스형 축압기(어큐뮬레이터)에 가장 널리 이용되는 가스는?

① 질소 ② 수소 ③ 아르곤 ④ 산소

해설 가스형 축압기에는 질소가스를 주입한다.

87. 유압장치에서 금속 등 마모된 찌꺼기나 카본 덩어리 등의 이물질을 제거하는 장치는?

① 오일 클리어런스 ② 오일필터
③ 오일 냉각기 ④ 오일 팬

88. 유압장치에서 금속가루 또는 불순물을 제거하기 위해 사용되는 부품으로 짝지어진 것은?

① 오일필터와 어큐뮬레이터
② 스크레이퍼와 오일필터
③ 오일필터와 스트레이너
④ 어큐뮬레이터와 스트레이너

89. 유압유에 포함된 불순물을 제거하기 위해 유압 펌프 흡입관에 설치하는 것은?

① 부스터
② 스트레이너
③ 공기청정기
④ 어큐뮬레이터

해설 스트레이너(strainer)는 유압 펌프의 흡입관에 설치하는 여과기이다.

90. 유압장치에서 오일 여과기에 걸러지는 오염물질의 발생 원인으로 가장 거리가 먼 것은?

① 유압장치의 조립과정에서 먼지 및 이물질 혼입
② 작동 중인 엔진의 내부 마찰에 의하여 생긴 금속가루 혼입
③ 유압장치를 수리하기 위하여 해체하였을 때 외부로부터 이물질 혼입
④ 유압유를 장기간 사용함에 있어 고온 · 고압하에서 산화생성물이 생김

정답 83 ① 84 ③ 85 ① 86 ① 87 ② 88 ③ 89 ② 90 ②

91. **오일 여과기의 여과입도가 너무 조밀하였을 때 가장 발생하기 쉬운 현상은?**

① 오일누출 현상　② 캐비테이션
③ 블로바이 현상　④ 맥동 현상

해설 오일여과기의 여과입도가 너무 조밀하면(여과기의 눈이 작으면) 유압유 공급 불충분으로 캐비테이션(공동현상)이 발생한다.

92. **유압장치의 수명 연장을 위해 가장 중요한 요소는?**

① 오일 탱크의 세척
② 오일 냉각기의 점검 및 세척
③ 오일 펌프의 교환
④ 오일필터의 점검 및 교환

해설 유압장치의 수명 연장을 위한 가장 중요한 요소는 오일과 오일필터의 점검 및 교환이다.

93. **건설기계 유압 회로에서 유압유 온도를 알맞게 유지하기 위해 오일을 냉각하는 부품은?**

① 어큐뮬레이터　② 오일쿨러
③ 방향제어밸브　④ 유압제어밸브

94. **유압장치에서 오일 냉각기(oil cooler)의 구비조건으로 틀린 것은?**

① 촉매작용이 없을 것
② 유압유의 흐름에 저항이 클 것
③ 온도조정이 잘될 것
④ 정비 및 청소하기가 편리할 것

해설 오일 냉각기는 유압유의 흐름 저항이 작아야 한다.

95. **수랭식 오일 냉각기(oil cooler)에 대한 설명으로 틀린 것은?**

① 소형으로 냉각능력이 크다.
② 고장 시 오일 중에 물이 혼입될 우려가 있다.
③ 대기온도나 냉각수 온도 이하의 냉각이 용이하다.
④ 유온을 항상 적정한 온도로 유지하기 위하여 사용된다.

해설 수랭식 오일 냉각기는 유압유의 온도를 항상 적정한 온도로 유지하기 위하여 사용하며, 소형으로 냉각능력은 크지만 고장이 발생하면 유압유 중에 물이 혼입될 우려가 있다.

96. **유압장치에서 작동 및 움직임이 있는 곳의 연결관으로 적합한 것은?**

① 플렉시블 호스　② 강 파이프
③ 구리 파이프　④ PVC호스

해설 플렉시블 호스는 내구성이 강하고 작동 및 움직임이 있는 곳에 사용하기 적합하다.

97. **유압 호스 중 가장 큰 압력에 견딜 수 있는 형식은?**

① 고무 형식
② 나선 와이어 블레이드 형식
③ 와이어리스 고무 블레이드 형식
④ 직물 블레이드 형식

해설 나선 와이어 블레이드 형식의 유압 호스가 가장 큰 압력에 견딜 수 있다.

98. **유압 회로에서 호스의 노화현상이 아닌 것은?**

① 유압호스의 표면에 갈라짐이 발생한 경우
② 코킹 부분에서 오일이 누유되는 경우
③ 액추에이터의 작동이 원활하지 않을 경우
④ 정상적인 압력상태에서 호스가 파손될 경우

정답 91 ② 92 ④ 93 ② 94 ② 95 ③ 96 ① 97 ② 98 ③

해설 **호스의 노화현상** : 호스의 표면에 갈라짐(crack)이 발생한 경우, 호스의 탄성이 거의 없는 상태로 굳어 있는 경우, 정상적인 압력상태에서 호스가 파손될 경우, 코킹 부분에서 오일이 누유되는 경우

99. 유압장치 운전 중 갑작스럽게 유압배관에서 유압유가 분출되기 시작하였을 때 가장 먼저 운전자가 취해야 할 조치는?

① 작업장치를 지면에 내리고 엔진의 시동을 정지한다.
② 작업을 멈추고 배터리 선을 분리한다.
③ 유압유가 분출되는 호스를 분리하고 플러그를 막는다.
④ 유압 회로 내의 잔압을 제거한다.

해설 유압배관에서 유압유가 분출되기 시작하면 가장 먼저 작업장치를 지면에 내리고 엔진의 시동을 정지한다.

100. 유압 작동부에서 유압유가 새고 있을 때 일반적으로 먼저 점검하여야 하는 것은?

① 밸브(valve) ② 플런저(plunger)
③ 기어(gear) ④ 실(seal)

해설 유압 작동 부분에서 유압유가 누출되면 가장 먼저 실(seal)을 점검하여야 한다.

101. 유압장치에 사용되는 오일 실(seal)의 종류 중 O-링이 갖추어야 할 조건은?

① 체결력이 작을 것
② 탄성이 양호하고, 압축변형이 적을 것
③ 작동 시 마모가 클 것
④ 오일의 입 · 출입이 가능할 것

해설 O-링은 탄성이 양호하고, 압축변형이 적어야 한다.

102. 유압장치에서 피스톤 로드에 있는 먼지 또는 오염물질 등이 실린더 내로 혼입되는 것을 방지하는 것은?

① 필터(filter)
② 더스트 실(dust seal)
③ 밸브(valve)
④ 실린더 커버(cylinder cover)

해설 더스트 실은 피스톤 로드에 있는 먼지 또는 오염물질 등이 실린더 내로 혼입되는 것을 방지한다.

103. 유압 계통에서 유압유가 누설 시 점검사항이 아닌 것은?

① 유압유의 윤활성
② 실(seal)의 마모
③ 실(seal)의 파손
④ 유압 펌프 고정 볼트의 이완

해설 유압유가 누설되면 실(seal)의 마모, 실(seal)의 파손, 유압 펌프 고정 볼트의 이완 여부 등을 점검한다.

104. 유압장치의 일상점검 사항이 아닌 것은?

① 유압 탱크의 유량 점검
② 오일누설 여부 점검
③ 소음 및 호스 누유여부 점검
④ 릴리프 밸브 작동 점검

105. 유압장치의 주된 고장 원인이 되는 것과 가장 거리가 먼 것은?

① 과부하 및 과열로 인하여
② 공기, 물, 이물질 혼입에 의하여
③ 기기의 기계적 고장으로 인하여
④ 덥거나 추운 날씨에 사용함으로 인하여

정답 99 ① 100 ④ 101 ② 102 ② 103 ① 104 ④ 105 ④

106. 유압 회로에서 소음이 나는 원인으로 가장 거리가 먼 것은?

① 유량 증가
② 채터링 현상
③ 캐비테이션 현상
④ 회로 내의 공기 혼입

해설 **소음이 나는 원인** : 유압유의 양이 부족할 때, 채터링 현상이 발생할 때, 캐비테이션 현상이 발생할 때, 회로 내에 공기가 혼입되었을 때

107. 건설기계의 유압장치 취급 방법으로 적합하지 않은 것은?

① 유압장치는 워밍업 후 작업하는 것이 좋다.
② 유압유는 1주에 한 번, 소량씩 보충한다.
③ 유압유에 이물질이 포함되지 않도록 관리 · 취급하여야 한다.
④ 유압유가 부족하지 않은지 점검하여야 한다.

108. 유압 회로 내에 기포가 발생할 때 일어날 수 있는 현상과 가장 거리가 먼 것은?

① 작동유의 누설 저하
② 소음 증가
③ 공동현상 발생
④ 액추에이터의 작동 불량

해설 유압 회로 내에 기포가 생기면 공동현상, 오일탱크의 오버플로로 유압유 누출, 소음 증가, 액추에이터의 작동 불량 등이 발생한다.

109. 건설기계에서 유압 구성품을 분해하기 전에 내부압력을 제거하려면 어떻게 하는 것이 좋은가?

① 압력밸브를 밀어 준다.
② 고정너트를 서서히 푼다.
③ 엔진의 가동정지 후 조정레버를 모든 방향으로 작동하여 압력을 제거한다.
④ 엔진의 가동정지 후 개방하면 된다.

해설 유압 구성부품을 분해하기 전에 내부압력을 제거하려면 엔진의 가동정지 후 조정레버를 모든 방향으로 작동한다.

110. 유압유의 압력이 상승하지 않을 때의 원인을 점검하는 것으로 가장 거리가 먼 것은?

① 유압펌프의 토출유량 점검
② 유압회로의 누유상태 점검
③ 릴리프 밸브의 작동상태 점검
④ 유압펌프 설치 고정 볼트의 강도 점검

111. 건설기계 작업 중 유압회로 내의 유압이 상승되지 않을 때의 점검사항으로 적합하지 않은 것은?

① 오일탱크의 오일량 점검
② 오일이 누출되었는지 점검
③ 펌프로부터 유압이 발생되는지 점검
④ 자기탐상법에 의한 작업장치의 균열 점검

해설 유압이 상승되지 않을 경우에는 유압펌프로부터 유압이 발생되는지 여부, 오일탱크의 오일량, 릴리프 밸브의 고장 여부, 오일 누출 여부 등을 점검한다.

정답 106 ① 107 ② 108 ① 109 ③ 110 ④ 111 ④

제 4 장

유압 회로 및 기호

4-1 유압 회로

(1) 유압의 기본 회로

유압의 기본 회로에는 오픈(개방) 회로, 클로즈(밀폐) 회로, 병렬 회로, 직렬 회로, 탠덤 회로 등이 있다.

① **언로드 회로(unloader circuit)**: 일하던 도중에 유압 펌프 유량이 필요하지 않게 되었을 때 유압유를 저압으로 탱크에 귀환시킨다.

② **속도제어 회로**: 유압 회로에서 유량제어를 통하여 작업속도를 조절하는 방식에는 미터인 회로, 미터 아웃 회로, 블리드 오프 회로 등이 있다.

(가) 미터-인 회로(meter-in circuit) : 액추에이터의 입구 쪽 관로에 유량제어밸브를 직렬로 설치하여 작동유의 유량을 제어함으로써 액추에이터의 속도를 제어한다.

(나) 미터-아웃 회로(meter-out circuit) : 액추에이터의 출구 쪽 관로에 설치한 유량제어밸브로 유량을 제어하여 속도를 제어한다.

(다) 블리드 오프 회로 : 유량제어밸브를 액추에이터와 병렬로 설치하여 유압 펌프 토출유량 중 일정한 양을 오일 탱크로 되돌리므로 릴리프 밸브에서 과잉압력을 줄일 필요가 없는 장점이 있으나, 부하변동이 급격한 경우에는 정확한 유량제어가 곤란하다.

4-2 유압 기호

(1) 유압장치의 기호 회로도에 사용되는 유압 기호의 표시 방법

① 기호에는 흐름의 방향을 표시한다.

② 각 기기의 기호는 정상상태 또는 중립상태를 표시한다.

③ 오해의 위험이 없는 경우에는 기호를 회전하거나 뒤집어도 된다.

④ 기호에는 각 기기의 구조나 작용압력을 표시하지 않는다.

⑤ 기호가 없어도 바르게 이해할 수 있는 경우에는 드레인 관로를 생략해도 된다.

4-3 플러싱(flushing)

유압장치 내에 슬러지 등이 생겼을 때 이것을 용해하여 장치 내를 깨끗이 하는 작업이다.

굴삭기 운전기능사

출제 예상 문제

01. 작업 중에 유압 펌프로부터 토출유량이 필요하지 않게 되었을 때, 토출오일을 탱크에 저압으로 귀환시키는 회로는?

① 시퀀스 회로
② 언로드 회로
③ 블리드 오프 회로
④ 어큐뮬레이터 회로

해설 언로드 회로는 작업 중에 유압 펌프 유량이 필요하지 않게 되었을 때 오일을 저압으로 탱크에 귀환시킨다.

02. 유압 회로에서 유량제어를 통하여 작업속도를 조절하는 방식에 속하지 않는 것은?

① 미터-인(meter in) 방식
② 미터-아웃(meter out) 방식
③ 블리드 오프(bleed off) 방식
④ 블리드 온(bleed on) 방식

해설 속도제어 회로에는 미터 인 방식, 미터 아웃 방식, 블리드 오프 방식이 있다.

03. 액추에이터의 입구 쪽 관로에 유량제어 밸브를 직렬로 설치하여 작동유의 유량을 제어함으로써 액추에이터의 속도를 제어하는 회로는?

① 시스템 회로
② 블리드 오프 회로
③ 미터-인 회로
④ 미터-아웃 회로

해설 미터-인 회로는 유압 액추에이터의 입력 쪽에 유량제어밸브를 직렬로 연결하여 액추에이터로 유입되는 유량을 제어하여 액추에이터의 속도를 제어한다.

04. 유압장치의 기호 회로도에 사용되는 유압 기호의 표시 방법으로 적합하지 않은 것은?

① 기호에는 흐름의 방향을 표시한다.
② 각 기기의 기호는 정상상태 또는 중립상태를 표시한다.
③ 기호는 어떠한 경우에도 회전하여서는 안 된다.
④ 기호에는 각 기기의 구조나 작용압력을 표시하지 않는다.

해설 기호는 오해의 위험이 없는 경우에는 기호를 회전하거나 뒤집어도 된다.

05. 유압장치에서 가장 많이 사용되는 유압 회로도는?

① 조합 회로도 ② 그림 회로도
③ 단면 회로도 ④ 기호 회로도

해설 일반적으로 많이 사용하는 유압 회로도는 기호 회로도이다.

06. 공 · 유압 기호 중 그림이 나타내는 것은?

▶

① 밸브 ② 공기압
③ 유압 ④ 전기

정답 01 ② 02 ④ 03 ③ 04 ③ 05 ④ 06 ③

07. 유량제어밸브를 실린더와 병렬로 연결하여 실린더의 속도를 제어하는 회로는?

① 블리드 오프 회로
② 블리드 온 회로
③ 미터–인 회로
④ 미터–아웃 회로

해설 블리드 오프(bleed off) 회로는 유량제어밸브를 실린더와 병렬로 연결하여 실린더의 속도를 제어한다.

08. 그림의 유압 기호는 무엇을 표시하는가?

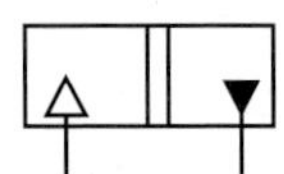

① 공기 · 유압변환기
② 증압기
③ 촉매컨버터
④ 어큐뮬레이터

09. 유압 도면기호의 명칭은?

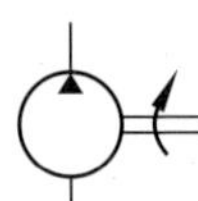

① 스트레이너 ② 유압 모터
③ 유압 펌프 ④ 압력계

10. 가변용량형 유압 펌프의 기호는?

① 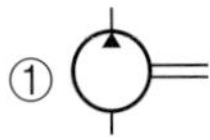 ② 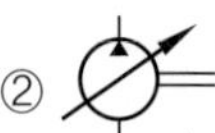

③ ◇ ④ (M)═

11. 공 · 유압 기호 중 그림이 나타내는 것은?

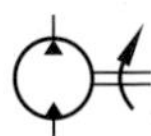

① 정용량형 펌프 · 모터
② 가변용량형 펌프 · 모터
③ 요동형 액추에이터
④ 가변형 액추에이터

12. 그림의 유압 기호는 무엇을 표시하는가?

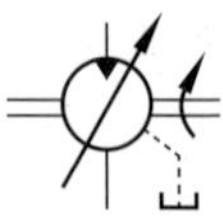

① 가변 유압 모터 ② 유압 펌프
③ 가변 토출밸브 ④ 가변 흡입밸브

13. 그림과 같은 유압 기호에 해당하는 밸브는?

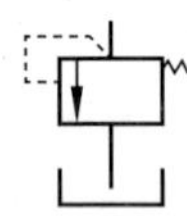

① 체크 밸브
② 카운터 밸런스 밸브
③ 릴리프 밸브
④ 리듀싱 밸브

14. 그림의 유압 기호가 나타내는 것은?

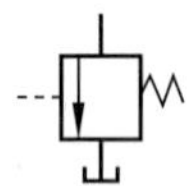

① 릴리프 밸브 ② 감압 밸브
③ 순차 밸브 ④ 무부하 밸브

15. 단동 실린더의 기호 표시로 맞는 것은?

① 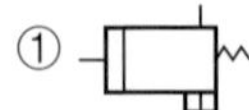 ② 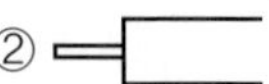

③ ④ 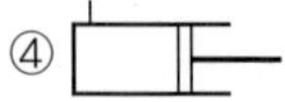

정답 07 ① 08 ① 09 ③ 10 ② 11 ① 12 ① 13 ③ 14 ④ 15 ④

16. 그림과 같은 실린더의 명칭은?

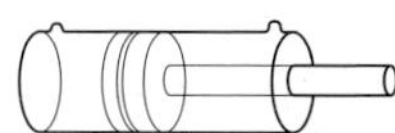

① 단동 실린더 ② 단동 다단실린더
③ 복동 실린더 ④ 복동 다단실린더

17. 복동 실린더 양 로드형을 나타내는 유압 기호는?

① 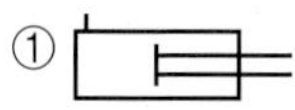 ② 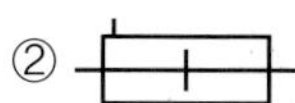
③ 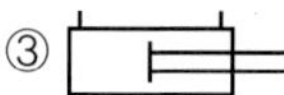 ④ 

18. 체크 밸브를 나타낸 것은?

① ② ③ ④

19. 그림의 유압 기호는 무엇을 표시하는가?

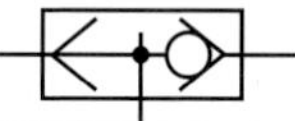

① 스톱 밸브
② 무부하 밸브
③ 고압우선형 셔틀밸브
④ 저압우선형 셔틀밸브

20. 그림의 유압 기호는 무엇을 표시하는가?

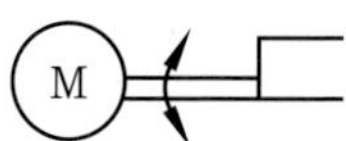

① 복동 가변식 전자 액추에이터
② 회전형 전기 액추에이터
③ 단동 가변식 전자 액추에이터
④ 직접 파일럿 조작 액추에이터

21. 그림의 공 · 유압 기호는 무엇을 표시하는가?

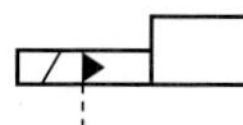

① 전자 · 공기압 파일럿
② 전자 · 유압 파일럿
③ 유압 2단 파일럿
④ 유압가변 파일럿

22. 유압 · 공기압 도면기호 중 그림이 나타내는 것은?

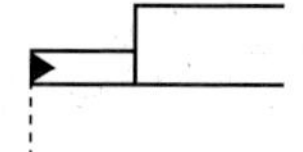

① 유압 파일럿(외부)
② 공기압 파일럿(외부)
③ 유압 파일럿(내부)
④ 공기압 파일럿(내부)

23. 방향전환밸브의 조작방식에서 단동 솔레노이드 기호는?

① ② ③ ④

해설 ①은 솔레노이드 조작방식, ②는 간접 조작방식, ③은 레버 조작방식, ④는 기계 조작방식이다.

24. 그림의 유압 기호에서 "A" 부분이 나타내는 것은?

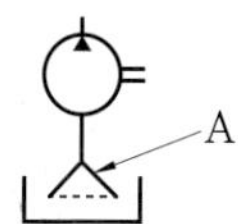

① 오일 냉각기
② 스트레이너
③ 가변용량 유압 펌프
④ 가변용량 유압 모터

정답 16 ③ 17 ④ 18 ① 19 ③ 20 ② 21 ② 22 ① 23 ① 24 ②

25. 그림의 유압 기호가 나타내는 것은?

① 유압 밸브 ② 차단 밸브
③ 오일 탱크 ④ 유압 실린더

26. 그림의 유압 기호는 무엇을 표시하는가?

① 유압 실린더 ② 어큐뮬레이터
③ 오일 탱크 ④ 유압 실린더 로드

27. 유압 도면기호에서 여과기의 기호 표시는?

① 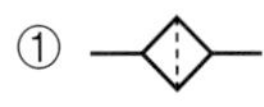 ② 

③  ④

28. 공 · 유압 기호 중 그림이 나타내는 것은?

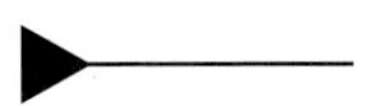

① 유압 동력원 ② 공기압 동력원
③ 전동기 ④ 원동기

29. 유압 압력계의 기호는?

① 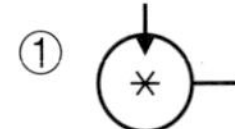 ② 

③ MV ④

30. 그림에서 드레인 배출기의 기호 표시로 맞는 것은?

① ②
③ ④

31. 유압 도면기호에서 압력스위치를 나타내는 것은?

① ②
③ ④

32. 유압장치에서 정용량형 유압펌프의 기호는?

① 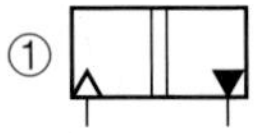 ② 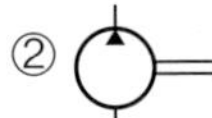

③  ④

33. 유압장치에서 유량계의 기호 표시로 맞는 것은?

① 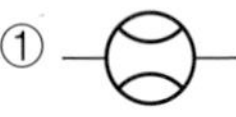 ② 

③ ④

34. 유압장치의 계통 내에 슬러지 등이 생겼을 때 이것을 용해하여 깨끗이 하는 작업은?

① 서징 ② 코킹
③ 플러싱 ④ 트램핑

해설 플러싱이란 유압계통의 오일장치 내에 슬러지 등이 생겼을 때 이것을 용해하여 장치 내를 깨끗이 하는 작업이다.

정답 25 ③ 26 ② 27 ① 28 ① 29 ④ 30 ③ 31 ④ 32 ② 33 ① 34 ③

굴삭기
운전기능사

제 6 편

건설기계관리법 및 도로교통법

제 1 장 건설기계관리법

1-1 건설기계관리법의 목적

건설기계의 등록 · 검사 · 형식승인 및 건설기계사업과 건설기계 조종사 면허 등에 관한 사항을 정하여 건설기계를 효율적으로 관리하고 건설기계의 안전도를 확보하여 건설공사의 기계화를 촉진함을 목적으로 한다.

1-2 건설기계 사업

건설기계 사업에는 대여업, 정비업, 매매업, 폐기업 등이 있으며, 건설기계 사업을 영위하고자 하는 자는 시 · 도지사에게 등록하여야 한다.

1-3 건설기계의 신규 등록

(1) 건설기계를 등록할 때 필요한 서류

① 건설기계의 출처를 증명하는 서류(건설기계 제작증, 수입면장, 매수증서)
② 건설기계의 소유자임을 증명하는 서류
③ 건설기계 제원표
④ 자동차손해배상보장법에 따른 보험 또는 공제의 가입을 증명하는 서류

(2) 건설기계 등록신청

건설기계를 취득한 날부터 2월(60일) 이내에 소유자의 주소지 또는 건설기계 사용본거지를 관할하는 시 · 도지사에게 하여야 한다.

1-4 등록사항 변경신고

건설기계 등록사항에 변경이 있을 때(전시 · 사변 기타 이에 준하는 비상사태 및 상속 시의 경우는 제외)에는 등록사항의 변경신고를 변경이 있는 날부터 30일 이내에 하여야 한다.

1-5 건설기계 조종사 면허

(1) 건설기계 조종사 면허

건설기계 조종사 면허를 받으려는 사람은 국가기술자격법에 따른 해당 분야의 기술자격을 취득하고 국 · 공립병원, 시 · 도지사가 지정하는 의료기관의 적성검사에 합격하여야 한다.

(2) 건설기계 조종사 면허의 결격사유

① 18세 미만인 사람
② 건설기계 조종상의 위험과 장해를 일으킬 수 있는 정신질환자 또는 뇌전증환자
③ 앞을 보지 못하는 사람, 듣지 못하는 사람
④ 마약, 대마, 향정신성 의약품 또는 알코올 중독자

(3) 자동차 제1종 대형면허로 조종할 수 있는 건설기계

덤프트럭, 아스팔트살포기, 노상안정기, 콘크리트믹서트럭, 콘크리트펌프, 천공기(트럭적재식을 말한다.), 특수건설기계 중 국토교통부장관이 지정하는 건설기계이다.

(4) 건설기계 조종사 면허를 반납하여야 하는 사유

① 건설기계 면허가 취소된 때
② 건설기계 면허의 효력이 정지된 때
③ 면허증의 재교부를 받은 후 잃어버린 면허증을 발견한 때

(5) 건설기계 면허 적성검사 기준

① 두 눈을 동시에 뜨고 잰 시력이 0.7 이상일 것(교정시력을 포함)
② 두 눈의 시력이 각각 0.3 이상일 것(교정시력을 포함)
③ 55데시벨(보청기를 사용하는 사람은 40데시벨)의 소리를 들을 수 있고, 언어 분별

력이 80% 이상일 것
④ 시각은 150도 이상일 것
⑤ 마약 · 알코올 중독의 사유에 해당되지 아니할 것

1-6 등록번호표

(1) 등록번호표에 표시되는 사항

건설기계 등록번호표에 표시되는 사항은 기종, 등록관청, 등록번호, 용도 등이다.

(2) 등록번호표의 색칠

① **자가용** : 녹색 판에 흰색문자
② **영업용** : 주황색 판에 흰색문자
③ **관용** : 흰색 판에 검은색 문자
④ **임시운행 번호표** : 흰색 페인트 판에 검은색 문자

(3) 건설기계 등록번호

① **자가용** : 1001–4999
② **영업용** : 5001–8999
③ **관용** : 9001–9999

1-7 건설기계 임시운행 사유

① 등록신청을 하기 위하여 건설기계를 등록지로 운행하는 경우
② 신규 등록검사 및 확인검사를 받기 위하여 건설기계를 검사장소로 운행하는 경우
③ 수출을 하기 위하여 건설기계를 선적지로 운행하는 경우
④ 수출을 하기 위하여 등록말소한 건설기계를 점검 · 정비의 목적으로 운행하는 경우
⑤ 신개발 건설기계를 시험 · 연구의 목적으로 운행하는 경우
⑥ 판매 또는 전시를 위하여 건설기계를 일시적으로 운행하는 경우

1-8 건설기계 검사

우리나라에서 건설기계에 대한 정기검사를 실시하는 검사업무 대행기관은 대한건설기계 안전관리원이다.

(1) 건설기계 검사의 종류

① **신규등록검사 :** 건설기계를 신규로 등록할 때 실시하는 검사이다.

② **정기검사 :** 건설공사용 건설기계로서 3년의 범위에서 국토교통부령으로 정하는 검사유효기간이 끝난 후에 계속하여 운행하려는 경우에 실시하는 검사와 대기환경보전법 및 소음 · 진동관리법에 따른 운행차의 정기검사이다.

③ **구조변경 검사 :** 건설기계의 주요 구조를 변경 또는 개조한 때 실시하는 검사이다.

④ **수시검사 :** 성능이 불량하거나 사고가 자주 발생하는 건설기계의 안전성 등을 점검하기 위하여 수시로 실시하는 검사와 건설기계 소유자의 신청을 받아 실시하는 검사이다.

(2) 정기검사 신청기간 및 검사기간 산정

① 정기검사를 받고자 하는 자는 검사유효기간 만료일 전후 각각 30일 이내에 신청한다.

② 건설기계 정기검사 신청기간 내에 정기검사를 받은 경우 다음 정기검사 유효기간의 산정은 종전 검사유효기간 만료일의 다음 날부터 기산한다.

③ 정기검사 유효기간을 1개월 경과한 후에 정기검사를 받은 경우 다음 정기검사 유효기간 산정 기산일은 검사를 받은 날의 다음 날부터이다.

(3) 정기검사 최고

정기검사를 받지 아니한 건설기계의 소유자에 대하여는 정기검사의 유효기간이 만료된 날부터 3개월 이내에 국토교통부령이 정하는 바에 따라 10일 이내의 기한을 정하여 정기검사를 받을 것을 최고하여야 한다.

(4) 검사소에서 검사를 받아야 하는 건설기계

덤프트럭, 콘크리트믹서트럭, 콘크리트펌프(트럭적재식), 아스팔트살포기, 트럭지게차(국토교통부장관이 정하는 특수건설기계인 트럭지게차를 말한다)

(5) 당해 건설기계가 위치한 장소에서 검사하는(출장검사) 경우

① 도서지역에 있는 경우

② 자체중량이 40ton을 초과하거나 축중이 10ton을 초과하는 경우
③ 너비가 2.5m를 초과하는 경우
④ 최고속도가 시간당 35km 미만인 경우

(6) 정비명령

정비명령은 검사에 불합격한 해당 건설기계 소유자에게 하며, 정비명령 기간은 6개월 이내이다.

1-9 건설기계의 구조변경을 할 수 없는 경우

① 건설기계의 기종변경
② 육상작업용 건설기계의 규격을 증가시키기 위한 구조변경
③ 육상작업용 건설기계의 적재함 용량을 증가시키기 위한 구조변경

1-10 건설기계 사후관리

① 건설기계를 판매한 날부터 12개월 동안 무상으로 건설기계의 정비 및 정비에 필요한 부품을 공급하여야 한다.
② 12개월 이내에 건설기계의 주행거리가 20,000km(원동기 및 차동장치의 경우에는 40,000km)를 초과하거나 가동시간이 2,000시간을 초과한 때에는 12개월이 경과한 것으로 본다.

1-11 건설기계 조종사 면허취소 사유 및 면허정지 기간

(1) 면허취소 사유

① 거짓이나 그 밖의 부정한 방법으로 건설기계 조종사 면허를 받은 경우
② 건설기계 조종사의 효력정지 기간 중 건설기계를 조종한 경우
③ 건설기계 조종사 면허의 결격사유에 해당하게 된 경우
④ 건설기계의 조종 중 고의 또는 과실로 중대한 사고를 일으킨 경우
㈎ 고의로 인명피해(사망 · 중상 · 경상 등)를 입힌 경우

(나) 과실로 3명 이상을 사망하게 한 경우
(다) 과실로 7명 이상에게 중상을 입힌 경우
(라) 과실로 19명 이상에게 경상을 입힌 경우

(2) 면허정지 기간

① 인명피해를 입힌 경우

(가) 사망 1명마다 : 면허효력정지 45일
(나) 중상 1명마다 : 면허효력정지 15일
(다) 경상 1명마다 : 면허효력정지 5일

② 건설기계 조종 중 고의 또는 과실로 가스공급시설을 손괴하거나 가스공급시설의 기능에 장애를 입혀 가스의 공급을 방해한 경우 : 면허효력정지 180일

③ 술에 취한 상태(혈중 알코올 농도 0.05% 이상 0.1% 미만)에서 건설기계를 조종한 경우 : 면허효력정지 60일

1-12 벌칙

(1) 2년 이하의 징역 또는 2천만 원 이하의 벌금

① 등록되지 아니한 건설기계를 사용하거나 운행한 자
② 등록이 말소된 건설기계를 사용하거나 운행한 자
③ 시 · 도지사의 지정을 받지 아니하고 등록번호표를 제작하거나 등록번호를 새긴 자

(2) 1년 이하의 징역 또는 1천만 원 이하의 벌금

① 건설기계 조종사 면허를 받지 아니하고 건설기계를 조종한 자
② 건설기계 조종사 면허가 취소되거나 건설기계 조종사 면허의 효력정지처분을 받은 후에도 건설기계를 계속하여 조종한 자
③ 건설기계를 도로나 타인의 토지에 버려 둔 자

(3) 100만 원 이하의 벌금

① 등록번호를 지워 없애거나 그 식별을 곤란하게 한 자
② 구조변경검사 또는 수시검사를 받지 아니한 자
③ 정비명령을 이행하지 아니한 자
④ 형식승인, 형식변경승인 또는 확인검사를 받지 아니하고 건설기계의 제작 등을 한 자

⑤ 사후관리에 관한 명령을 이행하지 아니한 자

1-13 특별표지판 부착대상 건설기계

① 길이가 16.7m 이상인 경우
② 너비가 2.5m 이상인 경우
③ 최소회전 반경이 12m 이상인 경우
④ 높이가 4m 이상인 경우
⑤ 총중량이 40톤 이상인 경우
⑥ 축하중이 10톤 이상인 경우

1-14 건설기계의 좌석안전띠 및 조명장치

(1) 안전띠

① 30km/h 이상의 속도를 낼 수 있는 타이어식 건설기계에는 좌석안전띠를 설치해야 한다.
② 안전띠는 사용자가 쉽게 잠그고 풀 수 있는 구조이어야 한다.
③ 안전띠는 「산업표준화법」 제15조에 따라 인증을 받은 제품이어야 한다.

(2) 조명장치

최고속도 15km/h 미만 타이어식 건설기계에 갖추어야 하는 조명장치는 전조등, 후부반사기, 제동등이다.

굴삭기 운전기능사

출제 예상 문제

01. 건설기계관리법의 입법목적에 해당되지 않는 것은?

① 건설기계의 효율적인 관리를 하기 위함이다.
② 건설기계 안전도 확보를 위함이다.
③ 건설기계의 규제 및 통제를 하기 위함이다.
④ 건설공사의 기계화를 촉진하기 위함이다.

해설 건설기계관리법의 목적은 건설기계를 효율적으로 관리하고 건설기계의 안전도를 확보하여 건설공사의 기계화를 촉진함을 목적으로 한다.

02. 건설기계관리법령상 건설기계의 정의를 가장 올바르게 한 것은?

① 건설공사에 사용할 수 있는 기계로서 대통령령이 정하는 것
② 건설현장에서 운행하는 장비로서 대통령령이 정하는 것
③ 건설공사에 사용할 수 있는 기계로서 국토교통부령이 정하는 것
④ 건설현장에서 운행하는 장비로서 국토교통부령이 정하는 것

해설 건설기계라 함은 건설공사에 사용할 수 있는 기계로서 대통령령으로 정한 것이며, 건설기계의 종류는 27종(26종 및 특수건설기계)이 있다.

03. 건설기계관리법에서 정의한 건설기계 형식을 가장 잘 나타낸 것은?

① 엔진구조 및 성능을 말한다.
② 구조 · 규격 및 성능 등에 관하여 일정하게 정한 것을 말한다.
③ 성능 및 용량을 말한다.
④ 형식 및 규격을 말한다.

해설 건설기계 형식이란 구조 · 규격 및 성능 등에 관하여 일정하게 정한 것이다.

04. 건설기계의 범위에 속하지 않는 것은?

① 전동식 솔리드타이어를 부착한 것 중 도로가 아닌 장소에서만 운행하는 지게차
② 노상안정장치를 가진 자주식인 노상안정기
③ 정지장치를 가진 자주식인 모터그레이더
④ 공기토출량이 매분당 2.83세제곱미터 이상의 이동식인 공기압축기

해설 지게차의 건설기계 범위는 타이어식으로 들어올림 장치를 가진 것. 다만, 전동식으로 솔리드타이어를 부착한 것을 제외한다.

05. 건설기계관리법상 건설기계의 등록신청은 누구에게 하여야 하는가?

① 사용본거지를 관할하는 읍 · 면장
② 사용본거지를 관할하는 검사대행자
③ 사용본거지를 관할하는 시 · 도지사
④ 사용본거지를 관할하는 경찰서장

해설 건설기계 등록신청은 소유자의 주소지 또는 건설기계 사용본거지를 관할하는 시 · 도지사에게 한다.

정답 01 ③ 02 ① 03 ② 04 ① 05 ③

06. **건설기계관리법상 건설기계의 소유자는 건설기계를 취득한 날부터 얼마 이내에 건설기계 등록신청을 해야 하는가?**

① 2월 이내　　② 3월 이내
③ 6월 이내　　④ 1년 이내

해설 건설기계 등록신청은 건설기계를 취득한 날로부터 2월(60일) 이내에 하여야 한다.

07. **건설기계의 등록 전에 임시운행 사유에 해당되지 않는 것은?**

① 수출을 하기 위하여 건설기계를 선적지로 운행하는 경우
② 등록신청을 하기 위하여 건설기계를 등록지로 운행하는 경우
③ 건설기계 구입 전 이상 유무를 확인하기 위해 1일간 예비운행을 하는 경우
④ 신개발 건설기계를 시험 · 연구의 목적으로 운행하는 경우

해설 **임시운행 사유**
㉠ 등록신청을 하기 위하여 건설기계를 등록지로 운행하는 경우
㉡ 신규 등록검사 및 확인검사를 받기 위하여 건설기계를 검사장소로 운행하는 경우
㉢ 수출을 하기 위하여 건설기계를 선적지로 운행하는 경우
㉣ 신개발 건설기계를 시험 · 연구의 목적으로 운행하는 경우
㉤ 판매 또는 전시를 위하여 건설기계를 일시적으로 운행하는 경우

08. **신개발 건설기계의 시험 · 연구목적 운행을 제외한 건설기계의 임시운행 기간은 며칠 이내인가?**

① 5일　② 10일　③ 15일　④ 20일

해설 신개발 건설기계의 시험 · 연구목적 운행을 제외한 건설기계의 임시운행 기간은 15일 이내이다.

09. **건설기계의 소유자는 건설기계등록사항에 변경이 있을 때(전시 · 사변 기타 이에 준하는 비상사태 및 상속 시의 경우는 제외)에는 등록사항의 변경신고를 변경이 있는 날부터 며칠 이내에 하여야 하는가?**

① 10일　② 15일　③ 20일　④ 30일

해설 건설기계등록사항에 변경이 있을 때(전시 · 사변 기타 이에 준하는 비상사태 및 상속 시의 경우는 제외)에는 등록사항의 변경신고를 변경이 있는 날부터 30일 이내에 시 · 도지사에게 하여야 한다.

10. **건설기계 등록사항의 변경 또는 등록이전신고 대상이 아닌 것은?**

① 소유자 변경
② 소유자의 주소지 변경
③ 건설기계 소재지 변동
④ 건설기계의 사용본거지 변경

해설 **등록이전신고 대상** : 소유자 변경, 소유자의 주소지 변경, 건설기계의 사용본거지 변경

11. **건설기계에서 등록의 경정은 어느 때 하는가?**

① 등록을 행한 후에 그 등록에 관하여 착오 또는 누락이 있음을 발견한 때
② 등록을 행한 후에 소유권이 이전되었을 때
③ 등록을 행한 후에 등록지가 이전되었을 때
④ 등록을 행한 후에 소재지가 변동되었을 때

해설 등록의 경정은 등록을 행한 후에 그 등록에

정답 06 ①　07 ③　08 ③　09 ④　10 ③　11 ①

관하여 착오 또는 누락이 있음을 발견한 때 한다.

12. **건설기계 등록 · 검사증이 헐어서 못쓰게 된 경우 어떻게 하여야 되는가?**

① 신규등록 신청 ② 등록말소 신청
③ 정기검사 신청 ④ 재교부 신청

해설 건설기계 등록 · 검사증이 헐어서 못쓰게 된 경우에는 재교부 신청을 한다.

13. **소유자의 신청이나 시 · 도지사의 직권으로 건설기계의 등록을 말소할 수 있는 경우가 아닌 것은?**

① 건설기계를 수출하는 경우
② 건설기계를 도난당한 경우
③ 건설기계 정기검사에 불합격된 경우
④ 건설기계의 차대가 등록 시의 차대와 다른 경우

해설 정기검사에 불합격된 경우에는 정비명령을 받아야 한다.

14. **건설기계를 도난당한 때 등록말소사유 확인서로 적당한 것은?**

① 신출신용장
② 경찰서장이 발생한 도난신고 접수확인원
③ 주민등록등본
④ 봉인 및 번호판

15. **건설기계 소유자는 건설기계를 도난당한 날로부터 얼마 이내에 등록말소를 신청해야 하는가?**

① 30일 이내 ② 2월 이내
③ 3월 이내 ④ 6월 이내

해설 건설기계를 도난당한 경우에는 도난당한 날부터 2개월 이내에 등록말소를 신청하여야 한다.

16. **시 · 도지사가 저당권이 등록된 건설기계를 말소할 때 미리 그 뜻을 건설기계의 소유자 및 이해관계인에게 통보한 후 몇 개월이 지나지 않으면 등록을 말소할 수 없는가?**

① 3개월 ② 1개월
③ 12개월 ④ 6개월

해설 시 · 도지사가 저당권이 등록된 건설기계를 말소할 때 미리 그 뜻을 건설기계의 소유자 및 이해관계인에게 통보한 후 3개월이 지나지 않으면 등록을 말소할 수 없다.

17. **시 · 도지사는 건설기계 등록원부를 건설기계의 등록을 말소한 날부터 몇 년간 보존하여야 하는가?**

① 1년 ② 3년 ③ 5년 ④ 10년

해설 건설기계 등록원부는 건설기계의 등록을 말소한 날부터 10년간 보존하여야 한다.

18. **건설기계관리법령상 건설기계 사업의 종류가 아닌 것은?**

① 건설기계매매업 ② 건설기계제작업
③ 건설기계폐기업 ④ 건설기계대여업

해설 건설기계 사업의 종류에는 매매업, 대여업, 폐기업, 정비업이 있다.

19. **건설기계의 폐기인수증명서는 누가 교부하는가?**

① 시 · 도지사 ② 국토교통부장관
③ 시장 · 군수 ④ 건설기계폐기업자

해설 건설기계의 폐기인수증명서는 폐기업자가 교부한다.

정답 12 ④ 13 ③ 14 ② 15 ② 16 ① 17 ④ 18 ② 19 ④

20. 건설기계대여업의 등록 시 필요 없는 서류는?

① 주기장시설보유확인서
② 건설기계 소유사실을 증명하는 서류
③ 사무실의 소유권 또는 사용권이 있음을 증명하는 서류
④ 모든 종업원의 신원증명서

해설 건설기계대여업을 등록하고자 할 경우에는 주기장시설보유확인서, 건설기계 소유사실을 증명하는 서류, 사무실의 소유권 또는 사용권이 있음을 증명하는 서류 등이 필요하다.

21. 건설기계 매매업의 등록을 하고자 하는 자의 구비서류로 맞는 것은?

① 건설기계 매매업 등록필증
② 건설기계보험증서
③ 건설기계등록증
④ 5천만 원 이상의 하자보증금예치증서 또는 보증보험증서

해설 매매업의 등록을 하고자 하는 자의 구비서류
㉠ 사무실의 소유권 또는 사용권이 있음을 증명하는 서류
㉡ 주기장소재지를 관할하는 시장 · 군수 · 구청장이 발급한 주기장시설보유확인서
㉢ 5천만 원 이상의 하자보증금예치증서 또는 보증보험증서

22. 건설기계를 조종할 때 적용받는 법령에 대한 설명으로 가장 적합한 것은?

① 건설기계관리법에 대한 적용만 받는다.
② 건설기계관리법 이외에 도로상을 운행할 때에는 도로교통법 중 일부를 적용받는다.
③ 건설기계관리법 및 자동차 관리법의 전체 적용을 받는다.
④ 도로교통법에 대한 적용만 받는다.

해설 건설기계를 조종할 때에는 건설기계관리법 이외에 도로상을 운행할 때에는 도로교통법 중 일부를 적용 받는다.

23. 건설기계 조종사 면허에 대한 설명 중 틀린 것은?

① 건설기계를 조종하려는 사람은 시 · 도지사에게 건설기계 조종사 면허를 받아야 한다.
② 건설기계 조종사 면허는 국토교통부령으로 정하는 바에 따라 건설기계의 종류별로 받아야 한다.
③ 건설기계 조종사 면허를 받으려는 사람은 국가기술자격법에 따른 해당 분야의 기술자격을 취득하고 적성검사에 합격하여야 한다.
④ 건설기계 조종사 면허증의 발급, 적성검사의 기준, 그 밖에 건설기계 조종사 면허에 필요한 사항은 대통령령으로 정한다.

해설 건설기계 조종사 면허증의 발급, 적성검사의 기준, 그 밖에 건설기계 조종사 면허에 필요한 사항은 국토교통부령으로 정한다.

24. 건설기계 조종사에 관한 설명 중 틀린 것은?

① 건설기계 조종사 면허의 효력정지 기간 중 건설기계를 조종한 때에는 시 · 도지사는 건설기계 조종사 면허를 취소하여야 한다.
② 건설기계 조종사 면허가 취소된 경우에는 그 사유가 발생한 날로부터 30일 이내에 주소지를 관할하는 시 · 도지사에게 그 면허증을 반납하여야 한다.

정답 20 ④ 21 ④ 22 ② 23 ④ 24 ②

③ 해당 건설기계 조종의 국가기술자격소지자가 건설기계 조종사 면허를 받지 않고 건설기계를 조종한 때에는 무면허이다.
④ 면허효력이 정지된 때에는 건설기계 조종사 면허증을 반납하여야 한다.

해설 건설기계 조종사 면허가 취소되었을 경우 그 사유가 발생한 날로부터 10일 이내에 면허증을 반납해야 한다.

25. 건설기계 조종사 면허의 결격사유에 해당되지 않는 것은?

① 마약 · 대마 · 향정신성 의약품 또는 알코올 중독자
② 정신질환자 또는 뇌전증환자
③ 파산자로서 복권되지 않은 사람
④ 18세 미만인 사람

26. 건설기계 조종사 면허증 발급신청 시 첨부하는 서류와 가장 거리가 먼 것은?

① 신체검사서
② 국가기술자격수첩
③ 주민등록표 등본
④ 소형건설기계 조종교육 이수증

해설 **면허증 발급신청할 때 첨부하는 서류**
㉠ 신체검사서
㉡ 소형건설기계 조종교육 이수증
㉢ 건설기계 조종사 면허증(건설기계 조종사 면허를 받은 자가 면허의 종류를 추가하고자 하는 때에 한한다)
㉣ 6개월 이내에 촬영한 탈모상반신 사진 2매
㉤ 국가기술자격증 정보(소형건설기계 조종사 면허증을 발급신청하는 경우는 제외한다)
㉥ 자동차운전면허 정보(3톤 미만의 지게차를 조종하려는 경우에 한정한다)

27. 건설기계 조종사의 국적변경이 있는 경우에는 그 사실이 발생한 날로부터 며칠 이내에 신고하여야 하는가?

① 2주 이내 ② 10일 이내
③ 20일 이내 ④ 30일 이내

해설 건설기계 조종사는 성명, 주민등록번호 및 국적의 변경이 있는 경우에는 그 사실이 발생한 날부터 30일 이내에 주소지를 관할하는 시 · 도지사에게 제출하여야 한다.

28. 도로교통법상 규정한 운전면허를 받아 조종할 수 있는 건설기계가 아닌 것은?

① 굴삭기
② 덤프트럭
③ 콘크리트펌프
④ 콘크리트믹서트럭

해설 제1종 대형 자동차 운전면허로 조종할 수 있는 건설기계는 덤프트럭, 아스팔트살포기, 노상안정기, 콘크리트믹서트럭, 콘크리트펌프, 트럭적재식 천공기이다.

29. 건설기계관리법상 소형건설기계에 포함되지 않는 것은?

① 3톤 미만의 굴삭기
② 5톤 미만의 불도저
③ 기중기
④ 공기압축기

해설 **소형건설기계의 종류** : 3톤 미만의 굴삭기, 3톤 미만의 로더, 3톤 미만의 지게차, 5톤 미만의 로더, 5톤 미만의 불도저, 콘크리트펌프(이동식으로 한정.) 5톤 미만의 천공기(트럭적재식은 제외), 공기압축기, 쇄석기 및 준설선, 3톤 미만의 타워크레인

정답 25 ③ 26 ③ 27 ④ 28 ① 29 ③

30. 해당 건설기계 운전의 국가기술자격소지자가 건설기계 조종 시 면허를 받지 않고 건설기계를 조종할 경우는?

① 무면허이다.
② 사고 발생 시에만 무면허이다.
③ 도로주행만 하지 않으면 괜찮다.
④ 면허를 가진 것으로 본다.

해설 해당 건설기계 운전의 국가기술자격소지자가 건설기계 조종 시 면허를 받지 않고 건설기계를 조종할 경우는 무면허이다.

31. 건설기계조종사의 적성검사 기준으로 가장 거리가 먼 것은?

① 두 눈을 동시에 뜨고 잰 시력이 0.7 이상이고, 두 눈의 시력이 각각 0.3 이상일 것
② 시각은 150° 이상일 것
③ 언어분별력이 80% 이상일 것
④ 교정시력의 경우는 시력이 2.0 이상일 것

해설 두 눈을 동시에 뜨고 잰 시력(교정시력을 포함한다. 이하 이 호에서 같다)이 0.7 이상이고 두 눈의 시력이 각각 0.3 이상일 것

32. 건설기계 조종사 면허를 취소하거나 정지시킬 수 있는 사유에 해당하지 않는 것은?

① 면허증을 타인에게 대여한 때
② 조종 중 과실로 중대한 사고를 일으킨 때
③ 면허를 부정한 방법으로 취득하였음이 밝혀졌을 때
④ 여행을 목적으로 1개월 이상 해외로 출국하였을 때

33. 건설기계 조종사 면허증의 반납사유에 해당하지 않는 것은?

① 면허가 취소된 때
② 면허의 효력이 정지된 때
③ 건설기계 조종을 하지 않을 때
④ 면허증의 재교부를 받은 후 잃어버린 면허증을 발견한 때

해설 면허가 취소된 때, 면허의 효력이 정지된 때, 면허증의 재교부를 받은 후 잃어버린 면허증을 발견한 때 등의 사유가 발생한 경우에는 10일 이내 시 · 도지사에게 반납한다.

34. 건설기계소유자에게 등록번호표 제작명령을 할 수 있는 기관의 장은?

① 국토교통부장관
② 행정안전부장관
③ 경찰청장
④ 시 · 도지사

해설 등록번호표 제작명령은 시 · 도지사가 한다.

35. 건설기계 등록번호표에 표시되지 않는 것은?

① 등록번호 ② 연식
③ 등록관청 ④ 기종

해설 건설기계 등록번호표에는 기종, 등록관청, 등록번호, 용도 등이 표시된다.

36. 건설기계 등록번호표에 대한 설명으로 틀린 것은?

① 굴삭기일 경우 기종별 기호표시는 02로 한다.
② 재질은 철판 또는 알루미늄판이 사용된다.
③ 모든 번호표의 규격은 동일하다.

정답 30 ① 31 ④ 32 ④ 33 ③ 34 ④ 35 ② 36 ③

④ 번호표에 표시되는 문자 및 외곽선은 1.5mm 튀어나와야 한다.

해설 등록번호표
㉠ 덤프트럭, 아스팔트살포기, 노상안정기, 콘크리트믹서트럭, 콘크리트펌프, 천공기(트럭적재식)의 번호표 재질은 알루미늄이다.
㉡ 덤프트럭, 콘크리트믹서트럭, 콘크리트펌프, 타워크레인의 번호표 규격은 가로 600mm, 세로 280mm이다.
㉢ 그 밖의 건설기계 번호표 규격은 가로 400mm, 세로 220mm이다.

37. 건설기계 등록번호표의 색칠 기준으로 틀린 것은?

① 자가용 : 녹색 판에 흰색문자
② 영업용 : 주황색 판에 흰색문자
③ 관용 : 흰색 판에 검은색문자
④ 수입용 : 적색 판에 흰색문자

해설 등록번호표의 색칠 기준
㉠ 자가용 : 녹색 판에 흰색문자
㉡ 영업용 : 주황색 판에 흰색문자
㉢ 관용 : 백색 판에 검은색문자
㉣ 임시운행 번호표 : 흰색 페인트 판에 검은색문자

38. 건설기계 등록번호표 중 영업용에 해당하는 것은?

① 5001~8999 ② 6001~8999
③ 9001~9999 ④ 1001~4999

해설 ㉠ 자가용 : 1001~4999
㉡ 영업용 : 5001~8999
㉢ 관용 : 9001~9999

39. 건설기계 등록번호표의 봉인이 떨어졌을 경우에 조치 방법으로 올바른 것은?

① 운전자가 즉시 수리한다.
② 관할 시 · 도지사에게 봉인을 신청한다.
③ 관할 검사소에 봉인을 신청한다.
④ 가까운 카센터에서 신속하게 봉인한다.

해설 건설기계 등록번호표의 봉인이 떨어졌을 경우에는 관할 시 · 도지사에게 봉인을 신청한다.

40. 다음 중 영업용 굴삭기를 나타내는 등록번호표는?

① 서울 02-6091 ② 인천 04-9589
③ 세종 07-2536 ④ 부산 08-5895

41. 건설기계 등록지를 변경한 때는 등록번호표를 시 · 도지사에게 며칠 이내에 반납하여야 하는가?

① 10일 이내 ② 15일 이내
③ 20일 이내 ④ 30일 이내

해설 건설기계 등록번호표는 10일 이내에 시 · 도지사에게 반납하여야 한다.

42. 우리나라에서 건설기계에 대한 정기검사를 실시하는 검사업무 대행기관은?

① 건설기계 정비업 협회
② 자동차 정비업 협회
③ 대한건설기계 안전관리원
④ 건설기계 협회

해설 우리나라에서 건설기계에 대한 정기검사를 실시하는 검사업무 대행기관은 대한건설기계 안전관리원이다.

43. 건설기계 검사의 종류가 아닌 것은?

① 예비검사 ② 신규등록검사
③ 정기검사 ④ 구조변경검사

해설 건설기계 검사의 종류에는 신규등록검사, 정기검사, 구조변경검사, 수시검사가 있다.

정답 37 ④ 38 ① 39 ② 40 ① 41 ① 42 ③ 43 ①

44. **건설기계관리법령상 건설기계를 검사유효기간이 끝난 후에 계속 운행하고자 할 때는 어느 검사를 받아야 하는가?**

① 계속검사 ② 신규등록검사
③ 수시검사 ④ 정기검사

해설 **정기검사** : 건설공사용 건설기계로서 3년의 범위에서 국토교통부령으로 정하는 검사유효기간이 끝난 후에 계속하여 운행하려는 경우에 실시하는 검사와 대기환경보전법 및 소음 · 진동관리법에 따른 운행차의 정기검사

45. **성능이 불량하거나 사고가 자주 발생하는 건설기계의 안전성 등을 점검하기 위하여 실시하는 검사와 건설기계 소유자의 신청을 받아 실시하는 검사는?**

① 예비검사 ② 구조변경검사
③ 수시검사 ④ 정기검사

해설 **수시검사** : 성능이 불량하거나 사고가 자주 발생하는 건설기계의 안전성 등을 점검하기 위하여 수시로 실시하는 검사와 건설기계 소유자의 신청을 받아 실시하는 검사

46. **정기검사대상 건설기계의 정기검사 신청기간으로 옳은 것은?**

① 건설기계의 정기검사 유효기간 만료일 전후 45일 이내에 신청한다.
② 건설기계의 정기검사 유효기간 만료일 전후 각각 30일 이내에 신청한다.
③ 건설기계의 정기검사 유효기간 만료일 전 90일 이내에 신청한다.
④ 건설기계의 정기검사 유효기간 만료일 후 60일 이내에 신청한다.

해설 정기검사대상 건설기계의 정기검사 신청기간은 건설기계의 정기검사 유효기간 만료일 전후 각각 30일 이내에 신청한다.

47. **건설기계의 정기검사 신청기간 내에 정기검사를 받은 경우, 다음 정기검사 유효기간의 산정 방법으로 옳은 것은?**

① 정기검사를 받은 날부터 기산한다.
② 정기검사를 받은 날의 다음 날부터 기산한다.
③ 종전 검사유효기간 만료일의 다음 날부터 기산한다.
④ 종전 검사유효기간 만료일부터 기산한다.

해설 건설기계 정기검사 신청기간 내에 정기검사를 받은 경우, 다음 정기검사 유효기간의 산정은 종전 검사유효기간 만료일의 다음 날부터 기산한다.

48. **정기검사 유효기간을 1개월 경과한 후에 정기검사를 받은 경우 다음 정기검사 유효기간 산정 기산일은?**

① 검사를 받은 날의 다음 날부터
② 검사를 신청한 날부터
③ 종전 검사유효기간 만료일의 다음 날부터
④ 종전 검사신청기간 만료일의 다음 날부터

해설 정기검사 유효기간을 1개월 경과한 후에 정기검사를 받은 경우 다음 정기검사 유효기간 산정 기산일은 검사를 받은 날의 다음 날부터이다.

49. **건설기계의 검사를 연장 받을 수 있는 기간을 잘못 설명한 것은?**

① 해외임대를 위하여 일시 반출된 경우 : 반출기간 이내
② 압류된 건설기계의 경우 : 압류기간 이내

정답 44 ④ 45 ③ 46 ② 47 ③ 48 ① 49 ④

③ 건설기계 대여업을 휴지한 경우 : 사업의 개시신고를 하는 때까지
④ 장기간 수리가 필요한 경우 : 소유자가 원하는 기간

50. **건설기계의 정기검사 연기 사유에 해당되지 않는 것은?**

① 건설기계의 도난
② 7일 이내의 건설기계 정비
③ 건설기계의 사고 발생
④ 천재지변

해설 **정기검사 연기 사유** : 천재지변, 건설기계의 도난, 사고 발생, 압류, 1월 이상에 걸친 정비, 그 밖의 부득이한 사유로 검사신청기간 내에 검사를 신청할 수 없는 경우

51. **다음 중 (㉮), (㉯) 안에 들어갈 말은?**

시 · 도지사는 정기검사를 받지 아니한 건설기계의 소유자에게 유효기간이 끝난 날부터 (㉮) 이내에 국토교통부령으로 정하는 바에 따라 (㉯) 이내의 기한을 정하여 정기검사를 받을 것을 최고하여야 한다.

① ㉮ 1개월, ㉯ 3일
② ㉮ 3개월, ㉯ 10일
③ ㉮ 6개월, ㉯ 30일
④ ㉮ 12개월, ㉯ 60일

해설 시 · 도지사는 정기검사를 받지 아니한 건설기계의 소유자에게 유효기간이 끝난 날부터 3개월 이내에 국토교통부령으로 정하는 바에 따라 10일 이내의 기한을 정하여 정기검사를 받을 것을 최고하여야 한다.

52. **검사소 이외의 장소에서 출장검사를 받을 수 있는 건설기계에 해당하는 것은?**

① 덤프트럭
② 콘크리트믹서트럭
③ 아스팔트살포기
④ 타이어형굴삭기

해설 검사소에서 검사를 받아야 하는 건설기계는 덤프트럭, 콘크리트믹서트럭, 트럭적재식 콘크리트펌프, 아스팔트살포기 등이다.

53. **건설기계의 출장검사가 허용되는 경우가 아닌 것은?**

① 도서지역에 있는 건설기계
② 너비가 2.0미터를 초과하는 건설기계
③ 최고속도가 시간당 35킬로미터 미만인 건설기계
④ 자체중량이 40톤을 초과하거나 축중이 10톤을 초과하는 건설기계

해설 출장검사를 받을 수 있는 경우
㉠ 도서지역에 있는 경우
㉡ 자체중량이 40ton 이상 또는 축중이 10ton 이상인 경우
㉢ 너비가 2.5m 이상인 경우
㉣ 최고속도가 시간당 35km 미만인 경우

54. **건설기계관리법령상 정기검사 유효기간이 3년인 건설기계는?**

① 덤프트럭
② 콘크리트믹서트럭
③ 트럭적재식 콘크리트펌프
④ 무한궤도식 굴삭기

해설 무한궤도식 굴삭기의 정기검사 유효기간은 3년이다.

정답 50 ② 51 ② 52 ④ 53 ② 54 ④

55. 타이어형 굴삭기의 정기검사 유효기간으로 옳은 것은?

① 3년 ② 4년 ③ 1년 ④ 2년

해설 타이어형 굴삭기의 정기검사 유효기간은 1년이다.

56. 건설기계의 정기검사 유효기간이 1년이 되는 것은 신규등록일로부터 몇 년 이상 경과되었을 때인가?

① 5년 ② 10년 ③ 15년 ④ 20년

해설 건설기계의 정기검사 유효기간이 1년이 되는 것은 신규등록일로부터 20년 이상 경과되었을 때이다.

57. 건설기계 정기검사를 연기하는 경우 그 연장기간은 몇 월 이내로 하여야 하는가?

① 1월 이내 ② 2월 이내
③ 3월 이내 ④ 6월 이내

해설 정기검사를 연기하는 경우 그 연장기간은 6개월 이내로 한다.

58. 건설기계의 정비명령은 누구에게 하여야 하는가?

① 해당 건설기계 운전자
② 해당 건설기계 검사업자
③ 해당 건설기계 정비업자
④ 해당 건설기계 소유자

해설 정비명령은 검사에 불합격한 해당 건설기계 소유자에게 한다.

59. 정기검사에 불합격한 건설기계의 정비명령 기간으로 옳은 것은?

① 3개월 이내 ② 4개월 이내
③ 5개월 이내 ④ 6개월 이내

해설 정비명령 기간은 6개월 이내이다.

60. 건설기계의 제동장치에 대한 정기검사를 면제받고자 하는 경우 첨부하여야 하는 서류는?

① 건설기계 매매업 신고서
② 건설기계 대여업 신고서
③ 건설기계 제동장치 정비확인서
④ 건설기계 폐기업 신고서

해설 제동장치의 정기검사를 면제받고자 하는 경우에는 건설기계 제동장치 정비확인서를 첨부하여야 한다.

61. 건설기계의 제동장치에 대한 정기검사를 면제받기 위한 건설기계 제동장치정비 확인서를 발행받을 수 있는 곳은?

① 건설기계대여회사
② 건설기계정비업자
③ 건설기계부품업자
④ 건설기계매매업자

해설 제동장치정비 확인서는 건설기계정비업자가 발행한다.

62. 건설기계관리법령상 건설기계의 구조를 변경할 수 있는 범위에 해당되는 것은?

① 원동기의 형식변경
② 건설기계의 기종변경
③ 육상작업용 건설기계의 규격을 증가시키기 위한 구조변경
④ 육상작업용 건설기계의 적재함 용량을 증가시키기 위한 구조변경

해설 건설기계의 구조변경을 할 수 없는 경우
㉠ 건설기계의 기종변경
㉡ 육상작업용 건설기계의 규격을 증가시키기 위한 구조변경

정답 55 ③ 56 ④ 57 ④ 58 ④ 59 ④ 60 ③ 61 ② 62 ①

ⓒ 육상작업용 건설기계의 적재함 용량을 증가시키기 위한 구조변경

63. **건설기계정비업의 업종구분에 해당하지 않는 것은?**

① 종합건설기계정비업
② 부분건설기계정비업
③ 전문건설기계정비업
④ 특수건설기계정비업

해설 건설기계정비업의 구분에는 종합건설기계정비업, 부분건설기계정비업, 전문건설기계정비업 등이 있다.

64. **건설기계소유자가 건설기계의 정비를 요청하여 그 정비가 완료된 후 장기간 해당 건설기계를 찾아가지 아니하는 경우, 정비사업자가 할 수 있는 조치사항은?**

① 건설기계를 말소시킬 수 있다.
② 건설기계의 보관 · 관리에 드는 비용을 받을 수 있다.
③ 건설기계의 폐기인수증을 발부할 수 있다.
④ 과태료를 부과할 수 있다.

해설 건설기계소유자가 정비업소에 건설기계 정비를 의뢰한 후 정비업자로부터 정비완료통보를 받고 5일 이내에 찾아가지 않을 때 보관 · 관리비용을 지불하여야 한다.

65. **건설기계의 형식에 관한 승인을 얻거나 그 형식을 신고한 자의 사후관리 사항으로 틀린 것은?**

① 사후관리 기간 내일지라도 취급설명서에 따라 관리하지 아니함으로 인하여 발생한 고장 또는 하자는 유상으로 정비하거나 부품을 공급할 수 있다.
② 건설기계를 판매한 날부터 12개월 동안 무상으로 건설기계의 정비 및 정비에 필요한 부품을 공급하여야 한다.
③ 주행거리가 2만 킬로미터를 초과하거나 가동시간이 2천 시간을 초과하여도 12개월 이내면 무상으로 사후관리하여야 한다.
④ 사후관리 기간 내일지라도 정기적으로 교체하여야 하는 부품 또는 소모성 부품에 대하여는 유상으로 공급할 수 있다.

해설 12개월 이내에 건설기계의 주행거리가 20,000km(원동기 및 차동장치의 경우에는 40,000km)를 초과하거나 가동시간이 2,000시간을 초과한 때에는 12개월이 경과한 것으로 본다.

66. **건설기계운전 면허의 효력정지 사유가 발생한 경우, 건설기계관리법상 효력정지 기간으로 옳은 것은?**

① 1년 이내 ② 6월 이내
③ 5년 이내 ④ 3년 이내

해설 건설기계운전 면허의 효력정지 사유가 발생한 경우, 건설기계관리법상 효력정지 기간은 1년 이내이다.

67. **건설기계의 조종 중에 고의 또는 과실로 가스공급시설을 손괴할 경우 조종사 면허의 처분기준은?**

① 면허효력정지 10일
② 면허효력정지 15일
③ 면허효력정지 25일
④ 면허효력정지 180일

해설 건설기계를 조종 중에 고의 또는 과실로 가스공급시설을 손괴한 경우 면허효력정지 180일이다.

정답 63 ④ 64 ② 65 ③ 66 ① 67 ④

68. **건설기계 운전자가 조종 중 고의로 인명피해를 입히는 사고를 일으켰을 때 면허의 처분기준은?**

① 면허취소
② 면허효력정지 30일
③ 면허효력정지 20일
④ 면허효력정지 10일

해설 **인명 피해에 따른 면허취소 사유**
㉠ 고의로 인명피해(사망 · 중상 · 경상 등)를 입힌 경우
㉡ 과실로 3명 이상을 사망하게 한 경우
㉢ 과실로 7명 이상에게 중상을 입힌 경우
㉣ 과실로 19명 이상에게 경상을 입힌 경우

69. **건설기계 조종 중에 과실로 사망 1명의 인명피해를 입힌 때 조종사면허 처분기준은?**

① 면허취소
② 면허효력정지 60일
③ 면허효력정지 45일
④ 면허효력정지 30일

해설 **인명 피해에 따른 면허정지 기간**
㉠ 사망 1명마다 : 면허효력정지 45일
㉡ 중상 1명마다 : 면허효력정지 15일
㉢ 경상 1명마다 : 면허효력정지 5일

70. **등록되지 아니한 건설기계를 사용하거나 운행한 자에 대한 벌칙은?**

① 50원 이하의 벌금
② 100원 이하의 벌금
③ 1년 이하의 징역 또는 100원 이하의 벌금
④ 2년 이하의 징역 또는 2천만 원 이하의 벌금

해설 미등록 건설기계를 사용하거나 등록이 말소된 건설기계를 운행하면 2년 이하의 징역 또는 2천만 원 이하의 벌금

71. **건설기계 조종사 면허를 받지 아니하고 건설기계를 조종한 자에 대한 벌칙 기준은?**

① 2년 이하의 징역 또는 1천만 원 이하의 벌금
② 1년 이하의 징역 또는 1천만 원 이하의 벌금
③ 200만 원 이하의 벌금
④ 100만 원 이하의 벌금

해설 건설기계 조종사 면허를 받지 아니하고 건설기계를 조종한 자는 1년 이하의 징역 또는 1천만 원 이하의 벌금

72. **건설기계 조종사 면허가 취소된 상태로 건설기계를 계속하여 조종한 자에 대한 벌칙은?**

① 2년 이하의 징역 또는 1000만 원 이하의 벌금
② 1년 이하의 징역 또는 1000만 원 이하의 벌금
③ 200만 원 이하의 벌금
④ 100만 원 이하의 벌금

해설 건설기계 조종사 면허가 취소되거나 건설기계 조종사 면허의 효력정지처분을 받은 후에도 건설기계를 계속하여 조종한 자는 1년 이하의 징역 또는 1천만 원 이하의 벌금

73. **건설기계관리법령상 건설기계의 소유자가 건설기계를 도로나 타인의 토지에 계속 버려 두어 방치한 자에 대해 적용하는 벌칙은?**

① 1000만 원 이하의 벌금
② 2000만 원 이하의 벌금

정답 68 ① 69 ③ 70 ④ 71 ② 72 ② 73 ③

③ 1년 이하의 징역 또는 1천만 원 이하의 벌금
④ 2년 이하의 징역 또는 2천만 원 이하의 벌금

해설 건설기계를 도로나 타인의 토지에 버려 둔 자는 1년 이하의 징역 또는 1000만 원 이하의 벌금

74. 폐기요청을 받은 건설기계를 폐기하지 아니하거나 등록번호표를 폐기하지 아니한 자에 대한 벌칙은?

① 2년 이하의 징역 또는 2천만 원 이하의 벌금
② 1년 이하의 징역 또는 1천만 원 이하의 벌금
③ 2백만 원 이하의 벌금
④ 1백만 원 이하의 벌금

해설 폐기요청을 받은 건설기계를 폐기하지 아니하거나 등록번호표를 폐기하지 아니한 자는 1년 이하의 징역 또는 1천만 원 이하의 벌금

75. 건설기계관리법령상 구조변경검사를 받지 아니한 자에 대한 처벌은?

① 100만 원 이하의 벌금
② 150만 원 이하의 벌금
③ 200만 원 이하의 벌금
④ 250만 원 이하의 벌금

해설 구조변경검사 또는 수시검사를 받지 아니한 자는 100만 원 이하의 벌금

76. 건설기계관리법상 건설기계가 국토교통부장관이 실시하는 검사에 불합격하여 정비명령을 받았음에도 불구하고, 건설기계 소유자가 이 명령을 이행하지 않았을 때의 벌칙은?

① 500만 원 이하의 벌금
② 1000만 원 이하의 벌금
③ 300만 원 이하의 벌금
④ 100만 원 이하의 벌금

해설 정비명령을 이행하지 아니한 자는 100만 원 이하의 벌금

77. 건설기계관리법령상 국토교통부령으로 정하는 바에 따라 등록번호표를 부착 및 봉인하지 않은 건설기계를 운행하여서는 아니 된다. 이를 1차 위반했을 경우의 과태료는? (단, 임시번호표를 부착한 경우는 제외한다.)

① 5만 원 ② 10만 원
③ 50만 원 ④ 100만 원

해설 등록번호표를 부착 및 봉인하지 아니한 건설기계를 운행한 자는 100만 원 이하의 과태료

78. 건설기계를 주택가 주변에 세워 두어 교통소통을 방해하거나 소음 등으로 주민의 생활환경을 침해한 자에 대한 벌칙은?

① 200만 원 이하의 벌금
② 100만 원 이하의 벌금
③ 100만 원 이하의 과태료
④ 50만 원 이하의 과태료

해설 주택가 주변에 세워 두어 교통소통을 방해하거나 소음 등으로 주민의 생활환경을 침해한 자는 50만 원 이하의 과태료

79. 정기검사 신청기간 만료일부터 30일을 초과하여 건설기계 정기검사를 받은 경우의 과태료는 얼마인가?

① 1만 원 ② 2만 원 ③ 3만 원 ④ 5만 원

해설 정기검사 신청기간 만료일부터 30일을 초과하여 건설기계 정기검사를 받은 경우의 과태료는 2만 원

정답 74 ② 75 ① 76 ④ 77 ④ 78 ④ 79 ②

80. **건설기계 등록번호표를 가리거나 훼손하여 알아보기 곤란하게 한 자 또는 그러한 건설기계를 운행한 자에게 부과하는 과태료로 옳은 것은?**

① 50만 원 이하
② 100만 원 이하
③ 300만 원 이하
④ 1000만 원 이하

해설 등록번호표를 가리거나 훼손하여 알아보기 곤란하게 한 자 또는 그러한 건설기계를 운행한 자는 100만 원 이하의 과태료

81. **과태료 처분에 대하여 불복이 있는 자는 그 처분의 고지를 받은 날로부터 며칠 이내에 이의를 제기하여야 하는가?**

① 5일 ② 10일 ③ 20일 ④ 30일

해설 과태료 처분에 대하여 불복이 있는 자는 그 처분의 고지를 받은 날로부터 30일 이내에 이의를 제기하여야 한다.

82. **대형건설기계의 특별표지 중 경고표지판 부착 위치는?**

① 작업인부가 쉽게 볼 수 있는 곳
② 조종실 내부의 조종사가 보기 쉬운 곳
③ 교통경찰이 쉽게 볼 수 있는 곳
④ 특별 번호판 옆

해설 경고표지판은 조종실 내부의 조종사가 보기 쉬운 곳에 부착한다.

83. **건설기계관리법령상 특별표지판을 부착하여야 할 건설기계의 범위에 해당하지 않는 것은?**

① 높이가 4미터를 초과하는 건설기계
② 길이가 10미터를 초과하는 건설기계
③ 총중량이 40톤을 초과하는 건설기계
④ 최소회전반경이 12미터를 초과하는 건설기계

해설 **특별표지판 부착대상 건설기계** : 길이가 16.7m 이상인 경우, 너비가 2.5m 이상인 경우, 최소회전반경이 12m 이상인 경우, 높이가 4m 이상인 경우, 총중량이 40톤 이상인 경우, 축하중이 10톤 이상인 경우

84. **타이어식 굴삭기의 최고속도가 최소 몇 km/h 이상일 경우에 조종석 안전띠를 갖추어야 하는가?**

① 30km/h ② 40km/h
③ 50km/h ④ 60km/h

해설 30km/h 이상의 속도를 낼 수 있는 타이어식 건설기계에는 좌석안전띠를 설치해야 한다.

85. **건설기계관리법에 따라 최고주행속도 15km/h 미만의 타이어식 건설기계가 필히 갖추어야 할 조명장치가 아닌 것은?**

① 전조등
② 후부반사기
③ 비상점멸 표시등
④ 제동등

해설 최고속도 15km/h 미만 타이어식 건설기계에 갖추어야 하는 조명장치는 전조등, 후부반사기, 제동등이다.

86. **건설기계 운전중량 산정 시 조종사 1명의 체중으로 맞는 것은?**

① 50kg ② 55kg
③ 60kg ④ 65kg

해설 운전중량을 산정할 때 조종사 1명의 체중은 65kg으로 한다.

정답 80 ② 81 ④ 82 ② 83 ② 84 ① 85 ③ 86 ④

제 2 장 도로교통법

2-1 도로교통법의 목적

도로에서 일어나는 교통상의 모든 위험과 장해를 방지하고 제거하여 안전하고 원활한 교통을 확보함을 목적으로 한다.

2-2 안전표지의 종류

교통안전표지의 종류에는 주의표지, 규제표지, 지시표지, 보조표지, 노면표시 등이 있다.

(1) 주의표지

도로상태가 위험하거나 도로 또는 그 부근에 위험물이 있는 경우에 필요한 안전조치를 할 수 있도록 이를 도로사용자에게 알리는 표지

(2) 규제표지

도로교통의 안전을 위하여 각종 제한 · 금지 등의 규제를 하는 경우에 이를 도로사용자에게 알리는 표지

(3) 지시표지

도로의 통행방법 · 통행구분 등 도로교통의 안전을 위하여 필요한 지시를 하는 경우에 도로사용자가 이를 따르도록 알리는 표지

(4) 보조표지

주의표지 · 규제표지 또는 지시표지의 주기능을 보충하여 도로사용자에게 알리는 표지

(5) 노면표시

① 도로교통의 안전을 위하여 각종 주의 · 규제 · 지시 등의 내용을 노면에 기호 · 문자 또는 선으로 도로사용자에게 알리는 표시

② 노면표시에 사용되는 각종 선에서 점선은 허용, 실선은 제한, 복선은 의미의 강조를 나타낸다.

③ 노면표시의 색채의 기준

㈎ 황색 : 중앙선표시, 노상장애물 중 도로중앙장애물표시, 주차금지표시, 정차 · 주차금지표시 및 안전지대표시(반대방향의 교통류분리 또는 도로이용의 제한 및 지시)

㈏ 청색 : 버스전용차로표시 및 다인승차량 전용차선표시(지정방향의 교통류 분리 표시)

㈐ 적색 : 어린이보호구역 또는 주거지역 안에 설치하는 속도제한표시의 테두리선

㈑ 백색 : ㈎ 내지 ㈐에서 지정된 외의 표시(동일방향의 교통류 분리 및 경계표시)

2-3 이상 기후일 경우의 운행속도

도로의 상태	감속운행속도
• 비가 내려 노면에 습기가 있는 때 • 눈이 20mm 미만 쌓인 때	최고속도의 20/100
• 폭우 · 폭설 · 안개 등으로 가시거리가 100m 이내인 때 • 노면이 얼어붙는 때 • 눈이 20mm 이상 쌓인 때	최고속도의 50/100

2-4 앞지르기 금지장소

앞지르기 금지장소는 교차로, 도로의 구부러진 곳, 비탈길의 고갯마루 부근, 가파른 비탈길의 내리막, 터널 안, 다리 위 등이다.

2-5 주차 및 정차 금지장소

① 화재경보기로부터 3m 이내의 곳
② 교차로의 가장자리 또는 도로의 모퉁이로부터 5m 이내의 곳
③ 횡단보도로부터 10m 이내의 곳
④ 버스여객 자동차의 정류소를 표시하는 기둥이나 판 또는 선이 설치된 곳으로부터 10m 이내의 곳
⑤ 건널목의 가장자리로부터 10m 이내의 곳
⑥ 안전지대가 설치된 도로에서 그 안전지대의 사방으로부터 각각 10m 이내의 곳

2-6 교통사고 발생 후 벌점

① 사망 1명마다 90점(사고발생으로부터 72시간 내에 사망한 때)
② 중상 1명마다 15점(3주 이상의 치료를 요하는 의사의 진단이 있는 사고)
③ 경상 1명마다 5점(3주 미만 5일 이상의 치료를 요하는 의사의 진단이 있는 사고)
④ 부상신고 1명마다 2점(5일 미만의 치료를 요하는 의사의 진단이 있는 사고)

굴삭기 운전기능사

출제 예상 문제

01. 도로교통법의 제정목적을 바르게 나타낸 것은?

① 도로 운송사업의 발전과 운전자들의 권익을 보호하기 위함이다.
② 도로에서 일어나는 교통상의 모든 위험과 장해를 방지하고 제거하여 안전하고 원활한 교통을 확보하기 위함이다.
③ 건설기계의 제작, 등록, 판매, 관리 등의 안전을 확보하기 위함이다.
④ 도로상의 교통사고로 인한 신속한 피해회복과 편익을 증진하기 위함이다.

해설 **도로교통법의 제정목적** : 도로에서 일어나는 교통상의 모든 위험과 장해를 방지하고 제거하여 안전하고 원활한 교통을 확보하기 위함이다.

02. 도로교통법상 도로에 해당되지 않는 것은?

① 유료도로법에 의한 유료도로
② 차마의 통행을 위한 도로
③ 해상도로법에 의한 항로
④ 도로법에 의한 도로

해설 **도로교통법상의 도로** : 도로법에 따른 도로, 유료도로법에 따른 유료도로, 농어촌도로 정비법에 따른 농어촌도로

03. 자동차전용도로의 정의로 가장 적합한 것은?

① 자동차 고속주행의 교통에만 이용되는 도로이다.
② 보도와 차도의 구분이 없는 도로이다.
③ 보도와 차도의 구분이 있는 도로이다.
④ 자동차만 다닐 수 있도록 설치된 도로이다.

04. 도로교통법에서 안전지대의 정의에 관한 설명으로 옳은 것은?

① 버스정류장 표지가 있는 장소
② 자동차가 주차할 수 있도록 설치된 장소
③ 도로를 횡단하는 보행자나 통행하는 차마의 안전을 위하여 안전표지 등으로 표시된 도로의 부분
④ 사고가 잦은 장소에 보행자의 안전을 위하여 설치한 장소

해설 안전지대는 도로를 횡단하는 보행자나 통행하는 차마의 안전을 위하여 안전표지 등으로 표시된 도로의 부분을 말한다.

05. 도로교통법상 정차의 정의에 해당하는 것은?

① 차량이 10분을 초과하여 정지하는 것을 말한다.
② 차량이 화물을 싣기 위하여 계속 정지하는 상태를 말한다.
③ 운전자가 5분을 초과하지 않고 차량을 정지시키는 것으로 주차 이외의 정지 상태를 말한다.
④ 운전자가 식사하기 위하여 차고에 세워둔 것을 말한다.

해설 정차란 운전자가 5분을 초과하지 아니하고 차

정답 01 ② 02 ③ 03 ④ 04 ③ 05 ③

량을 정지시키는 것으로서 주차 이외의 정지 상태이다.

06. 도로교통법상 건설기계를 운전하여 도로를 주행할 때 서행에 대한 정의로 옳은 것은?

① 매시 60km 미만의 속도로 주행하는 것을 말한다.
② 운전자가 차를 즉시 정지시킬 수 있는 느린 속도로 진행하는 것을 말한다.
③ 정지거리 10m 이내에서 정지할 수 있는 경우를 말한다.
④ 매시 20km 이내로 주행하는 것을 말한다.

해설 '서행(徐行)'이란 운전자가 차를 즉시 정지시킬 수 있는 정도의 느린 속도로 진행하는 것이다.

07. 도로교통법상 앞차와의 안전거리에 대한 설명으로 가장 적합한 것은?

① 일반적으로 5m 이상이다.
② 5~10m 정도이다.
③ 평균 30m 이상이다.
④ 앞차가 갑자기 정지할 경우 충돌을 피할 수 있는 거리이다.

해설 안전거리란 앞 차량이 갑자기 정지하였을 때 충돌을 피할 수 있는 거리이다.

08. 도로교통법상 차로에 대한 설명으로 틀린 것은?

① 차로는 횡단보도나 교차로에는 설치할 수 없다.
② 차로의 너비는 원칙적으로 3미터 이상으로 하여야 한다.
③ 일반적인 차로(일방통행도로 제외)의 순위는 도로의 중앙선 쪽에 있는 차로부터 1차로로 한다.
④ 차로의 너비보다 넓은 건설기계는 별도의 신청절차가 필요 없이 경찰청에 전화로 통보만 하면 운행할 수 있다.

해설 **차로에 대한 설명**
㉠ 지방경찰청장은 도로에 차로를 설치하고자 하는 때에는 노면표시로 표시하여야 한다.
㉡ 차로의 너비는 3m 이상으로 하여야 한다. 다만, 좌회전전용차로의 설치 등 부득이하다고 인정되는 때에는 275cm 이상으로 할 수 있다.
㉢ 차로는 횡단보도 · 교차로 및 철길건널목에는 설치할 수 없다.
㉣ 보도와 차도의 구분이 없는 도로에 차로를 설치하는 때에는 보행자가 안전하게 통행할 수 있도록 그 도로의 양쪽에 길가장자리구역을 설치하여야 한다.

09. 도로교통법상 모든 차량의 운전자가 반드시 서행하여야 하는 장소에 해당하지 않는 것은?

① 편도 2차로 이상의 다리 위
② 비탈길 고갯마루 부근
③ 도로가 구부러진 부분
④ 가파른 비탈길의 내리막

해설 **서행하여야 할 장소** : 교통정리를 하고 있지 아니하는 교차로, 도로가 구부러진 부근, 비탈길의 고갯마루 부근, 가파른 비탈길의 내리막

10. 그림의 교통안전표지는 무엇인가?

① 차간거리 최저 50m이다.
② 차간거리 최고 50m이다.
③ 최저속도 제한표지이다.
④ 최고속도 제한표지이다.

정답 06 ② 07 ④ 08 ④ 09 ① 10 ④

11. 도로교통법령상 교통안전 표지의 종류를 올바르게 나열한 것은?

① 주의, 규제, 지시, 안내, 교통표지로 되어 있다.
② 주의, 규제, 지시, 보조, 노면표시로 되어 있다.
③ 주의, 규제, 지시, 안내, 보조표지로 되어 있다.
④ 주의, 규제, 안내, 보조, 통행표지로 되어 있다.

해설 교통안전 표지는 주의, 규제, 지시, 보조, 노면표시로 되어 있다.

12. 교통안전표지에 대한 설명으로 옳은 것은?

① 최고시속 30킬로미터 속도제한 표시
② 최저시속 30킬로미터 속도제한 표시
③ 최고중량 제한표시
④ 차간거리 최저 30m 제한표지

13. 그림과 같은 교통안전표지의 뜻은?

① 회전형 교차로가 있음을 알리는 것
② 철길건널목이 있음을 알리는 것
③ 좌합류 도로가 있음을 알리는 것
④ 좌로 계속 굽은 도로가 있음을 알리는 것

14. 그림과 같은 교통안전표지의 뜻은?

① 좌합류 도로가 있음을 알리는 것
② 좌로 굽은 도로가 있음을 알리는 것
③ 우합류 도로가 있음을 알리는 것
④ 철길건널목이 있음을 알리는 것

15. 그림의 교통안전표지는?

① 좌 · 우회전 표지
② 좌 · 우회전 금지표지
③ 양측방 일방통행 표지
④ 양측방 통행금지 표지

16. 그림의 교통안전표지로 맞는 것은?

① 우로 이중 굽은 도로
② 좌우로 이중 굽은 도로
③ 좌로 굽은 도로
④ 회전형 교차로

17. 그림과 같은 교통표지의 설명으로 맞는 것은?

① 좌로 일방통행 표지이다.
② 우로 일반통행 표지이다.
③ 일단정지 표지이다.
④ 진입금지 표지이다.

정답 11 ② 12 ② 13 ① 14 ③ 15 ① 16 ② 17 ④

18. 그림과 같은 교통표지의 설명으로 맞는 것은?

① 유턴금지 표지 ② 횡단금지 표지
③ 좌회전 표지 ④ 회전 표지

19. 그림과 같은 교통표지의 설명으로 맞는 것은?

① 차중량 제한 표지
② 차간거리 최저 30미터 제한 표지
③ 차 높이 제한 표지
④ 최저시속 55킬로미터 속도제한 표시

20. 신호등의 설치 높이로 옳은 것은?

① 4.5m 이상 ② 2.5m 이상
③ 1.5m 이상 ④ 0.5미터 이상

해설 **신호등면의 설치높이** : 측주식의 횡형(내민 방식 : mast arm mounted), 현수방식(span wire mounted), 문형식 등은 신호등면의 하단이 차도의 노면으로부터 수직으로 450cm 이상의 높이에 위치하는 것을 원칙으로 한다.

21. 신호등에 녹색 등화 시 차마의 통행 방법으로 틀린 것은?

① 차마는 다른 교통에 방해되지 않을 때에 천천히 우회전할 수 있다.
② 차마는 직진할 수 있다.
③ 차마는 비보호 좌회전 표시가 있는 곳에서는 언제든지 좌회전을 할 수 있다.
④ 차마는 좌회전을 하여서는 아니 된다.

해설 비보호 좌회전 표시지역에서는 녹색 등화에서만 좌회전을 할 수 있다.

22. 건설기계를 운전하여 교차로 전방 20m 지점에 이르렀을 때 황색등화로 바뀌었을 경우 운전자의 조치 방법은?

① 일시 정지하여 안전을 확인하고 진행한다.
② 정지할 조치를 취하여 정지선에 정지한다.
③ 그대로 계속 진행한다.
④ 주위의 교통에 주의하면서 진행한다.

23. 정지선이나 횡단보도 및 교차로 직전에서 정지하여야 할 신호의 종류로 옳은 것은?

① 녹색 및 황색등화
② 황색등화의 점멸
③ 황색 및 적색등화
④ 녹색 및 적색등화

해설 정지선이나 횡단보도 및 교차로 직전에서 정지하여야 할 신호는 황색 및 적색등화이다.

24. 좌회전을 하기 위하여 교차로에 진입되어 있을 때 황색등화로 바뀌면 어떻게 하여야 하는가?

① 정지하여 정지선으로 후진한다.
② 그 자리에 정지하여야 한다.
③ 신속히 좌회전하여 교차로 밖으로 진행한다.
④ 좌회전을 중단하고 횡단보도 앞 정지선까지 후진하여야 한다.

해설 좌회전을 하기 위하여 교차로에 진입되어 있을 때 황색등화로 바뀌면 신속히 좌회전하여 교차로 밖으로 진행한다.

정답 18 ① 19 ① 20 ① 21 ③ 22 ② 23 ③ 24 ③

25. 다른 교통 또는 안전표지의 표시에 주의하면서 진행할 수 있는 신호로 가장 적합한 것은?

① 적색 X표 표시의 등화
② 황색등화 점멸
③ 적색의 등화
④ 녹색 화살표시의 등화

해설 황색등화 점멸은 다른 교통에 주의하며 방해되지 않게 진행할 수 있는 신호이다.

26. 교차로에서 직진하고자 신호대기 중에 있는 차량이 진행신호를 받고 가장 안전하게 통행하는 방법은?

① 진행권리가 부여되었으므로 좌우의 진행차량에는 구애받지 않는다.
② 직진이 최우선이므로 진행신호에 무조건 따른다.
③ 신호와 동시에 출발하면 된다.
④ 좌우를 살피며 계속 보행 중인 보행자와 진행하는 교통의 흐름에 유의하여 진행한다.

27. 다음 ( ) 안에 들어갈 알맞은 말은?

도로를 통행하는 차마의 운전자는 교통안전시설이 표시하는 신호 또는 지시와 교통정리를 위한 경찰공무원 등의 신호 또는 지시가 다른 경우에는 (㉮)의 (㉯)에 따라야 한다.

① ㉮-운전자, ㉯-판단
② ㉮-교통안전시설, ㉯-신호 또는 지시
③ ㉮-경찰공무원, ㉯-신호 또는 지시
④ ㉮-교통신호, ㉯-신호

28. 고속도로를 제외한 도로에서 위험을 방지하고 교통의 안전과 원활한 소통을 확보하기 위하여 필요 시 구역 또는 구간을 지정하여 자동차의 속도를 제한할 수 있는 자는?

① 경찰서장
② 국토교통부장관
③ 지방경찰청장
④ 도로교통 공단 이사장

해설 지방경찰청장은 도로에서 위험을 방지하고 교통의 안전과 원활한 소통을 확보하기 위하여 필요하다고 인정하는 때에 구역 또는 구간을 지정하여 자동차의 속도를 제한할 수 있다.

29. 도로교통법상 폭우 · 폭설 · 안개 등으로 가시거리가 100m 이내일 때 최고속도의 감속으로 옳은 것은?

① 20% ② 50% ③ 60% ④ 80%

해설 최고속도의 50%를 감속하여 운행하여야 할 경우 : 노면이 얼어붙은 때, 폭우 · 폭설 · 안개 등으로 가시거리가 100미터 이내일 때, 눈이 20mm 이상 쌓인 때

30. 앞지르기 금지장소가 아닌 것은?

① 터널 안, 앞지르기 금지표지 설치장소
② 버스정류장 부근, 주차금지 구역
③ 경사로의 정상부근, 급경사로의 내리막
④ 교차로, 도로의 구부러진 곳

해설 앞지르기 금지장소 : 교차로, 도로의 구부러진 곳, 터널 내, 다리 위, 경사로의 정상부근, 급경사로의 내리막, 앞지르기 금지표지 설치장소

31. 도로교통법에 따라 뒤 차량에게 앞지르기를 시키려는 때 적절한 신호 방법은?

정답 25 ② 26 ④ 27 ③ 28 ③ 29 ② 30 ②

① 오른팔 또는 왼팔을 차체의 왼쪽 또는 오른쪽 밖으로 수평으로 펴서 손을 앞, 뒤로 흔들 것
② 팔을 차체 밖으로 내어 45도 밑으로 펴서 손바닥을 뒤로 향하게 하여 그 팔을 앞, 뒤로 흔들거나 후진등을 켤 것
③ 팔을 차체 밖으로 내어 45도 밑으로 펴거나 제동등을 켤 것
④ 양팔을 모두 차체의 밖으로 내어 크게 흔들 것

해설 뒤 차량에게 앞지르기를 시키려는 때에는 오른팔 또는 왼팔을 차체의 왼쪽 또는 오른쪽 밖으로 수평으로 펴서 손을 앞, 뒤로 흔들 것

32. 다음 중 차로의 순위(일방통행도로는 제외)는?

① 도로의 중앙 좌측으로부터 1차로로 한다.
② 도로의 중앙선으로부터 1차로로 한다.
③ 도로의 우측으로부터 1차로로 한다.
④ 도로의 좌측으로부터 1차로로 한다.

해설 차로의 순위(일방통행도로는 제외)는 도로의 중앙선으로부터 1차로로 한다.

33. 편도 4차로의 일반도로에서 굴삭기는 어느 차로로 통행해야 하는가?

① 1차로
② 2차로
③ 1차로 또는 2차로
④ 4차로

34. 도로의 중앙을 통행할 수 있는 행렬로 옳은 것은?

① 학생의 대열
② 말 · 소를 몰고 가는 사람
③ 사회적으로 중요한 행사에 따른 시가행진
④ 군부대의 행렬

35. 도로의 중앙으로부터 좌측을 통행할 수 있는 경우는?

① 편도 2차로의 도로를 주행할 때
② 도로가 일방통행으로 된 때
③ 중앙선 우측에 차량이 밀려 있을 때
④ 좌측도로가 한산할 때

해설 도로가 일방통행으로 된 경우에는 도로의 중앙으로부터 좌측을 통행할 수 있다.

36. 도로교통 관련법상 차마의 통행을 구분하기 위한 중앙선에 대한 설명으로 옳은 것은?

① 백색 실선 또는 황색 점선으로 되어 있다.
② 백색 실선 또는 백색 점선으로 되어 있다.
③ 황색 실선 또는 황색 점선으로 되어 있다.
④ 황색 실선 또는 백색 점선으로 되어 있다.

해설 노면 표시의 중앙선은 황색의 실선 및 점선으로 되어 있다.

37. 교통안전 표지 중 노면표지에서 차마가 일시 정지해야 하는 표시로 옳은 것은?

① 황색 실선으로 표시한다.
② 백색 점선으로 표시한다.
③ 황색 점선으로 표시한다.
④ 백색 실선으로 표시한다.

해설 일시 정지선은 백색 실선으로 표시한다.

정답 31 ① 32 ② 33 ④ 34 ③ 35 ② 36 ③ 37 ④

38. 편도 1차로인 도로에서 중앙선이 황색 실선인 경우의 앞지르기 방법으로 옳은 것은?

① 절대로 안 된다.
② 아무 데서나 할 수 있다.
③ 앞차가 있을 때만 할 수 있다.
④ 반대 차로에 차량통행이 없을 때 할 수 있다.

39. 신호등이 없는 교차로에 좌회전하려는 버스와 그 교차로에 진입하여 직진하고 있는 건설기계가 있을 때 어느 차량이 우선권이 있는가?

① 직진하고 있는 건설기계가 우선이다.
② 좌회전하려는 버스가 우선이다.
③ 사람이 많이 탄 차량이 우선이다.
④ 형편에 따라서 우선순위가 정해진다.

해설 먼저 진입한 차량이 우선이다.

40. 편도 4차로의 경우 교차로 30미터 전방에서 우회전을 하려면 몇 차로로 진입통행해야 하는가?

① 2차로와 3차로로 통행한다.
② 1차로와 2차로로 통행한다.
③ 1차로로 통행한다.
④ 4차로로 통행한다.

41. 일방통행으로 된 도로가 아닌 교차로 또는 그 부근에서 긴급자동차가 접근하였을 때 운전자가 취해야 할 방법으로 옳은 것은?

① 교차로의 우측 가장자리에 일시 정지하여 진로를 양보한다.
② 교차로를 피하여 도로의 우측 가장자리에 일시 정지한다.
③ 서행하면서 앞지르기 하라는 신호를 한다.
④ 그대로 진행방향으로 진행을 계속한다.

해설 교차로 또는 그 부근에서 긴급자동차가 접근하였을 때에는 교차로를 피하여 도로의 우측 가장자리에 일시 정지한다.

42. 건설기계를 운전하여 교차로에서 우회전을 하려고 할 때 가장 적합한 것은?

① 우회전은 신호가 필요 없으며, 보행자를 피하기 위해 빠른 속도로 진행한다.
② 신호를 행하면서 서행으로 주행하여야 하며, 교통신호에 따라 횡단하는 보행자의 통행을 방해하여서는 아니 된다.
③ 우회전은 언제 어느 곳에서나 할 수 있다.
④ 우회전 신호를 행하면서 빠르게 우회전한다.

해설 교차로에서 우회전을 하려고 할 때에는 신호를 행하면서 서행으로 주행하여야 하며, 교통신호에 따라 횡단하는 보행자의 통행을 방해하여서는 아니 된다.

43. 도로교통법령상 보도와 차도가 구분된 도로에 중앙선이 설치되어 있는 경우 차마의 통행 방법으로 옳은 것은? (단, 도로의 파손 등 특별한 사유는 없다.)

① 중앙선 좌측 ② 보도의 좌측
③ 보도 ④ 중앙선 우측

해설 도로교통법령상 보도와 차도가 구분된 도로에 중앙선이 설치되어 있는 경우 차마는 중앙선 우측으로 통행하여야 한다.

44. 다음 중 진로변경을 해서는 안 되는 경우는?

정답 38 ① 39 ① 40 ④ 41 ② 42 ② 43 ④ 44 ①

① 안전표지(진로변경 제한선)가 설치되어 있을 때
② 시속 50킬로미터 이상으로 주행할 때
③ 교통이 복잡한 도로일 때
④ 3차로의 도로일 때

해설 노면표시의 진로변경 제한선은 백색 실선이며, 진로변경을 할 수 없다.

45. 운전자가 진행방향을 변경하려고 할 때 신호를 하여야 할 시기로 옳은 것은? (단, 고속도로 제외)

① 변경하려고 하는 지점의 3m 전에서
② 변경하려고 하는 지점의 10m 전에서
③ 변경하려고 하는 지점의 30m 전에서
④ 특별히 정하여져 있지 않고, 운전자 임의대로

해설 진행방향을 변경하려고 할 때 신호를 하여야 할 시기는 변경하려고 하는 지점의 30m 전이다.

46. 차로가 설치되지 아니한 좁은 도로에서 보행자의 옆을 지나는 경우 가장 올바른 방법은?

① 보행자 옆을 속도 감속 없이 빨리 주행한다.
② 경음기를 울리면서 주행한다.
③ 안전거리를 두고 서행한다.
④ 보행자가 멈춰 있을 때는 서행하지 않아도 된다.

47. 동일방향으로 주행하고 있는 전·후 차량 간의 안전운전 방법으로 틀린 것은?

① 뒤 차량은 앞 차량이 급정지할 때 충돌을 피할 수 있는 필요한 안전거리를 유지한다.
② 뒤에서 따라오는 차량의 주행속도보다 느린 속도로 진행하려고 할 때에는 진로를 양보한다.
③ 앞 차량이 다른 차량을 앞지르고 있을 때에는 더욱 빠른 속도로 앞지른다.
④ 앞 차량은 부득이한 경우를 제외하고는 급정지·급감속을 하여서는 안 된다.

48. 철길건널목 통과 방법에 대한 설명으로 옳지 않은 것은?

① 철길건널목에서는 앞지르기를 하여서는 안 된다.
② 철길건널목 부근에서는 주·정차를 하여서는 안 된다.
③ 철길건널목에 일시정지 표지가 없을 때에는 서행하면서 통과한다.
④ 철길건널목에서는 반드시 일시정지 후 안전함을 확인 후에 통과한다.

해설 철길건널목에 일시정지 표지가 없을 때에는 반드시 일시정지 후 안전함을 확인 후에 통과한다.

49. 일시정지를 하지 않고도 철길건널목을 통과할 수 있는 경우는?

① 차단기가 내려져 있을 때
② 경보기가 울리지 않을 때
③ 앞 차량이 진행하고 있을 때
④ 신호등이 진행신호 표시일 때

해설 일시정지를 하지 않고도 철길건널목을 통과할 수 있는 경우는 신호등이 진행신호 표시이거나 간수가 진행신호를 하고 있을 때이다.

정답 45 ③ 46 ③ 47 ③ 48 ③ 49 ④

50. 철길건널목 안에서 차량이 고장이 나서 운행할 수 없게 된 경우 운전자의 조치사항과 가장 거리가 먼 것은?

① 철도공무 중인 직원이나 경찰공무원에게 즉시 알려 차량을 이동하기 위한 필요한 조치를 한다.
② 차량을 즉시 철길건널목 밖으로 이동시킨다.
③ 승객을 하차시켜 즉시 대피시킨다.
④ 현장을 그대로 보존하고 경찰관서로 가서 고장신고를 한다.

51. 〈보기〉에서 도로교통법상 어린이보호와 관련하여 위험성이 큰 놀이기구로 정하여 운전자가 특별히 주의하여야 할 놀이기구로 지정한 것을 모두 조합한 것은?

보기	
㉮ 킥보드	㉯ 롤러스케이트
㉰ 인라인스케이트	㉱ 스케이트보드
㉲ 스노보드	

① ㉮, ㉯
② ㉮, ㉯, ㉰, ㉱
③ ㉮, ㉯, ㉰
④ ㉮, ㉯, ㉰, ㉱, ㉲

52. 차마 서로 간의 통행 우선순위로 바르게 연결된 것은?

① 긴급자동차 → 긴급자동차 이외의 자동차 → 자동차 및 원동기장치자전거 이외의 차마 → 원동기장치자전거
② 긴급자동차 이외의 자동차 → 긴급자동차 → 자동차 및 원동기장치자전거 이외의 차마 → 원동기장치자전거
③ 긴급자동차 이외의 자동차 → 긴급자동차 → 원동기장치자전거 → 자동차 및 원동기장치자전거 이외의 차마
④ 긴급자동차 → 긴급자동차 이외의 자동차 → 원동기장치자전거 → 자동차 및 원동기장치자전거 이외의 차마

해설 **차마 서로 간의 통행 우선순위** : 긴급자동차 → 긴급자동차 이외의 자동차 → 원동기장치자전거 → 자동차 및 원동기장치자전거 이외의 차마

53. 승차 또는 적재의 방법과 제한에서 운행상의 안전기준을 넘어서 승차 및 적재가 가능한 경우는?

① 도착지를 관할하는 경찰서장의 허가를 받은 때
② 출발지를 관할하는 경찰서장의 허가를 받은 때
③ 관할 시 · 군수의 허가를 받은 때
④ 동 · 읍 · 면장의 허가를 받는 때

해설 승차인원 · 적재중량 및 적재용량에 관하여 안전기준을 넘어서 운행하고자 하는 경우 출발지를 관할하는 경찰서장의 허가를 받아야 한다.

54. 안전기준을 초과하는 화물의 적재허가를 받은 자는 그 길이 또는 폭의 양끝에 몇 cm 이상의 빨간 헝겊으로 된 표지를 달아야 하는가?

① 너비 : 15cm, 길이 : 30cm
② 너비 : 20cm, 길이 : 40cm
③ 너비 : 30cm, 길이 : 50cm
④ 너비 : 60cm, 길이 : 90cm

해설 안전기준을 초과하는 화물의 적재허가를 받은 자는 그 길이 또는 폭의 양끝에 너비 30cm, 길이 50cm 이상의 빨간 헝겊으로 된 표지를 달아야 한다.

정답 50 ④ 51 ② 52 ④ 53 ② 54 ③

55. 다음 중 규정상 올바른 정차 방법은?

① 정차는 도로 모퉁이에서도 할 수 있다.
② 일방통행로에서는 도로의 좌측에 정차할 수 있다.
③ 도로의 우측 가장자리에 다른 교통에 방해가 되지 않도록 정차해야 한다.
④ 정차는 교차로 가장자리에서 할 수 있다.

56. 도로교통법상 주차금지의 장소로 틀린 것은?

① 터널 안 및 다리 위
② 화재경보기로부터 5미터 이내인 곳
③ 소방용 기계 · 기구가 설치된 5미터 이내인 곳
④ 소방용 방화물통이 있는 5미터 이내의 곳

해설 화재경보기로부터 3m 이내인 곳

57. 도로교통법상 도로의 모퉁이로부터 몇 m 이내의 장소에 정차하여서는 안 되는가?

① 2m ② 3m
③ 5m ④ 10m

해설 교차로의 가장자리 또는 도로의 모퉁이로부터 5m 이내의 곳

58. 다음 중 ( ) 안에 들어갈 거리는?

도로교통법에 따라 소방용 기계기구가 설치된 곳, 소방용 방화물통, 소화전 또는 소화용 방화물통의 흡수구나 흡수관으로부터 ( ) 이내의 지점에 주차하여서는 아니 된다.

① 10미터 ② 7미터
③ 5미터 ④ 3미터

해설 도로교통법에 따라 소방용 기계기구가 설치된 곳, 소방용 방화물통, 소화전 또는 소화용 방화물통의 흡수구나 흡수관으로부터 5m 이내의 지점에 주차하여서는 아니 된다.

59. 5미터 이내에 주차만 금지된 장소로 옳은 것은?

① 소방용 기계 · 기구가 설치된 곳
② 소방용 방화물통이 설치된 곳
③ 소화용 방화물통의 흡수구나 흡수관이 설치된 곳
④ 도로공사 구역의 양쪽 가장자리

해설 도로공사 구역의 양쪽 가장자리로부터 5미터 이내의 곳은 정차는 할 수 있으나 주차는 금지되어 있다.

60. 버스정류장 표지판으로부터 몇 m 이내에 정차 및 주차를 해서는 안 되는가?

① 3m ② 5m ③ 8m ④ 10m

해설 버스여객 자동차의 정류소를 표시하는 기둥이나 판 또는 선이 설치된 곳으로부터 10m 이내의 곳

61. 횡단보도로부터 몇 m 이내에 정차 및 주차를 해서는 안 되는가?

① 8m ② 10m ③ 5m ④ 1m

해설 횡단보도로부터 10m 이내의 곳

62. 주차 및 정차금지 장소는 철길건널목 가장자리로부터 몇 미터 이내인 곳인가?

① 50m ② 10m ③ 30m ④ 40m

해설 철길건널목의 가장자리로부터 10m 이내의 곳

정답 55 ③ 56 ② 57 ③ 58 ③ 59 ④ 60 ④ 61 ② 62 ②

63. **밤에 도로에서 차량을 운행하는 경우 등의 등화로 틀린 것은?**

① 견인되는 차량 : 미등, 차폭등 및 번호등
② 원동기장치자전거 : 전조등 및 미등
③ 자동차 : 자동차안전기준에서 정하는 전조등, 차폭등, 미등
④ 자동차등 이외의 모든 차량 : 지방경찰청장이 정하여 고시하는 등화

해설 **자동차** : 전조등, 차폭등, 미등, 번호등과 실내 조명등(실내 조명등은 승합자동차와 여객자동차 운송 사업용 승용자동차만 해당)

64. **도로교통법령에 따라 도로를 통행하는 자동차가 야간에 켜야 하는 등화의 구분 중 견인되는 차량이 켜야 할 등화는?**

① 전조등, 차폭등, 미등
② 미등, 차폭등, 번호등
③ 전조등, 미등, 번호등
④ 전조등, 미등

해설 야간에 견인되는 자동차가 켜야 할 등화는 차폭등, 미등, 번호등이다.

65. **야간에 차량이 서로 마주 보고 진행하는 경우의 등화조작 방법으로 옳은 것은?**

① 전조등, 보호등, 실내 조명등을 조작한다.
② 전조등을 켜고 보조등을 끈다.
③ 전조등 불빛을 하향으로 한다.
④ 전조등 불빛을 상향으로 한다.

66. **도로교통법상에서 정의된 긴급자동차가 아닌 것은?**

① 응급전신 · 전화 수리공사에 사용되는 자동차
② 긴급한 경찰업무수행에 사용되는 자동차
③ 위독한 환자의 수혈을 위한 혈액운송 차량
④ 학생운송 전용버스

67. **경찰청장이 최고속도를 따로 지정 · 고시하지 않은 편도 2차로 이상 고속도로에서 건설기계 법정 최고속도는 매시 몇 km인가?**

① 매시 100km ② 매시 110km
③ 매시 80km ④ 매시 60km

해설 **고속도로에서의 건설기계 법정 최고속도**
㉠ 모든 고속도로 : 적재중량 1.5톤을 초과하는 화물자동차, 특수자동차, 위험물운반자동차, 건설기계의 최고속도는 매시 80km, 최저속도는 매시 50km이다.
㉡ 지정 · 고시한 노선 또는 구간의 고속도로 : 적재중량 1.5톤을 초과하는 화물자동차, 특수자동차, 위험물운반자동차, 건설기계의 최고속도는 매시 90km 이내, 최저속도는 매시 50km이다.

68. **교통사고 발생 후 벌점기준으로 틀린 것은?**

① 중상 1명마다 30점
② 사망 1명마다 90점
③ 경상 1명마다 5점
④ 부상신고 1명마다 2점

해설 **교통사고 발생 후 벌점**
㉠ 사망 1명마다: 90점(사고 발생으로부터 72시간 내에 사망한 때)
㉡ 중상 1명마다: 15점(3주 이상의 치료를 요하는 의사의 진단이 있는 사고)
㉢ 경상 1명마다: 5점(3주 미만 5일 이상의 치료를 요하는 의사의 진단이 있는 사고)
㉣ 부상신고 1명마다: 2점(5일 미만의 치료를 요하는 의사의 진단이 있는 사고)

정답 63 ③ 64 ② 65 ③ 66 ④ 67 ③ 68 ①

69. 도로운행 시 건설기계의 축하중 및 총중량 제한은?

① 윤하중 5톤 초과, 총중량 20톤 초과
② 축하중 10톤 초과, 총중량 20톤 초과
③ 축하중 10톤 초과, 총중량 40톤 초과
④ 윤하중 10톤 초과, 총중량 10톤 초과

해설 도로를 운행할 때 건설기계의 축하중 및 총중량 제한은 축하중 10톤 초과, 총중량 40톤 초과이다.

70. 도로교통법을 위반한 경우는?

① 밤에 교통이 빈번한 도로에서 전조등을 계속 하향했다.
② 낮에 어두운 터널 속을 통과할 때 전조등을 켰다.
③ 소방용 방화물통으로부터 10m 지점에 주차하였다.
④ 노면이 얼어붙은 곳에서 최고속도의 20/100을 줄인 속도로 운행하였다.

해설 노면이 얼어붙은 곳에서는 최고속도의 50/100을 줄인 속도로 운행하여야 한다.

71. 도로교통법에 위반이 되는 행위는?

① 철길 건널목 바로 전에 일시 정지하였다.
② 야간에 차량이 서로 마주 보고 진행할 때 전조등의 광도를 감하였다.
③ 다리 위에서 앞지르기를 하였다.
④ 주간에 방향을 전환할 때 방향지시등을 켰다.

72. 횡단보도에서의 보행자 보호의무 위반 시 받는 처분으로 옳은 것은?

① 면허취소 ② 즉심회부
③ 통고처분 ④ 형사입건

73. 범칙금 납부통고서를 받은 사람은 며칠 이내에 경찰청장이 지정하는 곳에 납부하여야 하는가? (단, 천재지변이나 그 밖의 부득이한 사유가 있는 경우는 제외한다.)

① 5일 ② 10일 ③ 15일 ④ 30일

해설 범칙금 납부통고서를 받은 사람은 10일 이내에 경찰청장이 지정하는 곳에 납부하여야 한다.

74. 도로교통법상 교통사고에 해당되지 않는 것은?

① 도로운전 중 언덕길에서 추락하여 부상한 사고
② 차고에서 적재하던 화물이 전락하여 사람이 부상한 사고
③ 주행 중 브레이크 고장으로 도로변의 전주를 충돌한 사고
④ 도로주행 중에 화물이 추락하여 사람이 부상한 사고

75. 1년간 벌점에 대한 누산점수가 최소 몇 점 이상이면 운전면허가 취소되는가?

① 271 ② 190 ③ 121 ④ 201

해설 1년간 벌점에 누산점수가 최소 121점 이상이면 운전면허가 취소된다.

76. 교통사고가 발생하였을 때 운전자가 가장 먼저 취해야 할 조차로 적절한 것은?

① 즉시 보험회사에 신고한다.
② 모범 운전자에게 신고한다.
③ 즉시 피해자 가족에게 알린다.
④ 즉시 사상자를 구호하고 경찰에 연락한다.

해설 교통사고로 인하여 사상자가 발생하였을 때 운전자가 취하여야 할 조치사항은 즉시 정차 → 사상자 구호 → 신고이다.

정답 69 ③ 70 ④ 71 ③ 72 ③ 73 ② 74 ② 75 ③ 76 ④

77. 교통사고로서 중상의 기준에 해당하는 것은?

① 1주 이상의 치료를 요하는 부상
② 2주 이상의 치료를 요하는 부상
③ 3주 이상의 치료를 요하는 부상
④ 4주 이상의 치료를 요하는 부상

해설 중상의 기준은 3주 이상의 치료를 요하는 부상이다.

78. 도로교통법에 따르면 운전자는 자동차 등의 운전 중에는 휴대용 전화를 원칙적으로 사용할 수 없다. 예외적으로 휴대용 전화 사용이 가능한 경우로 틀린 것은?

① 자동차 등이 정지하고 있는 경우
② 저속 건설기계를 운전하는 경우
③ 긴급자동차를 운전하는 경우
④ 각종 범죄 및 재해신고 등 긴급한 필요가 있는 경우

해설 **운전 중 휴대전화 사용이 가능한 경우**
㉠ 자동차 등이 정지해 있는 경우
㉡ 긴급자동차를 운전하는 경우
㉢ 각종 범죄 및 재해신고 등 긴급을 요하는 경우
㉣ 안전운전에 지장을 주지 않는 장치로 대통령령이 정하는 장치를 이용하는 경우

79 도로교통법령상 총중량 2000kg 미만인 자동차를 총중량이 그의 3배 이상인 자동차로 견인할 때의 속도는? (단, 견인하는 차량이 견인자동차가 아닌 경우이다.)

① 매시 30km 이내
② 매시 50km 이내
③ 매시 80km 이내
④ 매시 100km 이내

해설 총중량 2000kg 미달인 자동차를 그의 3배 이상의 총중량 자동차로 견인할 때의 속도는 매시 30km 이내이다.

정답 77 ③ 78 ② 79 ①

굴삭기
운전기능사

제 7 편

안전관리

제 1 장

1-1 산업안전의 일반적인 사항

(1) 산업안전의 일반적인 사항

① 안전제일의 이념은 인명 보호, 즉 인간 존중이다.

② 안전의 3요소에는 관리적 요소, 기술적 요소, 교육적 요소가 있다.

③ 재해예방의 4원칙은 예방가능의 원칙, 손실우연의 원칙, 원인계기의 원칙, 대책선정의 원칙이다.

④ 사고 발생이 많이 일어나는 순서는 불안전 행위 → 불안전 조건 → 불가항력이다.

⑤ 사고예방원리 5단계 순서는 조직 → 사실의 발견 → 평가 분석 → 시정책의 선정 → 시정책의 적용이다.

(2) 재해율

① **도수율 :** 근로시간 100만 시간당 발생하는 사고건수이다.

② **강도율 :** 근로시간 1,000시간당의 재해에 의한 노동손실 일수이다.

③ **연천인율 :** 1년 동안 1,000명의 근로자가 작업할 때 발생하는 사상자의 비율이다.

1-2 산업재해

(1) 산업재해의 정의

근로자가 업무에 관계되는 건설물 · 설비 · 원재료 · 가스 · 증기 · 분진 등에 의하거나 작업 또는 그 밖의 업무로 인하여 사망 또는 부상하거나 질병에 걸리게 되는 것이다.

(2) 산업재해 부상의 종류

① **무상해 사고 :** 응급처치 이하의 상처로 작업에 종사하면서 치료를 받는 상해정도

② **응급조치 상해 :** 1일 미만의 치료를 받고 다음부터 정상작업에 임할 수 있는 상해정도

③ **경상해 :** 부상으로 1일 이상 14일 이하의 노동손실을 가져온 상해정도

④ **중상해** : 부상으로 2주 이상의 노동손실을 가져온 상해정도

1-3 안전 · 보건표지의 종류

(1) 금지표지

금지표지는 바탕은 흰색, 기본모형은 빨간색, 관련부호 및 그림은 검정색이다.

(2) 경고표지

경고표지는 노란색 바탕에 기본모형은 검은색, 관련부호와 그림은 검정색이다.

(3) 지시표지

지시표지는 청색 원형바탕에 백색으로 보호구 사용을 지시한다.

(4) 안내표지

안내표지는 녹색바탕에 백색으로 안내대상을 지시한다.

1-4 방호장치의 종류

(1) 격리형 방호장치

작업점 이외에 직접 사람이 접촉하여 말려들거나 다칠 위험이 있는 장소를 덮어씌우는 방호장치이다.

(2) 덮개형 방호조치

V-벨트나 평벨트 또는 기어가 회전하면서 접선방향으로 물려 들어가는 장소에 많이 설치한다.

(3) 접근 반응형 방호장치

작업자의 신체부위가 위험한계 또는 그 인접한 거리로 들어오면 이를 감지하여 그 즉시 동작하던 기계를 정지시키거나 스위치가 꺼지도록 하는 방호장치이다.

1-5 화재

(1) 화재의 정의

① 어떤 물질이 산소와 결합하여 연소하면서 열을 방출시키는 산화반응이다.

② 화재가 발생하기 위해서는 가연성 물질, 산소, 점화원이 반드시 필요하다.

(2) 화재의 분류

① **A급 화재 :** 나무, 석탄 등 연소 후 재를 남기는 일반적인 화재

② **B급 화재 :** 휘발유, 벤젠 등 유류화재

③ **C급 화재 :** 전기화재

④ **D급 화재 :** 금속화재

굴삭기 운전기능사

출제 예상 문제

01. 안전제일에서 가장 먼저 선행되어야 하는 이념으로 옳은 것은?

① 생산성 향상　② 재산 보호
③ 신뢰성 향상　④ 인명 보호

해설 안전제일의 이념은 인간 존중, 즉 인명 보호이다.

02. 하인리히의 사고예방원리 5단계를 순서대로 나열한 것은?

① 조직 → 사실의 발견 → 평가 분석 → 시정책의 선정 → 시정책의 적용
② 시정책의 적용 → 조직 → 사실의 발견 → 평가 분석 → 시정책의 선정
③ 사실의 발견 → 평가 분석 → 시정책의 선정 → 시정책의 적용 → 조직
④ 시정책의 선정 → 시정책의 적용 → 조직 → 사실의 발견 → 평가 분석

해설 **사고예방 원리 5단계 순서** : 조직 → 사실의 발견 → 평가 분석 → 시정책의 선정 → 시정책의 적용

03. 인간공학적 안전설정으로 페일 세이프에 관한 설명 중 가장 적절한 것은?

① 안전도 검사 방법을 말한다.
② 안전통제의 실패로 인하여 원상복귀가 가장 쉬운 사고의 결과를 말한다.
③ 안전사고 예방을 할 수 없는 물리적 불안전 조건과 불안전 인간의 행동을 말한다.
④ 인간 또는 기계에 과오나 동작상의 실패가 있어도 안전사고를 발생시키지 않도록 하는 통제책을 말한다.

해설 페일 세이프(fail safe)란 인간 또는 기계에 과오나 동작상의 실패가 있어도 안전사고를 발생시키지 않도록 하는 통제방책이다.

04. 산업안전보건법상 산업재해의 정의로 옳은 것은?

① 고의로 물적 시설을 파손한 것을 말한다.
② 운전 중 본인의 부주의로 교통사고가 발생된 것을 말한다.
③ 일상 활동에서 발생하는 사고로서 인적 피해에 해당하는 부분을 말한다.
④ 근로자가 업무에 관계되는 건설물 · 설비 · 원재료 · 가스 · 증기 · 분진 등에 의하거나 작업 또는 그 밖의 업무로 인하여 사망 또는 부상하거나 질병에 걸리게 되는 것을 말한다.

해설 산업재해란 근로자가 업무에 관계되는 건설물 · 설비 · 원재료 · 가스 · 증기 · 분진 등에 의하거나 작업 또는 그 밖의 업무로 인하여 사망 또는 부상하거나 질병에 걸리게 되는 것을 말한다.

05. 산업재해의 분류에서 사람이 평면상으로 넘어졌을 때(미끄러짐 포함)를 말하는 것은?

① 낙하　② 충돌　③ 전도　④ 추락

해설 전도란 사람이 평면상으로 넘어졌을 때(미끄러짐 포함)를 말한다.

정답 01 ④　02 ①　03 ④　04 ④　05 ③

06. 재해 유형에서 중량물을 들어 올리거나 내릴 때 손 또는 발이 취급 중량물과 물체에 끼어 발생하는 것은?

① 전도 ② 낙하 ③ 감전 ④ 협착

해설 협착(압상)이란 취급하는 중량물과 지면, 건축물 등에 손 · 발이 끼여 발생하는 재해이다.

07. ILO(국제노동기구)의 구분에 의한 근로불능 상해의 종류 중 응급조치 상해는 며칠간 치료를 받은 다음부터 정상작업에 임할 수 있는 정도의 상해를 의미하는가?

① 1일 미만 ② 3~5일
③ 10일 미만 ④ 2주 미만

해설 응급조치 상해란 1일 미만의 치료를 받고 다음부터 정상작업에 임할 수 있는 정도의 상해이다.

08. 산업재해의 통상적인 분류 중 통계적 분류에 대한 설명으로 틀린 것은?

① 사망 : 업무로 인해서 목숨을 잃게 되는 경우
② 중경상 : 부상으로 인하여 30일 이상의 노동 상실을 가져온 상해정도
③ 경상해 : 부상으로 1일 이상 14일 이하의 노동 상실을 가져온 상해정도
④ 무상해 사고 : 응급처치 이하의 상처로 작업에 종사하면서 치료를 받는 상해정도

해설 **상해의 분류**
㉠ 무상해 : 응급처치 이하의 상처로 작업에 종사하면서 치료를 받는 상해정도
㉡ 경상해 : 부상으로 1일 이상 14일 이하의 노동손실을 가져온 상해정도
㉢ 중상해 : 부상으로 인하여 2주 이상의 노동손실을 가져온 상해정도

09. 산업안전에서 근로자가 안전하게 작업을 할 수 있는 세부작업 행동지침을 무엇이라고 하는가?

① 안전수칙 ② 안전표지
③ 작업지시 ④ 작업수칙

해설 안전수칙이란 근로자가 안전하게 작업을 할 수 있는 세부작업 행동지침이다.

10. 다음 중 재해 발생 원인이 아닌 것은?

① 잘못된 작업 방법
② 관리감독 소홀
③ 방호장치의 기능 제거
④ 작업 장치 회전반경 내 출입금지

11. 재해의 복합 발생요인이 아닌 것은?

① 환경의 결함 ② 사람의 결함
③ 품질의 결함 ④ 시설의 결함

해설 재해의 복합 발생요인은 환경의 결함, 사람의 결함, 시설의 결함 등이다.

12. 사고를 많이 발생시키는 원인 순서로 나열한 것은?

① 불안전 행위 > 불안전 조건 > 불가항력
② 불안전 조건 > 불안전 행위 > 불가항력
③ 불안전 행위 > 불가항력 > 불안전 조건
④ 불가항력 > 불안전 조건 > 불안전 행위

해설 사고를 많이 발생시키는 원인 순서는 불안전행위>불안전 조건>불가항력이다.

13. 불안전한 조명, 불안전한 환경, 방호장치의 결함으로 인하여 오는 산업재해 요인은?

정답 06 ④ 07 ① 08 ② 09 ① 10 ④ 11 ③ 12 ① 13 ③

① 지적 요인 ② 신체적 요인
③ 물적 요인 ④ 정신적 요인

해설 물적 요인이란 불안전한 조명, 불안전한 환경, 방호장치의 결함 등으로 인하여 발생하는 산업재해이다.

14. 산업재해 발생원인 중 직접원인에 해당되는 것은?

① 불안전한 행동 ② 인간의 결함
③ 유전적 요소 ④ 사회적 환경

해설 산업재해의 직접원인은 근로자의 불안전한 행동에 의한 것이다.

15. 재해의 원인 중 생리적인 원인에 해당되는 것은?

① 작업자의 피로
② 작업복의 부적당
③ 안전장치의 불량
④ 안전수칙의 미준수

해설 생리적인 원인은 작업자의 피로이다.

16. 현장에서 작업자가 작업 안전상 꼭 알아두어야 할 사항은?

① 장비의 가격
② 종업원의 작업환경
③ 종업원의 기술정도
④ 안전규칙 및 수칙

17. 산업공장에서 재해의 발생을 줄이기 위한 방법으로 틀린 것은?

① 폐기물은 정해진 위치에 모아 둔다.
② 공구는 소정의 장소에 보관한다.
③ 소화기 근처에 물건을 적재한다.
④ 통로나 창문 등에 물건을 세워 놓아서는 안 된다.

18. 안전관리의 근본 목적으로 가장 적합한 것은?

① 생산의 경제적 운용
② 근로자의 생명 및 신체 보호
③ 생산과정의 시스템화
④ 생산량 증대

해설 안전관리의 근본 목적은 근로자의 생명 및 신체 보호이다.

19. 안전수칙을 지킴으로써 발생될 수 있는 효과로 가장 거리가 먼 것은?

① 기업의 신뢰도를 높여 준다.
② 기업의 이직률이 감소된다.
③ 기업의 투자경비가 늘어난다.
④ 상하 동료 간의 인간관계가 개선된다.

해설 **안전수칙을 지킴으로써 발생할 수 있는 효과 :** 기업의 신뢰도를 높여 주고, 기업의 이직률이 감소되며, 상하 동료 간의 인간관계가 개선된다.

20. 안전을 위하여 눈으로 보고 손으로 가리키고, 입으로 복창하여 귀로 듣고, 머리로 종합적인 판단을 하는 지적확인의 특성은?

① 의식을 강화한다.
② 지식수준을 높인다.
③ 안전태도를 형성한다.
④ 육체적 기능 수준을 높인다.

해설 안전을 위하여 눈으로 보고 손으로 가리키고, 입으로 복창하여 귀로 듣고, 머리로 종합적인 판단을 하는 지적확인의 특성은 의식강화이다.

정답 14 ① 15 ① 16 ④ 17 ③ 18 ② 19 ③ 20 ①

21. 작업환경 개선 방법으로 가장 거리가 먼 것은?

① 채광을 좋게 한다.
② 부품을 신품으로 모두 교환한다.
③ 조명을 밝게 한다.
④ 소음을 줄인다.

해설 **작업환경 개선 방법** : 채광을 좋게 할 것, 조명을 밝게 할 것, 통풍이 잘되도록 할 것, 소음을 줄일 것

22. 산업재해 조사의 목적에 대한 설명으로 가장 적절한 것은?

① 적절한 예방대책을 수립하기 위하여
② 작업능률 향상과 근로기강 확립을 위하여
③ 재해 발생에 대한 통계를 작성하기 위하여
④ 재해를 유발한 자의 책임을 추궁하기 위하여

해설 산업재해 조사의 목적은 적절한 예방대책을 수립하기 위함이다.

23. 일반적인 재해조사 방법으로 적절하지 않은 것은?

① 현장의 물리적 흔적을 수집한다.
② 재해조사는 사고 종결 후에 실시한다.
③ 재해현장은 사진 등으로 촬영하여 보관하고 기록한다.
④ 목격자, 현장 책임자 등 많은 사람들에게 사고 시의 상황을 듣는다.

24. 산업재해 방지대책을 수립하기 위하여 위험요인을 발견하는 방법으로 가장 적합한 것은?

① 안전점검
② 재해사후 조치
③ 경영층 참여와 안진조직 진단
④ 안전대책 회의

25. 점검주기에 따른 안전점검의 종류에 해당되지 않는 것은?

① 수시점검 ② 정기점검
③ 특별점검 ④ 구조점검

해설 안전점검의 종류에는 일상점검, 정기점검, 수시점검, 특별점검 등이 있다.

26. 작업장 안전을 위해 작업장의 시설을 정기적으로 안전점검을 하여야 하는데 그 대상이 아닌 것은?

① 설비의 노후화 속도가 빠른 것
② 노후화의 결과로 위험성이 큰 것
③ 작업자가 출퇴근 시 사용하는 것
④ 변조에 현저한 위험을 수반하는 것

27. 동력기계장치의 표준 방호덮개 설치 목적이 아닌 것은?

① 동력전달장치와 신체의 접촉 방지
② 주유나 검사의 편리성
③ 방음이나 집진
④ 가공물 등의 낙하에 의한 위험 방지

해설 **방호덮개 설치 목적** : 동력전달장치(기어, 벨트)와 신체의 접촉 방지, 방음이나 집진, 가공물 등의 낙하에 의한 위험 방지

28. 작업점 이외에 직접 사람이 접촉하여 말려들거나 다칠 위험이 있는 장소를 덮어씌우는 방호장치는?

① 격리형 방호장치
② 위치 제한형 방호장치

정답 21 ② 22 ① 23 ② 24 ① 25 ④ 26 ③ 27 ② 28 ①

③ 포집형 방호장치
④ 접근 거부형 방호장치

해설 **격리형 방호장치** : 작업점 이외에 직접 사람이 접촉하여 말려들거나 다칠 위험이 있는 장소를 덮어씌우는 방호장치

29. V벨트나 평벨트 또는 기어가 회전하면서 접선방향으로 물리는 장소에 설치되는 방호장치는?

① 위치제한 방호장치
② 접근 반응형 방호장치
③ 덮개형 방호장치
④ 격리형 방호장치

해설 **덮개형 방호조치** : V벨트나 평벨트 또는 기어가 회전하면서 접선방향으로 물려 들어가는 장소에 많이 설치한다.

30. 작업자의 신체부위가 위험한계 또는 그 인접한 거리로 들어오면 이를 감지하여 그 즉시 동작하던 기계를 정지시키거나 스위치가 꺼지도록 하는 방호장치법은?

① 격리형 방호장치
② 접근 반응형 방호장치
③ 위치 제한형 방호장치
④ 포집형 방호장치

해설 **접근 반응형 방호장치** : 작업자의 신체부위가 위험한계 또는 그 인접한 거리로 들어오면 이를 감지하여 그 즉시 동작하던 기계를 정지시키거나 스위치가 꺼지도록 하는 방호장치이다.

31. 리프트(lift)의 방호장치가 아닌 것은?

① 해지장치
② 출입문 인터록
③ 권과 방지장치
④ 과부하 방지장치

해설 **리프트의 방호장치** : 출입문 인터록, 권과 방지장치, 과부하 방지장치, 비상정지장치, 조작반에 잠금장치 설치

32. 방호장치 및 방호조치에 대한 설명으로 틀린 것은?

① 충전회로 인근에서 차량, 기계장치 등의 작업이 있는 경우 충전부로부터 3m 이상 이격시킨다.
② 지반 붕괴의 위험이 있는 경우 흙막이 지보공 및 방호망을 설치해야 한다.
③ 발파작업 시 피난장소는 좌우측을 견고하게 방호한다.
④ 직접 접촉이 가능한 벨트에는 덮개를 설치해야 한다.

해설 발파작업을 할 때 피난장소는 앞쪽을 견고하게 방호한다.

33. 일반적인 보호구의 구비조건으로 맞지 않는 것은?

① 착용이 간편할 것
② 햇볕에 잘 열화될 것
③ 재료의 품질이 양호할 것
④ 위험유해 요소에 대한 방호성능이 충분할 것

34. 안전한 작업을 위해 보안경을 착용하여야 하는 작업은?

① 엔진오일 보충 및 냉각수 점검 작업
② 제동등 작동 점검 시
③ 건설기계의 하체점검 작업
④ 전기저항 측정 및 배선 점검 작업

해설 건설기계의 하체를 점검할 때에는 보안경을 착용하여야 한다.

정답 29 ③ 30 ② 31 ① 32 ③ 33 ② 34 ③

35. 안전 보호구가 아닌 것은?

① 안전모 ② 안전화
③ 안전 가드레일 ④ 안전장갑

해설 안전 가드레일은 안전시설이다.

36. 다음 중 보안경을 착용하는 이유로 틀린 것은?

① 유해약물의 침입을 막기 위하여
② 떨어지는 중량물을 피하기 위하여
③ 비산되는 칩에 의한 부상을 막기 위하여
④ 유해광선으로부터 눈을 보호하기 위하여

해설 **보안경을 착용하는 이유** : 유해약물이 눈에 침입하는 것을 막기 위하여, 비산되는 칩에 의한 눈의 부상을 막기 위하여, 유해광선으로부터 눈을 보호하기 위하여

37. 아크용접에서 눈을 보호하기 위한 보안경 선택으로 맞는 것은?

① 도수 안경 ② 방진 안경
③ 차광용 안경 ④ 실험실용 안경

38. 사용구분에 따른 차광 보안경의 종류에 해당하지 않는 것은?

① 자외선용 ② 적외선용
③ 용접용 ④ 비산방지용

해설 **차광 보안경의 종류** : 자외선용, 적외선용, 용접용, 복합용

39. 시력을 교정하고 비산물로부터 눈을 보호하기 위한 보안경은?

① 고글형 보안경
② 도수렌즈 보안경
③ 유리 보안경
④ 플라스틱 보안경

해설 도수렌즈 보안경은 시력을 교정하고 비산물로부터 눈을 보호하기 위한 보안경이다.

40. 안전모에 대한 설명으로 바르지 못한 것은?

① 알맞은 규격으로 성능시험에 합격품이어야 한다.
② 구멍을 뚫어서 통풍이 잘되게 하여 착용한다.
③ 각종 위험으로부터 보호할 수 있는 종류의 안전모를 선택해야 한다.
④ 가볍고 성능이 우수하며 머리에 꼭 맞고 충격흡수성이 좋아야 한다.

해설 안전모에 구멍을 뚫어서는 안 된다.

41. 먼지가 많은 장소에서 착용하여야 하는 마스크는?

① 방독 마스크 ② 산소 마스크
③ 방진 마스크 ④ 일반 마스크

해설 분진(먼지)이 발생하는 장소에서는 방진 마스크를 착용하여야 한다.

42. 산소결핍의 우려가 있는 장소에서 착용하여야 하는 마스크의 종류는?

① 방독 마스크 ② 방진 마스크
③ 송기 마스크 ④ 가스 마스크

해설 산소결핍의 우려가 있는 장소에서는 송기(송풍) 마스크를 착용하여야 한다.

43. 감전되거나 전기화상을 입을 위험이 있는 곳에서 작업 시 작업자가 착용해야 할 것은?

① 구명구 ② 보호구
③ 구명조끼 ④ 비상벨

해설 감전되거나 전기 화상을 입을 위험이 있는 작업장에서는 보호구를 착용하여야 한다.

정답 35 ③ 36 ② 37 ③ 38 ④ 39 ② 40 ② 41 ③ 42 ③ 43 ②

44. **중량물 운반 작업 시 착용하여야 할 안전화로 가장 적절한 것은?**

① 중 작업용 ② 보통 작업용
③ 경 작업용 ④ 절연용

해설 중량물 운반 작업을 할 때에는 중 작업용 안전화를 착용하여야 한다.

45. **안전관리상 장갑을 끼고 작업할 경우 위험할 수 있는 것은?**

① 드릴작업 ② 줄 작업
③ 용접작업 ④ 판금작업

46. **전기기기에 의한 감전 사고를 막기 위하여 필요한 설비로 가장 중요한 것은?**

① 접지설비
② 방폭등 설비
③ 고압계 설비
④ 대지전위 상승설비

해설 전기 기기에 의한 감전 사고를 막기 위해서는 접지설비를 하여야 한다.

47. **전기 감전위험이 생기는 경우로 가장 거리가 먼 것은?**

① 몸에 땀이 배어 있을 때
② 옷이 비에 젖어 있을 때
③ 앞치마를 하지 않았을 때
④ 발밑에 물이 있을 때

48. **감전재해 사고 발생 시 취해야 할 행동으로 틀린 것은?**

① 설비의 전기 공급원 스위치를 내린다.
② 피해자 구출 후 상태가 심할 경우 인공호흡 등 응급조치를 한 후 작업을 직접 마무리하도록 도와준다.
③ 전원을 끄지 못했을 때는 고무장갑이나 고무장화를 착용하고 피해자를 구출한다.
④ 피해자가 지닌 금속체가 전선 등에 접촉되었는가를 확인한다.

49. **작업장에서 작업복을 착용하는 이유로 가장 옳은 것은?**

① 작업장의 질서를 확립시키기 위해서
② 작업자의 직책과 직급을 알리기 위해서
③ 재해로부터 작업자의 몸을 보호하기 위해서
④ 작업자의 복장통일을 위해서

해설 작업복을 착용하는 이유는 재해로부터 작업자의 몸을 보호하기 위함이다.

50. **작업복에 대한 설명으로 적합하지 않은 것은?**

① 작업복은 몸에 알맞고 동작이 편해야 한다.
② 착용자의 연령, 성별 등에 관계없이 일률적인 스타일을 선정해야 한다.
③ 작업복은 항상 깨끗한 상태로 입어야 한다.
④ 주머니가 너무 많지 않고, 소매가 단정한 것이 좋다.

51. **납산배터리 액체를 취급하는 데 가장 적합한 것은?**

① 고무로 만든 옷
② 가죽으로 만든 옷
③ 무명으로 만든 옷
④ 화학섬유로 만든 옷

해설 납산배터리 액체(전해액)를 취급할 경우에는 고무로 만든 옷을 착용하여야 한다.

정답 44 ① 45 ① 46 ① 47 ③ 48 ② 49 ③ 50 ② 51 ①

52. 〈보기〉에서 작업자의 올바른 안전자세로 모두 짝지어진 것은?

보기
㉮ 자신의 안전과 타인의 안전을 고려한다. ㉯ 작업에 임해서는 아무런 생각 없이 작업한다. ㉰ 작업장 환경 조성을 위해 노력한다. ㉱ 작업 안전사항을 준수한다.

① ㉮, ㉯, ㉰ ② ㉮, ㉰, ㉱
③ ㉮, ㉯, ㉱ ④ ㉮, ㉯, ㉰, ㉱

53. 유해한 작업환경요소가 아닌 것은?

① 화재나 폭발의 원인이 되는 환경
② 신선한 공기가 공급되도록 하는 환풍장치 등의 설비
③ 소화기와 호흡기를 통하여 흡수되어 건강장애를 일으키는 물질
④ 피부나 눈에 접촉하여 자극을 주는 물질

54. 안전표시 중 응급치료소, 응급처치용 장비를 표시하는 데 사용하는 색채는?

① 황색과 흑색 ② 적색
③ 흑색과 백색 ④ 녹색

해설 응급치료소, 응급처치용 장비를 표시하는 데 사용하는 색채는 녹색이다.

55. 산업안전보건법령상 안전 · 보건표지에서 색채와 용도가 잘못 짝지어진 것은?

① 파란색 : 지시
② 녹색 : 안내
③ 노란색 : 위험
④ 빨간색 : 금지, 경고

해설 노란색 : 주의(충돌, 추락, 전도 및 그 밖의 비슷한 사고의 방지를 위해 물리적 위험성을 표시)

56. 사고로 인하여 위급한 환자가 발생하였다. 의사의 치료를 받기 전까지 응급처치를 실시할 때 응급처치 실시자의 준수사항으로 가장 거리가 먼 것은?

① 사고현장 조사를 실시한다.
② 원칙적으로 의약품의 사용은 피한다.
③ 의식 확인이 불가능하여도 생사를 임의로 판정하지 않는다.
④ 정확한 방법으로 응급처치를 한 후 반드시 의사의 치료를 받도록 한다.

57. 안전적인 측면에서 병 속에 들어 있는 약품을 냄새로 알아보고자 할 때 가장 좋은 방법은?

① 내용물을 조금 쏟아서 확인한다.
② 손바람을 이용하여 확인한다.
③ 숟가락으로 약간 떠내어 냄새를 직접 맡아 본다.
④ 종이로 적셔서 알아본다.

58. 다음 〈보기〉는 재해 발생 시 조치요령이다. 조치순서로 가장 적합하게 이루어진 것은?

보기
㉮ 운전 정지 ㉯ 관련된 또 다른 재해 방지 ㉰ 피해자 구조 ㉱ 응급처치

① ㉮ → ㉯ → ㉰ → ㉱
② ㉰ → ㉯ → ㉱ → ㉮
③ ㉰ → ㉱ → ㉮ → ㉯

정답 52 ② 53 ② 54 ④ 55 ③ 56 ① 57 ② 58 ④

④ ㉮ → ㉰ → ㉱ → ㉯

해설 재해가 발생하였을 때 조치순서는 운전 정지 → 피해자 구조 → 응급처치 → 2차 재해 방지이다.

59. 안전 · 보건표지의 구분에 해당하지 않는 것은?

① 금지표지 ② 성능표지
③ 지시표지 ④ 안내표지

해설 **안전표지의 종류** : 금지표지, 경고표지, 지시표지, 안내표지

60. 안전 · 보건표지의 종류별 용도 · 사용 장소 · 형태 및 색채에서 바탕은 흰색, 기본모형은 빨간색, 관련부호 및 그림은 검정색으로 된 표지는?

① 보조표지 ② 지시표지
③ 주의표지 ④ 금지표지

해설 **금지표지** : 바탕은 흰색, 기본모형은 빨간색, 관련부호 및 그림은 검정색이다.

61. 그림과 같은 안전 표지판이 나타내는 것은?

① 비상구
② 출입금지
③ 인화성 물질경고
④ 보안경 착용

62. 산업안전 보건표지에서 그림이 나타내는 것은?

① 비상구 없음 표지
② 방사선위험 표지
③ 탑승금지 표지
④ 보행금지 표지

63. 안전 · 보건표지의 종류와 형태에서 그림의 표지로 맞는 것은?

① 차량통행금지 ② 사용금지
③ 탑승금지 ④ 물체이동금지

64. 안전 · 보건표지의 종류와 형태에서 그림의 안전표지판이 나타내는 것은?

① 보행금지 ② 작업금지
③ 출입금지 ④ 사용금지

65. 안전 · 보건표지의 종류와 형태에서 그림과 같은 표지는?

① 인화성 물질경고
② 금연
③ 화기금지
④ 산화성 물질경고

66. 안전 · 보건표지의 종류와 형태에서 그림의 안전표지판이 나타내는 것은?

① 사용금지 ② 탑승금지
③ 보행금지 ④ 물체이동금지

정답 59 ② 60 ④ 61 ② 62 ④ 63 ① 64 ④ 65 ③ 66 ④

67. 산업안전보건표지의 종류에서 경고표시에 해당되지 않는 것은?

① 방독면착용 ② 인화성물질경고
③ 폭발물경고 ④ 저온경고

68. 산업안전보건법령상 안전 · 보건표지의 종류 중 그림에 해당하는 것은?

① 산화성 물질경고
② 인화성 물질경고
③ 폭발성 물질경고
④ 급성독성 물질경고

69. 산업안전보건표지에서 그림이 표시하는 것으로 맞는 것은?

① 독극물 경고 ② 폭발물 경고
③ 고압전기 경고 ④ 낙하물 경고

70. 안전 · 보건표지의 종류와 형태에서 그림의 안전표지판이 나타내는 것은?

① 폭발물경고 ② 매달린 물체경고
③ 몸균형상실경고 ④ 방화성 물질경고

71. 안전 · 보건표지의 종류와 형태에서 그림의 안전표지판이 사용되는 곳은?

① 폭발성의 물질이 있는 장소
② 발전소나 고전압이 흐르는 장소
③ 방사능 물질이 있는 장소
④ 레이저 광선에 노출될 우려가 있는 장소

72. 보안경 착용, 방독 마스크 착용, 방진 마스크 착용, 안전모자 착용, 귀마개 착용 등을 나타내는 표지의 종류는?

① 금지표지 ② 지시표지
③ 안내표지 ④ 경고표지

73. 그림은 안전표지의 어떠한 내용을 나타내는가?

① 지시표지 ② 금지표지
③ 경고표지 ④ 안내표지

74. 안전 · 보건표지의 종류와 형태에서 그림의 표지로 맞는 것은?

① 안전복 착용 ② 안전모 착용
③ 보안면 착용 ④ 출입금지

75. 안전 · 보건표지의 종류와 형태에서 그림의 표지로 맞는 것은?

① 보행금지 ② 몸균형상실경고
③ 안전복착용 ④ 방독마스크착용

정답 67 ① 68 ② 69 ③ 70 ② 71 ④ 72 ② 73 ① 74 ② 75 ③

76. 안전 · 보건표지에서 안내표지의 바탕색은?

① 백색 ② 적색 ③ 녹색 ④ 흑색

해설 안내표지는 녹색바탕에 백색으로 안내대상을 지시하는 표지판이다.

77. 안전표지의 종류 중 안내표지에 속하지 않는 것은?

① 녹십자 표지 ② 응급구호 표지
③ 비상구 ④ 출입금지

78. 안전 · 보건표지의 종류와 형태에서 그림의 표지로 맞는 것은?

① 비상구 ② 안전제일표지
③ 응급구호표지 ④ 들것표지

79. 그림과 같은 안전표지판이 나타내는 것은?

① 비상구 ② 출입금지
③ 보안경 착용 ④ 인화성물질 경고

80. 화재에 대한 설명으로 틀린 것은?

① 화재가 발생하기 위해서는 가연성 물질, 산소, 발화원이 반드시 필요하다.
② 가연성 가스에 의한 화재를 D급 화재라 한다.
③ 전기에너지가 발화원이 되는 화재를 C급 화재라 한다.
④ 화재는 어떤 물질이 산소와 결합하여 연소하면서 열을 방출시키는 산화반응을 말한다.

해설 유류(기름) 및 가연성 가스에 의한 화재를 B급 화재라 한다.

81. 화재 발생 시 연소조건이 아닌 것은?

① 산소(공기) ② 점화원
③ 발화시기 ④ 가연성 물질

해설 화재가 발생하기 위해서는 가연성 물질, 산소, 점화원(발화원)이 반드시 필요하다.

82. 안전적 측면에서 인화점이 낮은 연료의 내용으로 맞는 것은?

① 화재 발생 부분에서 안전하다.
② 화재 발생 위험이 있다.
③ 연소상태의 불량 원인이 된다.
④ 압력 저하 요인이 발생한다.

해설 인화점이 낮은 연료는 화재 발생 위험이 있다.

83. 연소조건에 대한 설명으로 틀린 것은?

① 산화되기 쉬운 것일수록 타기 쉽다.
② 열전도율이 적은 것일수록 타기 쉽다.
③ 발열량이 적은 것일수록 타기 쉽다.
④ 산소와의 접촉면이 클수록 타기 쉽다.

해설 산화되기 쉬운 것일수록, 열전도율이 적은 것일수록, 발열량이 많은 것일수록, 산소와의 접촉면이 클수록 타기 쉽다.

84. 자연발화성 및 금속성 물질이 아닌 것은?

① 탄소 ② 나트륨
③ 칼륨 ④ 알킬나트륨

해설 자연발화성 및 금속성 물질에는 나트륨, 칼륨, 알킬나트륨이 있다.

정답 76 ③ 77 ④ 78 ③ 79 ① 80 ② 81 ③ 82 ② 83 ③ 84 ①

85. 자연발화가 일어나기 쉬운 조건으로 틀린 것은?

① 발열량이 클 때
② 주위온도가 높을 때
③ 착화점이 낮을 때
④ 표면적이 작을 때

해설 자연발화는 발열량이 클 때, 주위온도가 높을 때, 착화점이 낮을 때, 고온다습한 환경일 때 발생하기 쉽다.

86. 가스 및 인화성 액체에 의한 화재예방조치 방법으로 틀린 것은?

① 가연성 가스는 대기 중에 자주 방출시킬 것
② 인화성 액체의 취급은 폭발한계의 범위를 초과한 농도로 할 것
③ 배관 또는 기기에서 가연성 증기의 누출여부를 철저히 점검할 것
④ 화재를 진화하기 위한 방화 장치는 위급상황 시 눈에 잘 띄는 곳에 설치할 것

87. 소화설비 선택 시 고려하여야 할 사항이 아닌 것은?

① 작업의 성질 ② 작업자의 성격
③ 화재의 성질 ④ 작업장의 환경

88. 목재, 종이, 석탄 등 일반 가연물의 화재는 어떤 화재로 분류하는가?

① A급 화재 ② B급 화재
③ C급 화재 ④ D급 화재

해설 **A급 화재** : 나무, 석탄 등 연소 후 재를 남기는 일반적인 화재

89. 화재의 분류기준에서 휘발유(액상 또는 기체상의 연료성 화재)로 인해 발생한 화재는?

① A급 화재 ② B급 화재
③ C급 화재 ④ D급 화재

해설 **B급 화재** : 휘발유, 벤젠 등 유류화재

90. 유류화재 시 소화 방법으로 부적절한 것은?

① 모래를 뿌린다.
② 다량을 물을 부어 끈다.
③ ABC소화기를 사용한다.
④ B급 화재소화기를 사용한다.

91. 작업장에서 휘발유 화재가 일어났을 경우 가장 적합한 소화 방법은?

① 물 호스의 사용
② 불의 확대를 막는 덮개의 사용
③ 소다 소화기의 사용
④ 탄산가스 소화기의 사용

해설 유류화재에는 탄산가스(이산화탄소) 소화기를 사용한다.

92. 전기시설과 관련된 화재로 분류되는 것은?

① A급 화재 ② B급 화재
③ C급 화재 ④ D급 화재

해설 **C급 화재** : 전기화재

93. 전기화재 시 가장 좋은 소화기는?

① 포말소화기
② 이산화탄소 소화기
③ 중조산식 소화기
④ 산 · 알칼리 소화기

해설 전기화재에는 이산화탄소 소화기를 사용한다.

정답 85 ④ 86 ① 87 ② 88 ① 89 ② 90 ② 91 ④ 92 ③ 93 ②

94. **전기설비 화재 시 가장 적합하지 않은 소화기는?**

① 포말소화기
② 이산화탄소 소화기
③ 무상강화액 소화기
④ 할로겐화합물 소화기

해설 전기화재의 소화에 포말소화기는 사용해서는 안 된다.

95. **금속나트륨이나 금속칼륨 화재의 소화재로서 가장 적합한 것은?**

① 물
② 포소화기
③ 건조사
④ 이산화탄소 소화기

해설 **금속화재** : 금속나트륨 등의 화재로서 일반적으로 건조사를 이용한 질식효과로 소화한다.

96. **소화 작업의 기본요소가 아닌 것은?**

① 가연물질을 제거하면 된다.
② 산소를 차단하면 된다.
③ 점화원을 제거시키면 된다.
④ 연료를 기화시키면 된다.

97. **화재 발생 시 초기진화를 위해 소화기를 사용하고자 할 때, 다음 〈보기〉에서 소화기 사용 방법에 따른 순서로 맞는 것은?**

보기
㉮ 안전핀을 뽑는다. ㉯ 안전핀 걸림 장치를 제거한다. ㉰ 손잡이를 움켜잡아 분사한다. ㉱ 노즐을 불이 있는 곳으로 향하게 한다.

① ㉮ → ㉯ → ㉰ → ㉱
② ㉰ → ㉮ → ㉯ → ㉱
③ ㉱ → ㉯ → ㉰ → ㉮
④ ㉯ → ㉮ → ㉱ → ㉰

해설 **소화기 사용 순서** : 안전핀 걸림 장치를 제거한다. → 안전핀을 뽑는다. → 노즐을 불이 있는 곳으로 향하게 한다. → 손잡이를 움켜잡아 분사한다.

98. **화재 발생 시 소화기를 사용하여 소화 작업을 할 때 올바른 방법은?**

① 바람을 안고 우측에서 좌측을 향해 실시한다.
② 바람을 등지고 좌측에서 우측을 향해 실시한다.
③ 바람을 안고 아래쪽에서 위쪽을 향해 실시한다.
④ 바람을 등지고 위쪽에서 아래쪽을 향해 실시한다.

해설 소화기를 사용하여 소화 작업을 할 경우에는 바람을 등지고 위쪽에서 아래쪽을 향해 실시한다.

99. **전기화재에 적합하며 화재 때 화점에 분사하는 소화기로 산소를 차단하는 소화기는?**

① 포말소화기
② 이산화탄소 소화기
③ 분말소화기
④ 증발소화기

해설 이산화탄소 소화기는 유류, 전기화재에 모두 적용 가능하나, 산소 차단(질식작용)에 의해 화염을 진화하기 때문에 실내에서 사용할 때는 특히 주의를 기울여야 한다.

정답 94 ① 95 ③ 96 ④ 97 ④ 98 ④ 99 ②

100. **건설기계에 비치할 가장 적합한 종류의 소화기는?**

① A급 화재소화기
② 포말B소화기
③ ABC소화기
④ 포말소화기

해설 건설기계에 비치할 가장 적합한 종류의 소화기는 A(일반화재)B(유류화재)C(전기화재)소화기이다.

101. **화재 및 폭발의 우려가 있는 가스 발생장치 작업장에서 지켜야 할 사항으로 맞지 않는 것은?**

① 불연성 재료의 사용 금지
② 화기의 사용 금지
③ 인화성 물질 사용 금지
④ 점화의 원인이 될 수 있는 기계 사용 금지

102. **화재 발생으로 부득이 화염이 있는 곳을 통과할 때의 요령으로 틀린 것은?**

① 몸을 낮게 엎드려서 통과한다.
② 물수건으로 입을 막고 통과한다.
③ 머리카락, 얼굴, 발, 손 등을 불과 닿지 않게 한다.
④ 뜨거운 김은 입으로 마시면서 통과한다.

103. **소화하기 힘든 정도로 화재가 진행된 현장에서 제일 먼저 취하여야 할 조치로 가장 올바른 것은?**

① 소화기 사용
② 화재 신고
③ 인명 구조
④ 경찰서에 신고

104. **소화 작업 시 행동 요령으로 틀린 것은?**

① 카바이드 및 유류에는 물을 뿌린다.
② 가스밸브를 잠그고 전기 스위치를 끈다.
③ 전선에 물을 뿌릴 때는 송전 여부를 확인한다.
④ 화재가 일어나면 화재 경보를 한다.

해설 카바이드 및 유류에는 물을 뿌리면 더 위험하다.

105. **화상을 입었을 때 응급조치로 가장 적합한 것은?**

① 옥도정기를 바른다.
② 메틸알코올에 담근다.
③ 아연화연고를 바르고 붕대를 감는다.
④ 찬물에 담갔다가 아연화연고를 바른다.

해설 화상을 입었을 때에는 찬물에 담갔다가 아연화연고를 바른다.

정답 100 ③ 101 ① 102 ④ 103 ③ 104 ① 105 ④

제 2 장 기계 · 기기 및 공구에 관한 사항

2-1 수공구 안전사항

(1) 수공구를 사용할 때의 주의사항

① 사용하기 전에 이상 유무를 확인한다.
② 작업자는 필요한 보호구를 착용한다.
③ 사용 전에 공구에 묻은 기름 등은 닦아 낸다.
④ 사용 후에는 정해진 장소에 보관한다.
⑤ 공구를 던져서 전달해서는 안 된다.

(2) 렌치(wrench)를 사용할 때의 주의사항

① 볼트 및 너트에 맞는 것을 사용한다.
② 렌치를 몸 안쪽으로 잡아당겨 움직이도록 한다.
③ 힘의 전달을 크게 하기 위하여 파이프 등을 끼워서 사용해서는 안 된다.
④ 렌치를 해머로 두들겨서 사용하지 않는다.

(3) 토크렌치(torque wrench)

볼트 · 너트 등을 조일 때 조이는 힘을 측정(조임력을 규정 값에 정확히 맞도록)하기 위하여 사용한다.

(4) 드라이버(driver)를 사용할 때의 주의사항

① 크기는 손잡이를 제외한 길이로 표시한다.
② 날 끝의 홈의 폭과 길이가 같은 것을 사용한다.
③ 작은 크기의 부품이라도 경우 바이스(vise)에 고정시키고 작업한다..
④ 전기 작업을 할 때에는 절연된 손잡이를 사용한다.
⑤ 정 대용으로 드라이버를 사용해서는 안 된다.

(5) 해머(hammer)를 사용할 때의 주의사항

① 녹슨 것을 때릴 때에는 반드시 보안경을 쓴다.

② 기름이 묻은 손이나 장갑을 끼고 작업하지 않는다.

③ 작게 시작하여 차차 큰 행정으로 작업한다.

2-2 드릴작업을 할 때의 주의사항

① 구멍을 거의 뚫었을 때 일감 자체가 회전하기 쉽다.

② 드릴의 탈 · 부착은 회전이 멈춘 다음 행한다.

③ 장갑을 끼고 작업해서는 안 된다.

④ 드릴작업을 하고자 할 때 재료 밑의 받침은 나무판을 이용한다.

2-3 그라인더(연삭숫돌) 작업을 할 때의 주의사항

① 반드시 보호안경을 착용하여야 한다.

② 안전커버를 떼고서 작업해서는 안 된다.

③ 숫돌작업은 측면에 서서 숫돌의 정면을 이용하여 연삭한다.

2-4 산소용접 작업을 할 때의 유의사항

① 반드시 소화기를 준비한다.

② 아세틸렌 밸브를 열어 점화한 후 산소밸브를 연다.

③ 점화는 성냥불로 직접 하지 않는다.

④ 산소통의 메인밸브가 얼었을 때 40~60℃ 이하의 물로 녹인다.

굴삭기 운전기능사

출제 예상 문제

01. 기계의 보수점검 시 운전 상태에서 해야 하는 작업은?

① 체인의 장력상태 확인
② 베어링의 급유상태 확인
③ 벨트의 장력상태 확인
④ 클러치의 작동상태 확인

해설 클러치의 작동상태를 확인할 때에는 운전 상태에서 하여야 한다.

02. 기계 및 기계장치를 불안전하게 취급할 수 있는 등 사고가 발생하는 원인과 가장 거리가 것은?

① 기계 및 기계장치가 너무 넓은 장소에 설치되어 있을 때
② 정리정돈 및 조명장치가 잘되어 있지 않을 때
③ 적합한 공구를 사용하지 않을 때
④ 안전장치 및 보호 장치가 잘되어 있지 않을 때

03. 기계시설의 안전 유의사항에 맞지 않는 것은?

① 회전 부분(기어, 벨트, 체인) 등은 위험하므로 반드시 커버를 씌워 둔다.
② 발전기, 용접기, 엔진 등 장비는 한곳에 모아서 배치한다.
③ 작업장의 통로는 근로자가 안전하게 다닐 수 있도록 정리정돈을 한다.
④ 작업장의 바닥은 보행에 지장을 주지 않도록 청결하게 유지한다.

해설 발전기, 용접기, 엔진 등 소음이 나는 장비는 분산시켜 배치한다.

04. 동력공구 사용 시 주의사항으로 틀린 것은?

① 보호구는 안 해도 무방하다.
② 에어 그라인더는 회전수에 유의한다.
③ 규정 공기압력을 유지한다.
④ 압축공기 중의 수분을 제거하여 준다.

05. 안전사항으로 틀린 것은?

① 전선의 연결부는 되도록 저항을 적게 해야 한다.
② 전기장치는 반드시 접지하여야 한다.
③ 퓨즈교체 시에는 기준보다 용량이 큰 것을 사용한다.
④ 계측기는 최대 측정범위를 초과하지 않도록 해야 한다.

06. 원목처럼 길이가 긴 화물을 외줄 달기 슬링용구를 사용하여 물건을 안전하게 달아 올리는 방법으로 가장 거리가 먼 것은?

① 화물의 중량이 많이 걸리는 방향을 아래쪽으로 향하게 들어올린다.
② 제한용량 이상을 달지 않는다.
③ 수평으로 달아 올린다.
④ 신호에 따라 움직인다.

해설 물건을 달아 올릴 때에는 반드시 수직으로 달아 올려야 한다.

정답 01 ④ 02 ① 03 ② 04 ① 05 ③ 06 ③

07. 지렛대 사용 시 주의사항이 아닌 것은?

① 손잡이가 미끄럽지 않을 것
② 화물 중량과 크기에 적합한 것
③ 화물 접촉면을 미끄럽게 할 것
④ 둥글고 미끄러지기 쉬운 지렛대는 사용하지 말 것

08. 무거운 물체를 인양하기 위하여 체인블록을 사용할 때 안전상 가장 적절한 것은?

① 체인이 느슨한 상태에서 급격히 잡아당기면 재해가 발생할 수 있으므로 안전을 확인할 수 있는 시간적 여유를 가지고 작업한다.
② 무조건 굵은 체인을 사용하여야 한다.
③ 내릴 때는 하중 부담을 줄이기 위해 최대한 빠른 속도로 실시한다.
④ 이동 시는 무조건 최대거리 코스로 빠른 시간 내에 이동시켜야 한다.

해설 체인블록을 사용할 때에는 체인이 느슨한 상태에서 급격히 잡아당기면 재해가 발생할 수 있으므로 안전을 확인할 수 있는 시간적 여유를 가지고 작업한다.

09. 공기(air)기구 사용 작업에서 적당치 않은 것은?

① 공기기구의 섭동 부위에 윤활유를 주유하면 안 된다.
② 규정에 맞는 토크를 유지하면서 작업한다.
③ 공기를 공급하는 고무호스가 꺾이지 않도록 한다.
④ 공기기구의 반동으로 생길 수 있는 사고를 미연에 방지한다.

해설 공기기구의 섭동(미끄럼 운동) 부위에는 윤활유를 주유하여야 한다.

10. 수공구 사용 시 안전수칙으로 바르지 못한 것은?

① 톱 작업은 밀 때 절삭되게 작업한다.
② 줄 작업으로 생긴 쇳가루는 브러시로 털어 낸다.
③ 해머작업은 미끄러짐을 방지하기 위해서 반드시 면장갑을 끼고 작업한다.
④ 조정렌치는 조정조가 있는 부분에 힘을 받지 않게 하여 사용한다.

해설 해머작업을 할 때 장갑을 껴서는 안 된다.

11. 일반 공구사용에 있어 안전관리에 적합하지 않은 것은?

① 작업특성에 맞는 공구를 선택하여 사용할 것
② 공구는 사용 전에 점검하여 불안전한 공구는 사용하지 말 것
③ 작업 진행 중 옆 사람에서 공구를 줄 때는 가볍게 던져 줄 것
④ 손이나 공구에 기름이 묻었을 때에는 완전히 닦은 후 사용할 것

12. 공구사용 시 주의해야 할 사항으로 틀린 것은?

① 해머 작업 시 보호안경을 쓸 것
② 주위 환경에 주의해서 작업할 것
③ 손이나 공구에 기름을 바른 다음 작업할 것
④ 강한 충격을 가하지 않을 것

해설 손이나 공구에 기름이 묻은 때에는 미끄럽기 때문에 반드시 닦아 내고 작업하여야 한다.

13. 작업장에 필요한 수공구의 보관 방법으로 적합하지 않은 것은?

정답 07 ③ 08 ① 09 ① 10 ③ 11 ③ 12 ③ 13 ③

① 공구함을 준비하여 종류와 크기별로 보관한다.
② 사용한 공구는 파손된 부분 등의 점검 후 보관한다.
③ 사용한 수공구는 녹슬지 않도록 손잡이 부분에 오일을 발라 보관하도록 한다.
④ 날이 있거나 뾰족한 물건은 위험하므로 뚜껑을 씌워 둔다.

해설 사용한 수공구에 오일이 묻은 경우에는 깨끗이 닦은 후 보관하여야 한다.

14. 볼트 · 너트를 조일 때 사용하는 공구가 아닌 것은?

① 소켓렌치 ② 복스렌치
③ 파이프렌치 ④ 토크렌치

15. 수공구인 렌치를 사용할 때 지켜야 할 안전사항으로 옳은 것은?

① 볼트를 풀 때는 지렛대 원리를 이용하여, 렌치를 밀어서 힘이 받도록 한다.
② 볼트를 조일 때는 렌치를 해머로 쳐서 조이면 강하게 조일 수 있다.
③ 렌치작업 시 큰 힘으로 조일 경우 연장대를 끼워서 작업한다.
④ 볼트를 풀 때는 렌치 손잡이를 당길 때 힘을 받도록 한다.

해설 수공구로 볼트 및 너트를 풀거나 조일 때에는 렌치 손잡이를 당길 때 힘을 받도록 한다.

16. 스패너 사용 시 주의사항으로 잘못된 것은?

① 스패너의 입이 폭과 맞는 것을 사용한다.
② 필요 시 두 개를 이어서 사용할 수 있다.
③ 스패너를 너트에 정확하게 장착하여 사용한다.
④ 스패너의 입이 변형된 것은 폐기한다.

해설 스패너를 사용할 때 2개를 이어서 사용해서는 안 된다.

17. 렌치의 사용이 적합하지 않은 것은?

① 둥근 파이프를 죌 때 파이프렌치를 사용하였다.
② 렌치는 적당한 힘으로 볼트, 너트를 죄고 풀어야 한다.
③ 오픈렌치는 연료파이프의 피팅 작업에 사용해서는 안 된다.
④ 토크렌치의 용도는 볼트나 너트를 규정 토크로 조일 때만 사용한다.

18. 6각 볼트 · 너트를 조이고 풀 때 가장 적합한 공구는?

① 바이스 ② 플라이어
③ 드라이버 ④ 복스렌치

19. 복스렌치가 오픈엔드렌치보다 비교적 많이 사용되는 이유로 옳은 것은?

① 두 개를 한 번에 조일 수 있다.
② 마모율이 적고 가격이 저렴하다.
③ 다양한 볼트, 너트의 크기를 사용할 수 있다.
④ 볼트와 너트 주위를 감싸 힘의 균형 때문에 미끄러지지 않는다.

해설 복스렌치가 오픈엔드렌치보다 비교적 많이 사용되는 이유는 볼트와 너트 주위를 감싸 힘의 균형 때문에 미끄러지지 않기 때문이다.

정답 14 ③ 15 ④ 16 ② 17 ③ 18 ④ 19 ④

20. 볼트나 너트를 조일 때, 가장 많은 힘을 가하여 조일 수 있는 공구는?

① 조정렌치 ② 소켓렌치
③ 조합렌치 ④ 오픈렌치

해설 소켓렌치는 볼트나 너트를 조일 때, 가장 많은 힘을 가하여 조일 수 있다.

21. 해머 작업의 안전수칙으로 가장 거리가 먼 것은?

① 해머를 사용할 때 자루 부분을 확인할 것
② 공동으로 해머작업 시는 호흡을 맞출 것
③ 열처리된 장비의 부품은 강하므로 힘껏 때릴 것
④ 장갑을 끼고 해머작업을 하지 말 것

해설 열처리된 재료(담금질한 재료)는 해머로 타격해서는 안 된다.

22. 드라이버 사용 시 주의할 점으로 틀린 것은?

① 규격에 맞는 드라이버를 사용한다.
② 드라이버는 지렛대 대신으로 사용하지 않는다.
③ 클립(clip)이 있는 드라이버는 옷에 걸고 다녀도 무방하다.
④ 잘 풀리지 않는 나사는 플라이어를 이용하여 강제로 뺀다.

23. 줄 작업 시 주의사항으로 틀린 것은?

① 줄은 반드시 자루를 끼워서 사용한다.
② 줄은 반드시 바이스 등에 올려놓아야 한다.
③ 줄은 부러지기 쉬우므로 절대로 두드리거나 충격을 주어서는 안 된다.
④ 줄은 사용하기 전에 균열 유무를 충분히 점검하여야 한다.

24. 정 작업 시 안전수칙으로 부적합한 것은?

① 담금질한 재료를 정으로 처서는 안 된다.
② 기름을 깨끗이 닦은 후에 사용한다.
③ 머리가 벗겨진 것은 사용하지 않는다.
④ 차광안경을 착용한다.

해설 정(chisel) 작업을 할 때에는 보안경을 착용하여야 한다.

25. 마이크로미터를 보관하는 방법으로 틀린 것은?

① 습기가 없는 곳에 보관한다.
② 직사광선에 노출되지 않도록 한다.
③ 앤빌과 스핀들을 밀착시켜 둔다.
④ 측정 부분이 손상되지 않도록 보관함에 보관한다.

해설 마이크로미터를 보관할 때 앤빌과 스핀들을 밀착시켜서는 안 된다.

26. 드릴 작업 시 주의사항으로 틀린 것은?

① 작업이 끝나면 드릴을 척에서 빼놓는다.
② 칩을 털어 낼 때는 칩 털이를 사용한다.
③ 공작물은 움직이지 않게 고정한다.
④ 드릴이 움직일 때는 칩을 손으로 치운다.

27. 드릴 작업에서 드릴링 할 때 공작물과 드릴이 함께 회전하기 쉬운 때는?

① 드릴 핸들에 약간의 힘을 주었을 때
② 구멍 뚫기 작업이 거의 끝날 때
③ 작업이 처음 시작될 때
④ 구멍을 중간쯤 뚫었을 때

정답 20 ② 21 ③ 22 ④ 23 ② 24 ④ 25 ③ 26 ④ 27 ②

해설 드릴링 할 때 공작물과 드릴이 함께 회전하기 쉬운 때는 구멍 뚫기 작업이 거의 끝날 때이다.

28. 연삭기에서 연삭 칩의 비산을 막기 위한 안전방호 장치는?

① 안전덮개
② 광전식 안전 방호장치
③ 급정지 장치
④ 양수조작식 방호장치

해설 연삭기에는 연삭 칩의 비산을 막기 위하여 안전덮개를 부착하여야 한다.

29. 연삭 작업 시 주의사항으로 틀린 것은?

① 숫돌 측면을 사용하지 않는다.
② 작업은 반드시 보안경을 쓰고 작업한다.
③ 연삭작업은 숫돌차의 정면에 서서 작업한다.
④ 연삭숫돌에 일감을 세게 눌러 작업하지 않는다.

해설 연삭 작업은 숫돌차의 측면에 서서 작업한다.

30. 전등의 스위치가 옥내에 있으면 안 되는 것은?

① 카바이드 저장소
② 건설기계 차고
③ 공구창고
④ 절삭유 저장소

해설 카바이드에서는 아세틸렌가스가 발생하므로 전등 스위치가 옥내에 있으면 안 된다.

31. 산소가스 용기의 도색으로 맞는 것은?

① 녹색 ② 노란색
③ 흰색 ④ 갈색

해설 산소용기의 도색은 녹색이다.

32. 용접기에서 사용되는 아세틸렌 도관은 어떤 색으로 구별하는가?

① 흑색 ② 청색
③ 녹색 ④ 적색

해설 용접기에서 사용하는 아세틸렌 도관의 색은 적색이다.

33. 가스누설 검사에 가장 좋고 안전한 것은?

① 아세톤 ② 성냥불
③ 순수한 물 ④ 비눗물

34. 산소-아세틸렌 가스용접에 의해 발생되는 재해가 아닌 것은?

① 폭발 ② 화재
③ 가스점화 ④ 감전

35. 아세틸렌 용접장치의 방호장치는?

① 덮개 ② 제동장치
③ 안전기 ④ 자동전력방지기

해설 아세틸렌 용접장치의 방호장치는 안전기이다.

36. 산소-아세틸렌 사용 시 안전수칙으로 잘못된 것은?

① 산소는 산소병에 35℃ 150기압으로 충전한다.
② 아세틸렌가스의 사용압력은 15기압으로 제한한다.
③ 산소통의 메인밸브가 얼면 60℃ 이하의 물로 녹인다.
④ 산소의 누출은 비눗물로 확인한다.

해설 아세틸렌가스의 사용압력은 1기압으로 제한한다.

정답 28 ① 29 ③ 30 ① 31 ① 32 ④ 33 ④ 34 ④ 35 ③ 36 ②

37. 가스용접 시 사용하는 봄베의 안전수칙으로 틀린 것은?

① 봄베를 넘어뜨리지 않는다.
② 봄베를 던지지 않는다.
③ 산소 봄베는 40℃ 이하에서 보관한다.
④ 봄베 몸통에는 녹슬지 않도록 그리스를 바른다.

해설 봄베 몸통에 그리스 등의 오일을 바르면 폭발할 우려가 있다.

38. 가연성 가스 저장실의 안전사항으로 옳은 것은?

① 기름걸레를 가스통 사이에 끼워 충격을 적게 한다.
② 휴대용 전등을 사용한다.
③ 담뱃불을 가지고 출입한다.
④ 조명은 백열등으로 하고 실내에 스위치를 설치한다.

39. 교류아크용접기의 감전방지용 방호장치에 해당하는 것은?

① 2차 권선장치
② 자동전격방지기
③ 전류조절장치
④ 전자계전기

해설 교류아크용접기에 설치하는 방호장치는 자동전격방지기이다.

40. 전기용접의 아크 빛으로 인해 눈이 혈안이 되고 눈이 붓는 경우가 있다. 이럴 때 응급조치 사항으로 가장 적절한 것은?

① 안약을 넣고 계속 작업한다.
② 눈을 잠시 감고 안정을 취한다.
③ 소금물로 눈을 세정한 후 작업한다.
④ 냉습포를 눈 위에 올려놓고 안정을 취한다.

해설 아크 빛으로 인해 눈이 혈안이 되고 눈이 붓는 경우에는 냉습포를 눈 위에 올려놓고 안정을 취한다.

정답 37 ④ 38 ② 39 ② 40 ④

제 3 장 작업상의 안전

3-1 작업장의 안전수칙

① 작업복과 안전장구를 반드시 착용한다.
② 공구에 기름이 묻은 경우에는 닦아내고 사용한다.
③ 기계의 청소나 손질은 운전을 정지시킨 후 실시한다.
④ 작업 중 입은 부상은 즉시 응급조치를 하고 보고한다.
⑤ 전원 콘센트 및 스위치 등에 물을 뿌리지 않는다.
⑥ 기름걸레나 인화물질은 철제 상자에 보관한다.

3-2 운반 작업을 할 때의 안전사항

① 힘센 사람과 약한 사람과의 균형을 잡는다.
② 중량물을 들어 올릴 때는 체인블록이나 호이스트를 이용한다.
③ 명령과 지시는 한 사람이 하도록 하고, 양손으로는 물건을 받친다.
④ 약하고 가벼운 것은 위에, 무거운 것을 밑에 쌓는다.
⑤ 드럼통과 LPG 봄베는 굴려서 운반해서는 안 된다.

3-3 벨트에 관한 안전사항

① 재해가 가장 많이 발생하는 것이 벨트이다.
② 벨트를 걸거나 벗길 때에는 정지한 상태에서 실시한다.
③ 벨트의 회전을 정지할 때에 손으로 잡아서는 안 된다.
④ 벨트가 풀리에 감겨 돌아가는 부분은 커버나 덮개를 설치한다.
⑤ 벨트의 이음쇠는 돌기가 없는 구조로 한다.

굴삭기 운전기능사

출제 예상 문제

01. 양중기에 해당되지 않는 것은?

① 곤돌라 ② 크레인
③ 리프트 ④ 지게차

해설 양중기의 종류에는 이동식 크레인, 크레인, 승강기, 리프트, 곤돌라가 있다.

02. 운반작업 시 지켜야 할 사항으로 옳은 것은?

① 운반작업은 장비를 사용하기보다는 가능한 많은 인력을 동원하여 하는 것이 좋다.
② 인력으로 운반 시 무리한 자세로 장시간 취급하지 않는다.
③ 인력으로 운반 시 보조기구를 사용하되 몸에서 멀리 떨어지게 하고, 가슴 위치에서 하중이 걸리게 한다.
④ 통로 및 인도에 가까운 곳에서는 빠른 속도로 벗어나는 것이 좋다.

03. 공장에서 엔진 등 중량물을 이동하려고 한다. 가장 좋은 방법은?

① 여러 사람이 들고 조용히 움직인다.
② 로프로 묶어 인력으로 당긴다.
③ 체인블록이나 호이스트를 사용한다.
④ 지렛대를 이용하여 움직인다.

해설 중량물을 이동하려고 할 때에는 체인블록이나 호이스트를 사용한다.

04. 무거운 짐을 이동할 때의 설명으로 틀린 것은?

① 힘겨우면 기계를 이용한다.
② 2인 이상이 작업할 때는 힘센 사람과 약한 사람과의 균형을 잡는다.
③ 지렛대를 이용한다.
④ 기름이 묻은 장갑을 끼고 한다.

05. 중량물 운반에 대한 설명으로 틀린 것은?

① 무거운 물건을 운반할 경우 주위사람에게 인지하게 한다.
② 흔들리는 중량물은 사람이 붙잡아서 이동한다.
③ 규정용량을 초과하여 운반하지 않는다.
④ 무거운 물건을 상승시킨 채 오랫동안 방치하지 않는다.

06. 작업 중 기계에 손이 끼어 들어가는 안전사고가 발생했을 경우 우선적으로 해야 할 것은?

① 신고부터 한다.
② 응급처치를 한다.
③ 기계의 전원을 끈다.
④ 신경 쓰지 않고 계속 작업한다.

07. 위험한 작업을 할 때 작업자에게 필요한 조치로 가장 적절한 것은?

① 작업이 끝난 후 즉시 알려 주어야 한다.
② 공청회를 통해 알려 주어야 한다.
③ 작업 전 미리 작업자에게 이를 알려 주어야 한다.

정답 01 ④ 02 ② 03 ③ 04 ④ 05 ② 06 ③ 07 ③

④ 작업하고 있을 때 작업자에게 알려 주어야 한다.

08. **작업장에 대한 안전관리상 설명으로 틀린 것은?**

① 공장바닥은 폐유를 뿌려, 먼지가 일어나지 않도록 한다.
② 작업대 사이 또는 기계 사이의 통로는 안전을 위한 일정한 너비가 필요하다.
③ 항상 청결하게 유지한다.
④ 전원 콘센트 및 스위치 등에 물을 뿌리지 않는다.

해설 공장바닥에 물이나 폐유 등을 뿌려서는 안 된다.

09. **안전작업 사항으로 잘못된 것은?**

① 전기장치는 접지를 하고 이동식 전기기구는 방호장치를 설치한다.
② 엔진에서 배출되는 일산화탄소에 대비한 통풍장치를 한다.
③ 주요장비 등은 조작자를 지정하여 아무나 조작하지 않도록 한다.
④ 담뱃불은 발화력이 약하므로 제한장소 없이 흡연해도 무방하다.

10. **공장 내 안전수칙으로 옳은 것은?**

① 기름걸레나 인화물질은 철제 상자에 보관한다.
② 공구나 부속품을 닦을 때에는 휘발유를 사용한다.
③ 차량이 잭에 의해 올려져 있을 때는 직원 이외는 차내 출입을 삼간다.
④ 높은 곳에서 작업 시 훅을 놓치지 않게 잘 잡고, 체인블록을 이용한다.

11. **작업장 정리정돈에 대한 설명으로 틀린 것은?**

① 사용이 끝난 공구는 즉시 정리한다.
② 공구 및 재료는 일정한 장소에 보관한다.
③ 폐자재는 지정된 장소에 보관한다.
④ 통로 한쪽에 물건을 보관한다.

12. **작업 시 준수해야 할 안전사항으로 틀린 것은?**

① 대형물건의 기중작업 시 신호 확인을 철저히 할 것
② 자리를 비울 때 장비 작동은 자동으로 할 것
③ 정전 시에는 반드시 전원을 차단할 것
④ 고장 중인 기계에는 표시를 해 둘 것

해설 자리를 비울 때 장비 작동을 정지시켜야 한다.

13. **작업장에서 전기가 예고 없이 정전되었을 경우 전기로 작동하던 기계 · 기구의 조치 방법으로 가장 적합하지 않은 것은?**

① 즉시 스위치를 끈다.
② 전기가 들어오는 것을 알기 위해 스위치를 켜 둔다.
③ 퓨즈의 단락 유 · 무를 검사한다.
④ 안전을 위해 작업장을 정리해 놓는다.

14. **기계의 회전 부분(기어, 벨트, 체인)에 덮개를 설치하는 이유는?**

① 좋은 품질의 제품을 얻기 위하여
② 회전 부분의 속도를 높이기 위하여
③ 제품의 제작과정을 숨기기 위하여
④ 회전 부분과 신체의 접촉을 방지하기 위하여

정답 08 ① 09 ④ 10 ① 11 ④ 12 ② 13 ② 14 ④

15. 전장품을 안전하게 보호하는 퓨즈의 사용법으로 틀린 것은?

① 퓨즈가 없으면 임시로 철사를 감아서 사용한다.
② 회로에 맞는 전류 용량의 퓨즈를 사용한다.
③ 오래되어 산화된 퓨즈는 미리 교환한다.
④ 과열되어 끊어진 퓨즈는 과열된 원인을 먼저 수리한다.

16. 작업장의 사다리식 통로를 설치하는 관련법상 틀린 것은?

① 사다리식 통로의 길이가 10m 이상인 때에는 접이식으로 설치할 것
② 발판의 간격은 일정하게 할 것
③ 사다리가 넘어지거나 미끄러지는 것을 방지하기 위한 조치를 할 것
④ 견고한 구조로 할 것

해설 사다리식 통로의 길이가 10m 이상인 때에는 5m 이내마다 계단참을 설치할 것.

17. 정비작업 시 안전에 가장 위배되는 것은?

① 깨끗하고 먼지가 없는 작업환경을 조정한다.
② 회전 부분에 옷이나 손이 닿지 않도록 한다.
③ 연료를 채운 상태에서 연료통을 용접한다.
④ 가연성 물질을 취급 시 소화기를 준비한다.

해설 연료탱크는 폭발의 우려가 있으므로 용접을 해서는 안 된다.

18. 밀폐된 공간에서 엔진을 가동할 때 가장 주의하여야 할 사항은?

① 소음으로 인한 추락
② 배출가스 중독
③ 진동으로 인한 직업병
④ 작업시간

해설 밀폐된 공간에서 엔진을 가동할 때 배출가스 중독에 주의하여야 한다.

19. 세척 작업 중 알칼리 또는 산성 세척유가 눈에 들어갔을 경우 가장 먼저 조치하여야 하는 응급처치는?

① 수돗물로 씻어 낸다.
② 눈을 크게 뜨고 바람 부는 쪽을 향해 눈물을 흘린다.
③ 알칼리성 세척유가 눈에 들어가면 붕산수를 구입하여 중화시킨다.
④ 산성 세척유가 눈에 들어가면 병원으로 후송하여 알칼리성으로 중화시킨다.

해설 세척유가 눈에 들어갔을 경우에는 가장 먼저 수돗물로 씻어 낸다.

20. 유지보수 작업의 안전에 대한 설명 중 잘못된 것은?

① 기계는 분해하기 쉬워야 한다.
② 보전용 통로는 없어도 가능하다.
③ 기계의 부품은 교환이 용이해야 한다.
④ 작업 조건에 맞는 기계가 되어야 한다.

해설 유지보수 작업을 할 때 반드시 보전용 통로가 있어야 한다.

21. 벨트 전동장치에 내재된 위험적 요소로 의미가 다른 것은?

① 트랩(trap)
② 충격(impact)
③ 접촉(contact)
④ 말림(entanglement)

정답 15 ① 16 ① 17 ③ 18 ② 19 ① 20 ② 21 ②

해설 벨트 전동장치에 내재된 위험적 요소 : 트랩(끼임), 접촉, 말림

22. 사고로 인한 재해가 가장 많이 발생할 수 있는 것은?

① 벨트와 풀리 ② 종감속기어
③ 차동기어장치 ④ 변속기

해설 사고로 인한 재해가 가장 많이 발생할 수 있는 것은 벨트와 풀리이다.

23. 풀리에 벨트를 걸거나 벗길 때 안전하게 하기 위한 작동상태는?

① 중속인 상태 ② 역회전 상태
③ 정지한 상태 ④ 고속인 상태

해설 풀리에 벨트를 걸거나 벗길 때에는 정지된 상태에서 하여야 한다.

24. 벨트 취급 시 안전에 대한 주의사항으로 틀린 것은?

① 벨트에 기름이 묻지 않도록 한다.
② 벨트의 적당한 유격을 유지하도록 한다.
③ 벨트 교환 시 회전을 완전히 멈춘 상태에서 한다.
④ 벨트의 회전을 정지시킬 때 손으로 잡아 정지시킨다.

해설 벨트의 회전을 정지시킬 때 손으로 잡아서는 안 된다.

25. 동력전달장치를 다루는 데 필요한 안전 수칙으로 틀린 것은?

① 커플링은 키 나사가 돌출되지 않도록 사용한다.
② 풀리가 회전 중일 때 벨트를 걸지 않도록 한다.
③ 벨트의 장력은 정지 중일 때 확인하지 않도록 한다.
④ 회전 중인 기어에는 손을 대지 않도록 한다.

해설 벨트의 장력은 반드시 회전이 정지된 상태에서 점검하도록 한다.

26. 건설기계 작업 시 주의사항으로 틀린 것은?

① 운전석을 떠날 경우에는 기관을 정지시킨다.
② 작업 시에는 항상 사람의 접근에 특별히 주의한다.
③ 주행 시는 가능한 한 평탄한 지면으로 주행한다.
④ 후진 시는 후진 후 사람 및 장애물 등을 확인한다.

27. 유압장치 작동 시 안전 및 유의사항으로 틀린 것은?

① 규정의 오일을 사용한다.
② 냉간 시에는 난기운전 후 작업한다.
③ 작동 중 이상소음이 생기면 작업을 중단한다.
④ 오일이 부족하면 종류가 다른 오일이라도 보충한다.

해설 오일이 부족할 때 종류가 다른 오일을 보충하면 열화가 발생한다.

28. 작업장에서 공동 작업으로 물건을 들어 이동할 때 잘못된 것은?

① 힘의 균형을 유지하여 이동할 것
② 불안전한 물건은 드는 방법에 주의할 것
③ 보조를 맞추어 들도록 할 것
④ 운반도중 상대방에게 무리하게 힘을 가할 것

정답 22 ① 23 ③ 24 ④ 25 ③ 26 ④ 27 ④ 28 ④

제 4 장 가스배관의 손상 방지

4-1 LNG와 LPG의 차이점

① LNG(액화천연가스, 도시가스)는 주성분이 메탄이며, 공기보다 가벼워 누출되면 위로 올라간다.
② LPG(액화석유가스)는 주성분이 프로판과 부탄이며, 공기보다 무거워 누출되면 바닥에 가라앉는다.

4-2 가스배관의 분류

① 가스배관의 종류에는 본관, 공급관, 내관 등이 있다.
② **본관** : 도시가스 제조 사업소의 부지 경계에서 정압기까지 이르는 배관이다.
③ **공급관** : 정압기에서 가스 사용자가 구분하여 소유하거나 점유하는 건축물의 외벽에 설치하는 계량기의 전단 밸브까지 이르는 배관이다.

4-3 가스배관과의 이격 거리 및 매설 깊이

① 상수도관 등 다른 배관을 도시가스배관 주위에 매설할 때 도시가스배관 외면과 다른 배관과의 최소 이격 거리는 30cm 이상이다.
② 가스배관과 수평거리 30cm 이내에서는 파일박기를 할 수 없다.
③ 가스배관과의 수평거리 2m 이내에서 파일박기를 하고자 할 때 시험굴착을 통하여 가스배관의 위치를 확인해야 한다.
④ 항타기(파일 드라이버)는 부득이한 경우를 제외하고 가스배관의 수평거리를 최소한 2m 이상 이격하여 설치한다.
⑤ 도시가스 배관을 공동주택 부지 내에서 매설할 때 깊이는 0.6m 이상이어야 한다.

⑥ 폭 4m 이상 8m 미만인 도로에 일반 도시가스배관을 매설할 때 지면과 배관 상부와의 최소 이격 거리는 1.0m 이상이다.
⑦ 도로 폭이 8m 이상의 큰 도로에서 장애물 등이 없을 경우 일반 도시가스배관의 최소 매설 깊이는 1.2m 이상이다.
⑧ 폭 8m 이상의 도로에서 중압의 도시가스 배관을 매설 시 규정심도는 최소 1.2m 이상이다.
⑨ 가스도매사업자의 배관을 시가지의 도로노면 밑에 매설하는 경우 노면으로부터 배관외면까지의 깊이는 1.5m 이상이다.

4-4 가스배관 및 보호포의 색상

① 가스배관 및 보호포의 색상은 저압인 경우에는 황색이다.
② 중압 이상인 경우에는 적색이다.

4-5 도시가스 압력에 의한 분류

① **저압** : 0.1MPa(메가 파스칼) 미만
② **중압** : 0.1MPa 이상 1MPa 미만
③ **고압** : 1MPa 이상

4-6 라인마크(line mark)

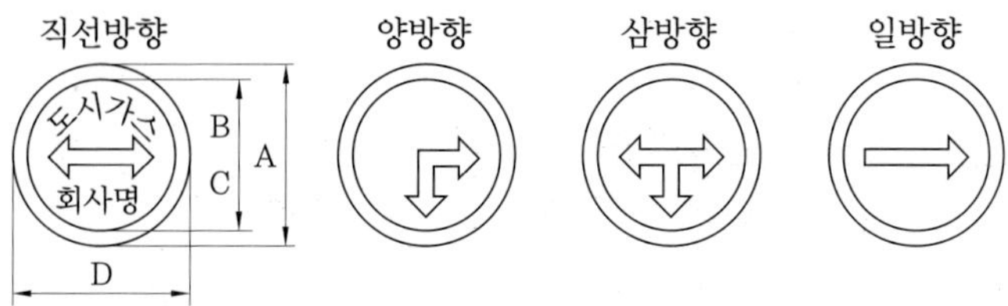

라인마크

① 지름이 9cm 정도인 원형으로 된 동(구리)합금이나 황동주물로 되어 있다.
② 분기점에는 T형 화살표가 표시되어 있다.
③ 직선구간에는 배관 길이 50m마다 1개 이상 설치되어 있다.
④ 도시가스라고 표기되어 있으며 화살표가 있다.

4-7 도로 굴착자가 굴착공사 전에 이행할 사항

① 도면에 표시된 가스배관과 기타 저장물 매설유무를 조사하여야 한다.
② 조사된 자료로 시험 굴착위치 및 굴착개소 등을 정하여 가스배관 매설위치를 확인하여야 한다.
③ 도시가스 사업자와 일정을 협의하여 시험굴착 계획을 수립하여야 한다.
④ 위치 표시용 페인트와 표지판 및 황색 깃발 등을 준비하여야 한다.

4-8 도시가스 매설배관 표지판의 설치 기준

① 표지판의 가로치수는 200mm, 세로치수는 150mm 이상의 직사각형이다.
② 포장 도로 및 공동주택 부지 내의 도로에 라인마크(line mark)와 함께 설치해서는 안 된다.
③ 황색바탕에 검정색 글씨로 도시가스 배관임을 알리고 연락처 등을 표시한다.
④ 설치간격은 500m마다 1개 이상이다.

굴삭기 운전기능사

출제 예상 문제

01. 액화천연가스에 대한 설명으로 옳지 않은 것은?

① 기체 상태는 공기보다 가볍다.
② 액체 상태로 배관을 통하여 수요자에게 공급된다.
③ LNG라 하며, 메탄이 주성분이다.
④ 가연성으로서 폭발의 위험성이 있다.

해설 액화천연가스(LNG, 도시가스)는 기체 상태로 배관을 통하여 수요자에게 공급된다.

02. 다음 중 LPG의 특성에 속하지 않는 것은?

① 액체 상태일 때 피부에 닿으면 동상의 우려가 있다.
② 누출 시 공기보다 무거워 바닥에 체류하기 쉽다.
③ 원래 무색 · 무취이나 누출 시 쉽게 발견하도록 부취제를 첨가한다.
④ 주성분은 프로판과 메탄이다.

해설 LPG의 주성분은 프로판과 부탄이다.

03. 지상에 설치되어 있는 도시가스배관 외면에 반드시 표시해야 하는 사항이 아닌 것은?

① 소유자명 ② 가스의 흐름방향
③ 사용가스명 ④ 최고사용압력

해설 도시가스배관 외면에 반드시 표시해야 하는 사항은 가스의 흐름방향, 사용가스명, 최고사용압력이다.

04. 도시가스사업법에서 압축가스일 경우 중압이라 함은?

① 10MPa～100MPa 미만
② 1MPa～10MPa 미만
③ 0.02MPa～0.1MPa 미만
④ 0.1MPa～1MPa 미만

해설 도시가스 압력에 의한 분류
㉠ 저압 – 0.1MPa(메가 파스칼) 미만
㉡ 중압 – 0.1MPa 이상 1MPa 미만
㉢ 고압 – 1MPa 이상

05. 도시가스 배관을 지하에 매설 시 특수한 사정으로 규정에 의한 심도를 유지할 수 없어 보호판을 사용하였을 때 보호판 외면이 지면과 최소 얼마 이상의 깊이를 유지하여야 하는가?

① 0.3m 이상 ② 0.4m 이상
③ 0.5m 이상 ④ 0.6m 이상

해설 보호판 외면과 지면과의 깊이는 0.3m 이상을 유지하여야 한다.

06. 일반 도시가스 사업자의 지하배관을 설치할 때 공동주택 등의 부지 내에서는 몇 m 이상의 깊이에 배관을 설치해야 하는가?

① 1.5m 이상 ② 1.2m 이상
③ 1.0m 이상 ④ 0.6m 이상

해설 공동주택 등의 부지 내에서는 0.6m 이상의 깊이에 도시가스 배관을 설치해야 한다.

정답 01 ② 02 ④ 03 ① 04 ④ 05 ① 06 ④

07. 도시가스 매설배관의 최고 사용압력에 따른 보호포의 바탕 색상으로 옳은 것은?

① 저압-흰색, 중압 이상-적색
② 저압-황색, 중압 이상-적색
③ 저압-적색, 중압 이상-황색
④ 저압-적색, 중압 이상-흰색

해설 가스배관 및 보호포의 색상
㉠ 가스배관 및 보호포의 색상은 저압인 경우에는 황색이다.
㉡ 중압 이상인 경우에는 적색이다.

08. 도시가스가 공급되는 지역에서 굴착공사 중에 아래 그림과 같은 것이 발견되었다. 이것은 무엇인가?

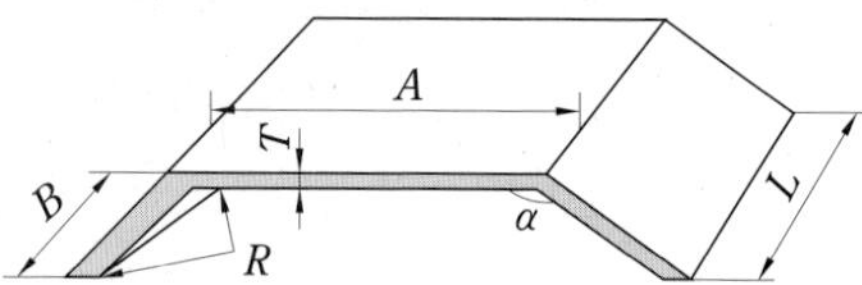

① 보호판
② 보호포
③ 라인마크
④ 가스누출 검지구멍

해설 보호판은 철판으로 장비에 의한 배관 손상을 방지하기 위하여 설치한 것이며, 두께가 4mm 이상의 철판으로 부식 방지(방식) 코팅되어 있다.

09. 폭 4m 이상 8m 미만인 도로에 일반 도시가스 배관을 매설 시 지면과 도시가스 배관 상부와의 최소 이격 거리는?

① 0.6m 이상 ② 1.0m 이상
③ 1.2m 이상 ④ 1.5m 이상

해설 폭 4m 이상 8m 미만인 도로에 도시가스 배관을 매설할 때 지면과 도시가스 배관 상부와의 최소 이격 거리는 1.0m 이상이다.

10. 도시가스사업법령에 따라 도시가스배관 매설 시 폭 8m 이상의 도로에서는 얼마 이상의 설치간격을 두어야 하는가?

① 0.3m 이상 ② 0.5m 이상
③ 0.8m 이상 ④ 1.2m 이상

해설 도시가스 배관을 매설할 때 폭 8m 이상의 도로에서는 1.2m 이상의 설치간격을 두어야 한다.

11. 가스도매사업자의 배관을 시가지의 도로 노면 밑에 매설하는 경우 노면으로부터 배관의 외면까지 몇 m 이상 매설 깊이를 유지하여야 하는가? (단, 방호구조를 안에 설치하는 경우를 제외한다.)

① 1.5m 이상 ② 1.2m 이상
③ 1.0m 이상 ④ 0.6m 이상

해설 시가지의 도로노면 밑에 도시가스 배관을 매설하는 경우 노면으로부터 배관의 외면까지 1.5m 이상 매설 깊이를 유지하여야 한다.

12. 굴착공사를 위하여 가스배관과 근접하여 H파일을 설치하고자 할 때 가장 근접하여 설치할 수 있는 수평거리는?

① 10cm ② 30cm
③ 50cm ④ 70cm

해설 H파일을 설치하고자 할 때 가장 근접하여 설치할 수 있는 수평거리는 30cm이다.

13. 파일박기를 하고자 할 때 가스배관과의 수평거리 몇 m 이내에서 시험굴착을 통하여 가스배관의 위치를 확인해야 하는가?

① 2m 이내 ② 3m 이내

정답 07 ② 08 ① 09 ② 10 ④ 11 ① 12 ② 13 ①

③ 4m 이내　　④ 5m 이내

해설 파일박기를 하고자 할 때 가스배관과의 수평거리 2m 이내에서 시험굴착을 하여야 한다.

14. **도시가스가 공급되는 지역에서 굴착공사를 하기 전에 도로 부분의 지하에 가스배관의 매설여부는 누구에게 요청하여야 하는가?**

① 굴착공사 관할 정보지원센터
② 굴착공사 관할 경찰서장
③ 굴착공사 관할 시 · 도지사
④ 굴착공사 관할 시장 · 군수 · 구청장

해설 가스배관 매설여부는 도시가스사업자 또는 굴착공사 관할 정보지원센터에 조회한다.

15. **도시가스배관이 매설된 지점에서 가스배관 주위를 굴착하고자 할 때에 반드시 인력으로 굴착해야 하는 범위는?**

① 배관 좌 · 우 1m 이내
② 배관 좌 · 우 2m 이내
③ 배관 좌 · 우 3m 이내
④ 배관 좌 · 우 4m 이내

해설 가스배관 주위를 굴착하고자 할 때 배관 좌 · 우 1m 이내에는 반드시 인력으로 굴착해야 한다.

16. **도로굴착자가 굴착공사 전에 이행할 사항에 대한 설명으로 옳지 않은 것은?**

① 도면에 표시된 가스배관과 기타 저장물 매설유무를 조사하여야 한다.
② 굴착 용역회사의 안전관리자가 지정하는 일정에 시험굴착을 수립하여야 한다.
③ 위치 표시용 페인트와 표지판 및 황색 깃발 등을 준비하여야 한다.
④ 조사된 자료로 시험굴착위치 및 굴착개소 등을 정하여 가스배관 매설위치를 확인하여야 한다.

해설 도시가스사업자와 시험굴착 일정을 수립하여야 한다.

17. **도시가스배관을 지하에 매설할 경우 상수도관 등 다른 시설물과의 이격 거리는?**

① 10cm 이상　　② 30cm 이상
③ 60cm 이상　　④ 100cm 이상

해설 도시가스배관을 지하에 매설할 경우 상수도관 등 다른 시설물과의 이격 거리는 30cm 이상이다.

18. **노출된 가스배관의 길이가 몇 m 이상인 경우에 기준에 따라 점검통로 및 조명시설을 설치하여야 하는가?**

① 10m 이상인 경우
② 15m 이상인 경우
③ 20m 이상인 경우
④ 30m 이상인 경우

해설 노출된 배관의 길이가 15m 이상인 경우에는 점검통로 및 조명시설을 설치하여야 한다.

19. **노출된 배관의 길이가 몇 m 이상인 경우에는 가스누출경보기를 설치하여야 하는가?**

① 20m 이상인 경우
② 50m 이상인 경우
③ 100m 이상인 경우
④ 200m 이상인 경우

해설 노출된 배관의 길이가 20m 이상인 경우에는 가스누출경보기를 설치하여야 한다.

정답 14 ①　15 ①　16 ②　17 ②　18 ②　19 ①

20. **굴착 작업 중 줄파기 작업에서 줄파기 1일 시공량 결정은 어떻게 하도록 되어 있는가?**

① 시공속도가 가장 빠른 천공작업에 맞추어 결정한다.
② 시공속도가 가장 느린 천공작업에 맞추어 결정한다.
③ 공사시방서에 명기된 일정에 맞추어 결정한다.
④ 공사 관리 감독기관에 보고한 날짜에 맞추어 결정한다.

해설 줄파기 1일 시공량 결정은 시공속도가 가장 느린 천공 작업에 맞추어 결정한다.

21. **굴착공사 시 도시가스배관의 안전조치와 관련된 사항 중 다음 (　) 안에 적합한 것은?**

> 도시가스사업자는 굴착예정 지역의 매설배관 위치를 굴착공사자에게 알려 주어야 하며, 굴착공사자는 매설배관 위치를 매설배관 (㉮)의 지면에 (㉯) 페인트로 표시할 것

① ㉮ 직상부, ㉯ 황색
② ㉮ 우측부, ㉯ 황색
③ ㉮ 좌측부, ㉯ 적색
④ ㉮ 직하부, ㉯ 황색

해설 굴착공사자는 매설배관 위치를 매설배관 직상부의 지면에 황색 페인트로 표시할 것

22. **도로 굴착자는 가스배관이 확인된 지점에 가스배관 위치표시를 해야 한다. 비포장도로의 경우 위치표시 방법은?**

① 가스배관 직상부 도로에 보호판을 설치한다.
② 5m 간격으로 시험굴착을 해 둔다.
③ 가스배관 직상부에 페인트를 사용하여 두 줄로 긋는다.
④ 표시말뚝을 설치한다.

해설 가스배관 위치표시 방법 중 비포장도로의 경우에는 표시말뚝을 설치한다.

23. **굴착 작업 중 줄파기 작업에서 줄파기 심도는 최소한 얼마 이상으로 하여야 하는가?**

① 0.6m 이상　② 1.0m 이상
③ 1.5m 이상　④ 2.0m 이상

해설 굴착 작업 중 줄파기 작업에서 줄파기 심도는 최소한 1.5m 이상으로 하여야 한다.

24. **굴착 공사 중 적색으로 된 도시가스 배관을 손상시켰으나 다행히 가스는 누출되지 않고 피복만 벗겨졌을 경우 조치사항으로 옳은 것은?**

① 벗겨진 피복은 부식 방지를 위하여 아스팔트를 칠하고 비닐테이프로 감은 후 직접 되메우기 한다.
② 해당 도시가스회사에 그 사실을 알려 보수하도록 한다.
③ 벗겨지거나 손상된 피복은 고무판이나 비닐 테이프로 감은 후 되메우기 한다.
④ 가스가 누출되지 않았으므로 그냥 되메우기 한다.

25. **도로 굴착자는 되메움 공사완료 후 도시가스배관 손상 방지를 위하여 최소한 몇 개월 이상 지반침하 유무를 확인하여야 하는가?**

정답 20 ② 21 ① 22 ④ 23 ③ 24 ② 25 ②

① 6개월　　② 3개월
③ 2개월　　④ 1개월

해설 되메움 공사 완료 후 최소 3개월 이상 지반 침하 유무를 확인하여야 한다.

26. 도시가스가 공급되는 지역에서 도로공사 중 그림과 같은 것이 일렬로 설치되어 있는 것이 발견되었다. 이것을 무엇인가?

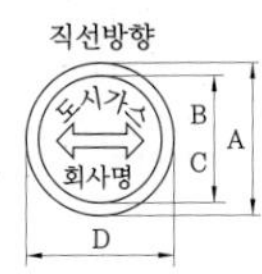

① 가스누출 검지구멍이다.
② 보호판이다.
③ 가스배관매몰 표지판이다.
④ 라인마크이다.

27. 도로상에 가스배관이 매설된 것을 표시하는 라인마크에 대한 설명으로 옳지 않은 것은?

① 도시가스라 표기되어 있으며 화살표가 표시되어 있다.
② 청색으로 된 원형마크로 되어 있고 화살표가 표시되어 있다.
③ 분기점에는 T형 화살표가 표시되어 있고, 직선구간에는 배관길이 50m마다 1개 이상 설치되어 있다.
④ 직경이 9cm 정도인 원형으로 된 동합금이나 황동주물로 되어 있다.

28. 가스배관 파손 시 긴급조치 방법에 속하지 않는 것은?

① 천공기 등으로 도시가스배관을 뚫었을 경우에는 그 상태에서 기계를 정지시킨다.
② 누출되는 가스배관의 라인마크를 확인하여 후단밸브를 차단한다.
③ 주변의 차량을 통제한다.
④ 소방서에 연락한다.

29. 다음 중 가스안전 영향평가서를 작성하여야 하는 공사는?

① 도로 폭이 8m 이상인 도로
② 가스배관의 매설이 없는 철도구간
③ 도로 폭이 12m 이상인 도로
④ 가스배관이 통과하는 지하보도

30. 가스배관용 폴리에틸렌관의 특징이 아닌 것은?

① 지하매설용으로 사용된다.
② 일광 · 열에 약하다.
③ 도시가스 고압관으로 사용된다.
④ 부식이 잘되지 않는다.

해설 폴리에틸렌관은 도시가스 저압관으로 사용된다.

정답 26 ④　27 ②　28 ②　29 ④　30 ③

굴삭기
운전기능사

제 5 장 전기시설물 작업 주의사항

5-1 전선로와의 안전 이격 거리

① 전압이 높을수록 이격 거리를 크게 한다.
② 1개 틀의 애자 수가 많을수록 이격 거리를 크게 한다.
③ 전선이 굵을수록 이격 거리를 크게 한다.
④ 전압에 따른 건설기계의 이격 거리

<table>
<tr><th>구분</th><th>전압</th><th>이격 거리</th><th>비고</th></tr>
<tr><td rowspan="2">저 · 고압</td><td>100V, 200V</td><td>2m</td><td></td></tr>
<tr><td>6,600V</td><td>2m</td><td></td></tr>
<tr><td rowspan="5">특별 고압</td><td>22,000V</td><td>3m</td><td rowspan="5">고압전선으로부터 최소 3m 이상 떨어져 있어야 하며, 50,000V 이상인 경우 매 1,000V당 1m씩 떨어져야 한다.</td></tr>
<tr><td>66,000V</td><td>4m</td></tr>
<tr><td>154,000V</td><td>5m</td></tr>
<tr><td>275,000V</td><td>7m</td></tr>
<tr><td>500,000V</td><td>11m</td></tr>
</table>

5-2 예측할 수 있는 전압

① 전선로의 위험정도는 애자의 개수로 판단한다.
② 콘크리트 전주에 변압기가 설치된 경우 예측할 수 있는 전압은 22,900V이다.
③ 한 줄에 애자 수가 3개일 때 예측 가능한 전압은 22,900V이다.
④ 한 줄에 애자 수가 10개인 경우 예측 가능한 전압은 154,000V이다.
⑤ 한 줄에 애자 수가 20개인 경우 예측 가능한 전압은 345,000V이다.

5-3 고압 전력케이블을 지중에 매설하는 방법

(1) 직매식(직접매설 방식)

전력케이블을 직접 지중에 매설하는 방법이며, 트러프(trough, 홈통)를 사용하여 케이블을 보호하고, 모래를 채운 후 뚜껑을 덮고 되메우기를 한다.

(2) 관로식

합성수지관, 강관, 흄관 등 파이프(pipe)를 이용하여 관로를 구성한 후 케이블을 부설하는 방식이며, 일정거리의 관로 양 끝에는 맨홀을 설치하여 케이블을 설치하고 접속한다.

(3) 전력구식

터널(tunnel)과 같이 위쪽이 막힌 구조물을 이용하는 방식이며, 내부 벽 쪽에 케이블을 부설하고, 유지보수를 위한 작업원의 통행이 가능한 크기로 한다.

굴삭기 운전기능사

출제 예상 문제

01. **현재 한전에서 운용하고 있는 송전선로 종류가 아닌 것은?**

① 22.9kV 선로 ② 154kV 선로
③ 345kV 선로 ④ 765kV 선로

해설 한국전력에서 사용하는 송전선로 종류에는 154kV, 345kV, 765kV가 있다.

02. **고압전선로 주변에서 작업 시 건설기계와 전선로와의 안전 이격 거리에 대한 설명과 관계없는 것은?**

① 애자 수가 많을수록 멀어져야 한다.
② 전압이 높을수록 멀어져야 한다.
③ 전선이 굵을수록 멀어져야 한다.
④ 전압과는 관계없이 일정하다.

해설 건설기계와 전선로와의 안전 이격 거리 : 애자수가 많을수록, 전압이 높을수록, 전선이 굵을수록 멀어져야 한다.

03. **고압 전선로 부근에서 작업 도중 고압선에 의한 감전사고가 발생하였을 경우 조치사항으로 옳지 않은 것은?**

① 가능한 한 전원으로부터 환자를 이탈시킨다.
② 전선로 관리자에게 연락을 취한다.
③ 사고 자체를 은폐시킨다.
④ 감전사고 발생 시에는 감전자 구출, 증상의 관찰 등 필요한 조치를 취한다.

04. **다음 중 감전재해의 대표적인 발생 형태에 속하지 않는 것은?**

① 누전상태의 전기기기에 인체가 접촉되는 경우
② 전기기기의 충전부와 대지 사이에 인체가 접촉되는 경우
③ 고압 전력선에 안전거리 이상 떨어진 경우
④ 전선이나 전기기기의 노출된 충전부의 양단 간에 인체가 접촉되는 경우

05. **인체 감전 시 위험을 결정하는 요소에 속하지 않는 것은?**

① 감전 시의 기온
② 인체에 전류가 흐른 시간
③ 전류의 인체통과 경로
④ 인체에 흐르는 전류 크기

해설 인체가 감전되었을 때 위험을 결정하는 요소 : 인체에 전류가 흐른 시간, 전류의 인체통과 경로, 인체에 흐르는 전류 크기

06. **그림과 같이 시가지에 있는 배전선로 A에는 일반적으로 몇 볼트(V)의 전압이 인가되는가?**

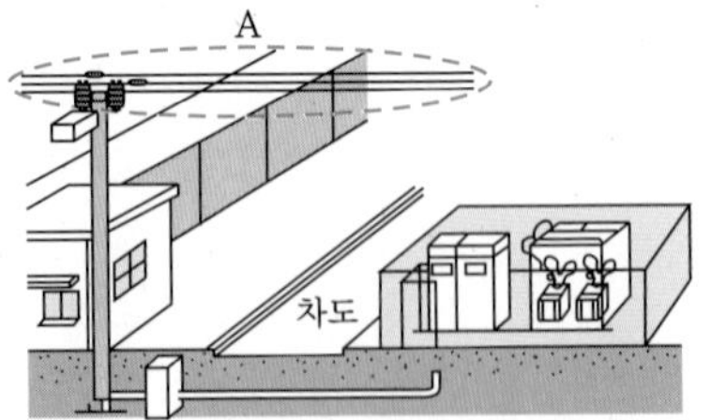

① 110V ② 220V
③ 440V ④ 22900V

정답 01 ① 02 ④ 03 ③ 04 ③ 05 ① 06 ④

해설 시가지에 있는 배전선로(콘크리트 전주)에는 22,900V의 전압이 인가되어 있다.

07. 가공 송전선로에서 사용하는 애자에 관한 설명으로 옳지 않은 것은?

① 애자는 코일에 전류가 흐르면 자기장을 형성하는 역할을 한다.
② 애자는 고전압 선로의 안전시설에 필요하다.
③ 애자 수는 전압이 높을수록 많다.
④ 애자는 전선과 철탑과의 절연을 하기 위해 취부한다.

해설 애자는 전선과 철탑과의 절연을 하기 위해 취부(설치)하며, 고전압 선로의 안전시설에 필요하다. 또 애자 수는 전압이 높을수록 많다.

08. 아래 그림에서 "A"는 특고압 22.9kV 배전선로의 지지와 절연을 위한 애자를 나타낸 것이다. "A"의 명칭은?

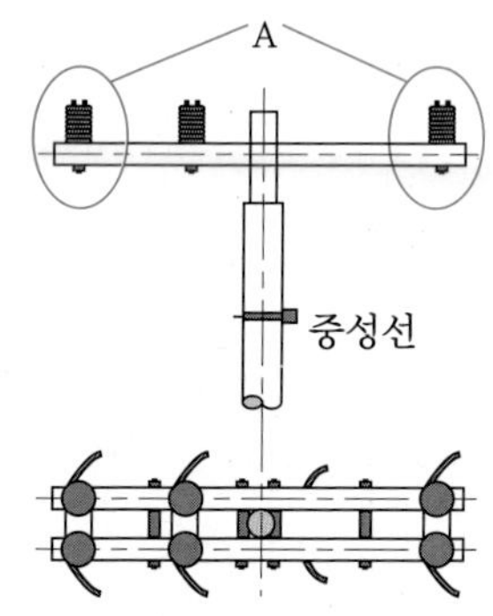

3상4선식 선로의 소각도주(10~20°)

① 가공지선 애자
② 지선 애자
③ 라인포스트 애자(LPI)
④ 현수 애자

해설 라인포스트 애자(LPI)란 선로용 지지 애자이며, 점퍼선의 지지용으로 사용된다.

09. 아래 그림과 같이 고압 가공전선로 주상변압기의 설치높이 H는 시가지와 시가지 외에서 각각 몇 m인가?

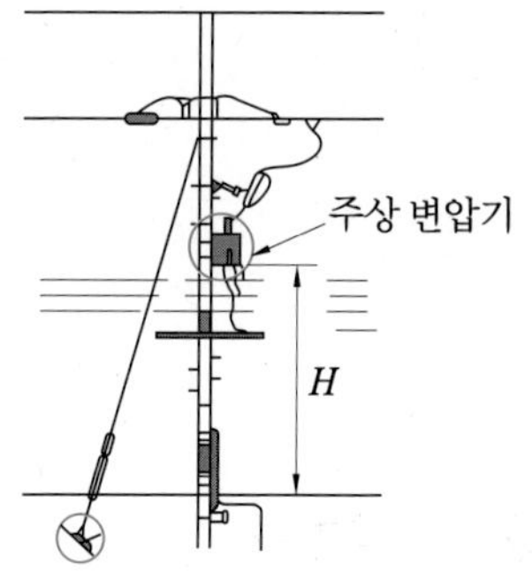

① 시가지=5.0m, 시가지 이외=3.0m
② 시가지=4.5m, 시가지 이외=3.0m
③ 시가지=5.0m, 시가지 이외=4.0m
④ 시가지=4.5m, 시가지 이외=4.0m

해설 주상변압기의 설치높이는 시가지에서는 4.5m, 시가지 이외의 지역에서는 4.0m이다.

10. 다음 중 특별고압 가공 송전선로에 대한 설명으로 옳지 않은 것은?

① 154,000V 가공전선은 피복전선이다.
② 애자의 수가 많을수록 전압이 높다.
③ 철탑과 철탑과의 거리가 멀수록 전선의 흔들림이 크다.
④ 겨울철에 비하여 여름철에는 전선이 더 많이 처진다.

11 굴삭기 등 건설기계가 고압전선에 근접, 접촉으로 인한 사고유형에 속하지 않는 것은?

① 화재 ② 화상 ③ 휴전 ④ 감전

정답 07 ① 08 ③ 09 ④ 10 ① 11 ③

12. 건설기계로 22.9kV 배전선로에 근접하여 작업할 때 옳은 것은?

① 전력선에 건설기계가 접촉되는 사고 발생 시 시설물관리자에게 연락한다.
② 작업 중에 전력선이 단선되면 구리선으로 접속한다.
③ 작업 중 전력선과 접촉 시 단선만 되지 않으면 안전하다.
④ 콘크리트 전주의 전력선은 모두 저압선이므로 접촉해도 안전하다.

13. 전기로 주변에서 굴삭기 등 건설기계로 작업 중 활선에 접촉하여 사고가 발생하였을 경우 조치 방법으로 옳지 않은 것은?

① 사고 담당자가 모든 상황을 처리한 후 상사인 안전 담당자 및 작업관계자에게 통보한다.
② 발생 개소, 정돈, 진척 상태를 정확히 파악하여 조치한다.
③ 재해가 더 확대되지 않도록 응급상황에 대처한다.
④ 이상상태 확대 및 재해 방지를 위한 조치, 강구 등의 응급조치를 한다.

14. 다음 중 특별고압 가공 배전선로에 관한 설명으로 옳은 것은?

① 전압에 관계없이 장소마다 다르다.
② 배전선로는 전부 절연전선이다.
③ 높은 전압일수록 전주 상단에 설치하는 것을 원칙으로 한다.
④ 낮은 전압일수록 전주 상단에 설치하는 것을 원칙으로 한다.

해설 높은 전압일수록 전주 상단에 설치하고, 낮은 전압일수록 전주 하단에 설치하는 것을 원칙으로 한다.

15. 6600V 고압전선로 주변에서 굴착 시 안전작업 조치사항으로 옳은 것은?

① 버킷과 붐 길이는 무시해도 된다.
② 전선에 버킷이 근접하는 것은 괜찮다.
③ 고압전선에 건설기계가 직접 접촉하지 않으면 작업이 가능하다.
④ 고압전선에 붐이 근접하지 않도록 한다.

16. 송전, 변전 건설공사 시 지게차, 크레인, 굴삭기 등을 사용하여 중량물을 운반할 때의 안전수칙에 속하지 않는 것은?

① 미리 화물의 중량, 중심의 위치 등을 확인하고, 허용무게를 넘는 화물은 싣지 않는다.
② 작업원은 중량물 위에나 지게차의 포크 위에 탑승한다.
③ 올려진 짐의 아래 방향에 사람을 출입시키지 않는다.
④ 법정자격이 있는 사람이 운전한다.

17. 굴착공사를 하고자 할 때 지하 매설물 설치 여부와 관련하여 안전상 가장 적합한 조치는?

① 굴착공사 시행자는 굴착공사를 착공하기 전에 굴착지점 또는 그 인근의 주요 매설물 설치 여부를 미리 확인하여야 한다.
② 굴착공사 도중 작업에 지장이 있는 고압케이블은 옆으로 옮기고 계속 작업을 진행한다.
③ 굴착공사 시행자는 굴착공사 시공 중에

정답 12 ④ 13 ① 14 ③ 15 ④ 16 ② 17 ①

굴착지점 또는 그 인근의 주요 매설물 설치 여부를 확인하여야 한다.

④ 굴착작업 중 전기, 가스, 통신 등의 지하매설물에 손상을 가하였을 시 즉시 매설하여야 한다.

18. **지중전선로 지역에서 지하 장애물 조사 시 옳은 방법은?**

① 작업속도 효율이 높은 굴삭기로 굴착한다.
② 일정 깊이로 보링을 한 후 코어를 분석하여 조사한다.
③ 장애물 노출 시 굴삭기 브레이커로 찍어본다.
④ 굴착 개소를 종횡으로 조심스럽게 인력 굴착한다.

19. **고압 전력케이블을 지중에 매설하는 방법에 속하지 않는 것은?**

① 궤도식 ② 전력구식
③ 관로식 ④ 직매식

해설 고압 전력케이블을 지중에 매설하는 방법 : 전력구식, 관로식, 직매식

20. **굴착으로부터 전력 케이블을 보호하기 위하여 설치하는 표시시설과 관계없는 것은?**

① 모래 ② 지중선로 표시기
③ 표지시트 ④ 보호판

해설 전력 케이블을 보호하기 위하여 설치하는 표시시설 : 지중선로 표시기, 표지시트, 보호판, 지중선로 표시주

21. **전력케이블이 매설돼 있음을 표시하기 위한 표지시트는 차도에서 지표면 아래 몇 cm 깊이에 설치되어 있는가?**

① 10cm ② 30cm
③ 50cm ④ 100cm

해설 표지시트는 차도에서 지표면 아래 30cm 깊이에 설치되어 있다.

22. **건설기계를 이용하여 도로 굴착작업 중 "고압선 위험" 표지시트가 발견되었다. 다음 중 옳은 것은?**

① 표지시트의 직하에 전력케이블이 묻혀 있다.
② 표지시트의 직각방향에 전력케이블이 묻혀 있다.
③ 표지시트의 우측에 전력케이블이 묻혀 있다.
④ 표지시트의 좌측에 전력케이블이 묻혀 있다.

23. **다음 그림은 전주 번호찰 표기 내용이다. 전주길이를 나타내는 것은?**

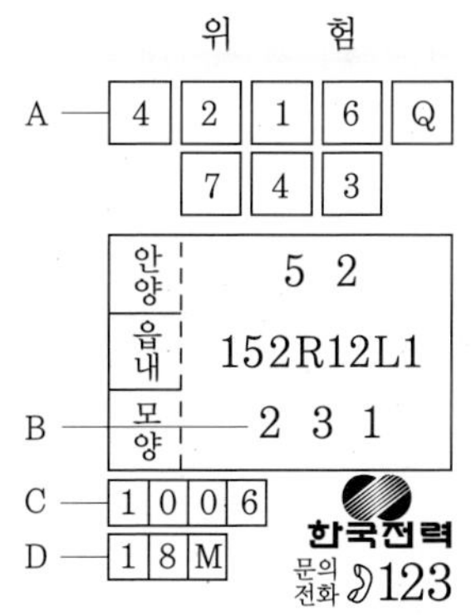

① A ② B ③ C ④ D

해설 A : 관리구 번호, B : 전주번호, C : 시행연월, D : 전주길이

정답 18 ④ 19 ① 20 ① 21 ② 22 ① 23 ④

24. 다음 중 전력케이블의 매설 깊이로 가장 알맞은 것은?

① 차도 및 중량물의 영향을 받을 우려가 없는 경우 0.3m 이상이다.
② 차도 및 중량물의 영향을 받을 우려가 없는 경우 0.6m 이상이다.
③ 차도 및 중량물의 영향을 받을 우려가 있는 경우 0.3m 이상이다.
④ 차도 및 중량물의 영향을 받을 우려가 있는 경우 0.6m 이상이다.

해설 전력케이블의 매설 깊이는 차도 및 중량물의 영향을 받을 우려가 없는 경우 0.6m 이상이다.

25. 차도 아래에 매설되는 전력케이블(직접 매설식)은 지면에서 최소 몇 m 이상의 깊이로 매설되어야 하는가?

① 0.3m 이상 ② 0.9m 이상
③ 1.2m 이상 ④ 1.5m 이상

해설 전력케이블을 직접매설식으로 매설할 때 매설 깊이는 최저 1.2m 이상이다.

26. 건설기계를 이용한 파일작업 중 지하에 매설된 전력케이블 외피가 손상되었을 경우 조치 방법은?

① 케이블 내에 있는 구리선에 손상이 없으면 전력공급에 지장이 없다.
② 인근 한국전력사업소에 연락하여 한전에서 조치하도록 하였다.
③ 인근 한국전력사업소에 통보하고 손상 부위를 절연 테이프로 감은 후 흙으로 덮었다.
④ 케이블 외피를 마른 헝겊으로 감아 놓았다.

27. 전기시설에 접지공사가 되어 있는 경우 접지선의 표시색은?

① 빨간색 ② 녹색
③ 노란색 ④ 흰색

해설 접지선의 표시색은 녹색이다.

정답 24 ② 25 ③ 26 ② 27 ②

부록

모의고사

굴삭기 운전기능사

모의고사 1

01. 도로교통법규상 4차로 이상 고속도로에서 건설기계의 최저속도는?

① 40km/h ② 50km/h
③ 30km/h ④ 60km/h

02. 릴리프 밸브 등에서 볼(ball)이 밸브시트를 때려 비교적 높은 소리를 내는 진동현상을 무엇이라 하는가?

① 서지압 ② 캐비테이션
③ 채터링 ④ 점핑

03. 무한궤도형 굴삭기 좌·우 트랙에 각각 한 개씩 설치되어 있으며 센터조인트로부터 유압을 받아 조향기능을 하는 구성품은?

① 드래그 링크
② 조향기어 박스
③ 동력조향 실린더
④ 주행 모터

04. 커먼레일 디젤엔진의 연료장치 구성품이 아닌 것은?

① 분사펌프
② 커먼레일
③ 고압연료펌프
④ 인젝터

05. 최고속도 15km/h 미만 타이어식 건설기계에 갖추지 않아도 되는 조명장치는?

① 제동등
② 후부반사기
③ 전조등
④ 번호등

06. 공구 사용 시 주의해야 할 사항으로 틀린 것은?

① 해머작업 시 보호안경을 쓸 것
② 주위환경에 주의해서 작업할 것
③ 손이나 공구에 기름을 바른 다음 작업할 것
④ 강한 충격을 가하지 않을 것

07. 타이어형 굴삭기의 주행 전 주의사항으로 틀린 것은?

① 버킷 실린더, 암 실린더를 충분히 늘려 펴서 버킷이 캐리어 상면 높이 위치에 있도록 한다.
② 선회고정 장치는 반드시 풀어 놓는다.
③ 버킷 레버, 암 레버, 붐 실린더 레버가 움직이지 않도록 잠가둔다.
④ 굴삭기에 그리스, 오일, 진흙 등이 묻어 있는지 점검한다.

08. 건설기계의 유압장치 취급 방법으로 적합하지 않은 것은?

① 유압장치는 워밍업 후 작업하는 것이 좋다.
② 유압유는 1주에 한 번, 소량씩 보충한다.
③ 작동유에 이물질이 포함되지 않도록 관리·취급하여야 한다.
④ 작동유가 부족하지 않은지 점검하여야 한다.

09. 차축의 스플라인 부분은 차동기어장치의 어느 기어와 결합되어 있는가?

① 차동 피니언
② 링 기어
③ 차동 사이드기어
④ 구동 피니언

10. 건기기계의 기관에서 부동액으로 사용할 수 없는 것은?

① 에틸렌글리콜
② 메탄
③ 글리세린
④ 알코올

11. 사고로 인한 재해가 가장 많이 발생할 수 있는 것은?

① 차동기어장치
② 종감속기어
③ 벨트와 풀리
④ 변속기

12. 유압 회로 내의 유압이 설정압력에 도달하면 유압 펌프에서 토출된 작동유를 전부 탱크로 회송시켜 유압 펌프를 무부하로 운전시키는 데 사용하는 밸브는?

① 체크 밸브(check valve)
② 시퀀스 밸브(sequence valve)
③ 언로드 밸브(unloader valve)
④ 카운터 밸런스 밸브(counter balance valve)

13. 엔진의 밸브장치 중 밸브 가이드 내부를 상하 왕복운동하며 밸브헤드가 받는 열을 가이드를 통해 방출하고, 밸브의 개폐를 돕는 부품의 명칭은?

① 밸브 페이스
② 밸브 스템 엔드
③ 밸브시트
④ 밸브 스템

14. 굴삭기에서 사용되는 납산 축전지의 용량 단위는?

① Ah ② PS
③ kW ④ kV

15. 건설기계의 범위에 속하지 않는 것은?

① 전동식으로 솔리드 타이어를 부착한 지게차
② 공기토출량이 매분당 2.83세제곱미터 이상의 이동식인 공기압축기
③ 정지(整地)장치를 가진 자주식인 모터그레이더
④ 노상안정장치를 가진 자주식인 노상안정기

16. 기관에서 연료압력이 너무 낮은 원인이 아닌 것은?

① 연료펌프의 공급압력이 누설되었다.
② 연료압력 레귤레이터에 있는 밸브의 밀착이 불량하여 리턴포트 쪽으로 연료가 누설되었다.
③ 연료필터가 막혔다.
④ 리턴호스에서 연료가 누설된다.

17. 건설기계 정기검사 연기사유가 아닌 것은?

① 건설기계를 건설현장에 투입했을 때
② 건설기계를 도난당했을 때
③ 건설기계의 사고가 발생했을 때
④ 1월 이상에 걸친 정비를 하고 있을 때

18. **디젤기관에 사용되는 공기청정기의 설명으로 틀린 것은?**

① 공기청정기는 실린더 마멸과 관계없다.
② 공기청정기가 막히면 배기색은 흑색이 된다.
③ 공기청정기가 막히면 출력이 감소한다.
④ 공기청정기가 막히면 연소가 나빠진다.

19. **건설기계 등록사항 변경이 있을 때, 소유자는 건설기계등록사항 변경신고서를 누구에게 제출하여야 하는가?**

① 관할검사소장
② 고용노동부장관
③ 행정안전부장관
④ 시 · 도지사

20. **도로교통법령상 총중량 2000kg 미만인 자동차를 총중량이 그의 3배 이상인 자동차로 견인할 때의 속도는? (단, 견인하는 차량이 견인자동차가 아닌 경우이다.)**

① 매시 30km 이내
② 매시 50km 이내
③ 매시 80km 이내
④ 매시 100km 이내

21. **교류발전기의 설명으로 틀린 것은?**

① 철심에 코일을 감아 사용한다.
② 두 개의 슬립링을 사용한다.
③ 전자석을 사용한다.
④ 영구자석을 사용한다.

22. **교통안전 표지 중 노면표지에서 차마가 일시정지해야 하는 표시로 옳은 것은?**

① 백색 실선으로 표시한다.
② 백색 점선으로 표시한다.
③ 황색 실선으로 표시한다.
④ 황색 점선으로 표시한다.

23. **건설기계에서 등록의 경정은 어느 때 하는가?**

① 등록을 행한 후에 그 등록에 관하여 착오 또는 누락이 있음을 발견한 때
② 등록을 행한 후에 소유권이 이전되었을 때
③ 등록을 행한 후에 등록지가 이전되었을 때
④ 등록을 행한 후에 소재지가 변동되었을 때

24. **납산 축전지의 충전 중 주의사항으로 틀린 것은?**

① 차상에서 충전할 때는 축전지 접지(−) 케이블을 분리할 것
② 전해액의 온도는 45℃ 이상을 유지할 것
③ 충전 중 축전지에 충격을 가하지 말 것
④ 통풍이 잘되는 곳에서 충전할 것

25. **1년간 벌점에 대한 누산점수가 최소 몇 점 이상이면 운전면허가 취소되는가?**

① 271 ② 190
③ 121 ④ 201

26. **옴의 법칙에 대한 설명으로 옳은 것은?**

① 도체에 흐르는 전류는 도체의 저항에 정비례한다.
② 도체의 저항은 도체의 길이에 비례한다.
③ 도체의 저항은 도체에 가해진 전압에 반비례한다.
④ 도체에 흐르는 전류는 도체의 전압에 반비례한다.

27. **유압장치의 계통 내에 슬러지 등이 생겼을 때 이것을 용해하여 깨끗이 하는 작업은?**

① 서징
② 코킹
③ 플러싱
④ 트램핑

28. **건설기계소유자 또는 점유자가 건설기계를 도로에 계속하여 버려 두거나 정당한 사유 없이 타인의 토지에 버려 둔 경우의 처벌은?**

① 1년 이하의 징역 또는 1000만 원 이하의 벌금
② 1년 이하의 징역 또는 500만 원 이하의 벌금
③ 1년 이하의 징역 또는 200만 원 이하의 벌금
④ 1년 이하의 징역 또는 400만 원 이하의 벌금

29. **유압 실린더의 지지방식이 아닌 것은?**

① 유니언형
② 푸트형
③ 트러니언형
④ 플랜지형

30. **유압 작동유의 점도가 너무 높을 때 발생되는 현상은?**

① 내부누설이 증가한다.
② 유압 펌프의 효율이 증가한다.
③ 동력 손실이 증가한다.
④ 내부마찰이 감소한다.

31. **굴삭기 스윙(선회) 동작이 원활하게 안 되는 원인으로 틀린 것은?**

① 컨트롤 밸브 스풀이 불량할 때
② 릴리프 밸브 설정압력이 부족할 때
③ 터닝 조인트가 불량할 때
④ 스윙(선회)모터 내부가 손상되었을 때

32. **일반적인 유압 펌프에 대한 설명으로 가장 거리가 먼 것은?**

① 유압유를 흡입하여 컨트롤 밸브(control valve)로 송유(토출)한다.
② 엔진 또는 모터의 동력으로 구동된다.
③ 벨트에 의해서만 구동된다.
④ 동력원이 회전하는 동안에는 항상 회전한다.

33. **유압유의 압력에 영향을 주는 요소로 가장 관계가 적은 것은?**

① 유압유의 점도
② 관로의 직경
③ 유압유의 흐름량
④ 유압유의 흐름방향

34. **현장에서 유압유의 열화를 확인하는 인자가 아닌 것은?**

① 유압유의 점도
② 유압유의 냄새
③ 유압유의 유동
④ 유압유의 색깔

35. **유압 모터를 이용한 스크루로 구멍을 뚫고 전신주 등을 박는 작업에 사용되는 굴삭기 작업장치는?**

① 그래플(grapple)
② 브레이커(breaker)
③ 오거(auger)
④ 리퍼(ripper)

36. **동력전달장치를 다루는 데 필요한 안전 수칙으로 틀린 것은?**

① 커플링은 키 나사가 돌출되지 않도록 사용한다.
② 풀리가 회전 중일 때 벨트를 걸지 않도록 한다.
③ 벨트의 장력은 정지 중일 때 확인하지 않도록 한다.
④ 회전 중인 기어에는 손을 대지 않도록 한다.

37. **굴삭기의 주행 형식별 분류에서 접지면적이 크고 접지압력이 작아 사지나 습지와 같이 위험한 지역에서 작업이 가능한 형식으로 적당한 것은?**

① 반 정치형
② 타이어형
③ 트럭 탑재형
④ 무한궤도형

38. **굴삭기의 조종레버 중 굴삭 작업과 직접 관계가 없는 것은?**

① 버킷 제어레버
② 붐 제어레버
③ 암(스틱) 제어레버
④ 스윙 제어레버

39. **산업체에서 안전을 지킴으로써 얻을 수 있는 이점이 아닌 것은?**

① 직장 상·하 동료 간 인간관계 개선효과도 기대된다.
② 기업의 투자경비가 늘어난다.
③ 사내 안전수칙이 준수되어 질서 유지가 실현된다.
④ 기업의 신뢰도를 높여 준다.

40. **다음 중 굴삭기 작업장치의 종류가 아닌 것은?**

① 파워 셔블
② 백호 버킷
③ 우드 그래플
④ 파이널 드라이브

41. **작업자의 신체부위가 위험한계 또는 그 인접한 거리로 들어오면 이를 감지하여 그 즉시 동작하던 기계를 정지시키거나 스위치가 꺼지도록 하는 방호장치 방법은?**

① 격리형 방호장치
② 접근 반응형 방호장치
③ 위치 제한형 방호장치
④ 포집형 방호장치

42. **타이어형 굴삭기에서 유압 동력전달장치 중 변속기를 직접 구동시키는 것은?**

① 주행 모터
② 토크 컨버터
③ 선회 모터
④ 엔진

43. **사고의 직접원인으로 가장 옳은 것은?**

① 사회적 환경요인
② 불안전한 행동 및 상태
③ 유전적인 요소
④ 성격결함

44. 굴삭기의 기본 작업 사이클 과정으로 옳은 것은?

① 굴착 → 적재 → 붐 상승 → 선회 → 굴착 → 선회
② 굴착 → 붐 상승 → 스윙 → 적재 → 스윙 → 굴착
③ 선회 → 굴착 → 적재 → 선회 → 굴착 → 붐 상승
④ 선회 → 적재 → 굴착 → 적재 → 붐 상승 → 선회

45. 드릴 작업 시 주의사항으로 틀린 것은?

① 작업이 끝나면 드릴을 척에서 빼놓는다.
② 칩을 털어 낼 때는 칩 털이를 사용한다.
③ 공작물은 움직이지 않게 고정한다.
④ 드릴이 움직일 때는 칩을 손으로 치운다.

46. 암석, 자갈 등의 굴착 및 적재작업에서 사용하는 굴삭기의 버킷 투스(포인트)는?

① 롤러형 투스(roller type tooth)
② 샤프형 투스(sharp type tooth)
③ 록형 투스(lock type tooth)
④ 슈형 투스(shoe type tooth)

47. 정 작업 시 안전수칙으로 부적합한 것은?

① 담금질한 재료를 정으로 처서는 안 된다.
② 기름을 깨끗이 닦은 후에 사용한다.
③ 머리가 벗겨진 것은 사용하지 않는다.
④ 차광안경을 착용한다.

48. 도시가스사업법에서 저압이라 함은 압축가스일 경우 몇 MPa 미만의 압축을 말하는가?

① 0.1MPa
② 1.0MPa
③ 3.0MPa
④ 0.01MPa

49. 굴삭기 운전 시 작업안전 사항으로 적합하지 않은 것은?

① 스윙하면서 버킷으로 암석을 부딪쳐 파쇄하는 작업을 하지 않는다.
② 안전한 작업 반경을 초과해서 하중을 이동시킨다.
③ 굴삭하면서 주행하지 않는다.
④ 작업을 중지할 때는 파낸 모서리로부터 굴삭기를 이동시킨다.

50. 송전, 변전 건설공사 시 굴삭기, 지게차, 기중기 등을 사용하여 중량물을 운반할 때의 안전수칙 중 잘못된 것은?

① 미리 화물의 중량, 중심의 위치 등을 확인하고, 허용무게를 넘는 화물은 싣지 않는다.
② 올려진 화물의 아래 방향에 사람을 출입시키지 않는다.
③ 법정자격이 있는 사람이 운전한다.
④ 작업원은 중량 위에나 지게차의 포크 위에 탑승한다.

51. 굴삭기의 굴삭 작업은 주로 어느 것을 사용하는가?

① 버킷 실린더
② 암 실린더
③ 붐 실린더
④ 주행 모터

52. **수동변속기에서 변속할 때 기어가 끌리는 소음이 발생하는 원인으로 맞는 것은?**

① 클러치가 유격이 너무 클 때
② 변속기 출력축의 속도계 구동기어 마모
③ 클러치판의 마모
④ 브레이크 라이닝의 마모

53. **무한궤도형 굴삭기의 트랙 유격을 조정할 때 유의사항으로 잘못된 방법은?**

① 브레이크가 있는 경우에는 브레이크를 사용한다.
② 굴삭기를 평지에 주차시킨다.
③ 트랙을 들고서 늘어지는 것을 점검한다.
④ 2~3회 나누어 조정한다.

54. **브레이크 드럼의 구비조건으로 틀린 것은?**

① 가볍고 강도와 강성이 클 것
② 냉각이 잘될 것
③ 내마멸성이 작을 것
④ 정적 · 동적 평형이 잡혀 있을 것

55. **상부 롤러에 대한 설명으로 틀린 것은?**

① 전부 유동륜과 스프로킷 사이에 1~2개가 설치된다.
② 트랙이 밑으로 처지는 것을 방지한다.
③ 더블 플랜지형을 주로 사용한다.
④ 트랙의 회전을 바르게 유지한다.

56. **유압 모터의 특징을 설명한 것으로 틀린 것은?**

① 자동 원격조작이 가능하다.
② 관성력이 크다.
③ 무단변속이 가능하다.
④ 구조가 간단하다.

57. **굴삭기의 작업용도로 가장 적합한 것은?**

① 도로포장 공사에서 지면의 평탄, 다짐 작업에 사용한다.
② 토목공사에서 터파기, 쌓기, 깎기, 되메우기 작업에 사용한다.
③ 터널공사에서 발파를 위한 천공 작업에 사용한다.
④ 화물의 기중, 적재 및 적차 작업에 사용한다.

58. **4행정 사이클 디젤기관에서 흡입행정 시 실린더 내에 흡입되는 것은?**

① 혼합기
② 공기
③ 스파크
④ 연료

59. **무한궤도형 굴삭기에는 유압 모터가 몇 개 설치되어 있는가?**

① 1개
② 2개
③ 3개
④ 5개

60. **크롤러형 굴삭기에서 상부회전체의 회전에는 영향을 주지 않고 주행 모터에 유압유를 공급할 수 있는 부품은?**

① 컨트롤밸브
② 센터조인트
③ 사축형 유압 모터
④ 언로더 밸브

굴삭기 운전기능사

모의고사 2

01. 굴삭기 작업 시 안정성을 주고 균형(balance)을 잡아 주기 위하여 설치한 것은?

① 붐　② 디퍼스틱
③ 버킷　④ 카운터 웨이트

02. 2행정 사이클 디젤기관의 흡입과 배기행정에 관한 설명으로 틀린 것은?

① 압력이 낮아진 나머지 연소가스가 압출되어 실린더 내는 와류를 동반한 새로운 공기로 가득 차게 된다.
② 연소가스가 자체의 압력에 의해 배출되는 것을 블로바이라고 한다.
③ 동력행정의 끝부분에서 배기밸브가 열리고 연소가스가 자체의 압력으로 배출이 시작된다.
④ 피스톤이 하강하여 소기포트가 열리면 예압된 공기가 실린더 내로 유입된다.

03. 도로교통법에 따라 소방용 기계기구가 설치된 곳, 소방용 방화물통, 소화전 또는 소화용 방화물통의 흡수구나 흡수관으로부터 몇 미터 이내의 지점에 주차하여서는 안 되는가?

① 10미터　② 7미터
③ 5미터　④ 3미터

04. 굴삭기 운전 중 주의사항으로 가장 거리가 먼 것은?

① 기관을 필요 이상 공회전시키지 않는다.
② 급가속, 급브레이크는 굴삭기에 악영향을 주므로 피한다.
③ 커브 주행은 커브에 도달하기 전에 속력을 줄이고, 주의하여 주행한다.
④ 주행 중 이상소음, 냄새 등의 이상을 느낀 경우에는 작업 후 점검한다.

05. 가스배관용 폴리에틸렌관의 특징으로 틀린 것은?

① 도시가스 고압관으로 사용된다.
② 일광, 열에 약하다.
③ 지하매설용으로 사용된다.
④ 부식이 잘되지 않는다.

06. 굴삭기로 작업할 때 안전한 작업 방법에 관한 사항들이다. 가장 적절하지 않은 것은?

① 작업 후에는 암과 버킷 실린더 로드를 최대로 줄이고 버킷을 지면에 내려놓을 것
② 토사를 굴착하면서 스윙하지 말 것
③ 암석을 옮길 때는 버킷으로 밀어내지 말 것
④ 버킷을 들어 올린 채로 브레이크를 걸어 두지 말 것

07. 해머 작업의 안전수칙으로 가장 거리가 먼 것은?

① 해머를 사용할 때 자루 부분을 확인할 것
② 공동으로 해머 작업 시는 호흡을 맞출 것
③ 열처리된 건설기계의 부품은 강하므로 힘껏 때릴 것
④ 장갑을 끼고 해머 작업을 하지 말 것

08. **수랭식 기관이 과열되는 원인으로 틀린 것은?**

① 방열기의 코어가 20% 이상 막혔을 때
② 규정보다 높은 온도에서 수온조절기가 열릴 때
③ 수온조절기가 열린 채로 고정되었을 때
④ 규정보다 적게 냉각수를 넣었을 때

09. **4행정 사이클 기관에서 크랭크축 기어와 캠축 기어와의 지름의 비율 및 회전비율은 각각 얼마인가?**

① 2 : 1 및 1 : 2 ② 2 : 1 및 2 : 1
③ 1 : 2 및 1 : 2 ④ 1 : 2 및 2 : 1

10. **기관의 윤활장치에서 사용하는 오일 스트레이너(oil strainer)에 대한 설명으로 바르지 못한 것은?**

① 고정식과 부동식이 있으며 일반적으로 고정식이 많이 사용되고 있다.
② 불순물로 인하여 여과망이 막힐 때에는 오일이 통할 수 있도록 바이패스 밸브(bypass valve)가 설치된 것도 있다.
③ 일반적으로 철망으로 만들어져 있으며 비교적 큰 입자의 불순물을 여과한다.
④ 오일필터에 있는 오일을 여과하여 각 윤활부로 보낸다.

11. **교류발전기에서 회전하는 구성품이 아닌 것은?**

① 로터 코일 ② 슬립링
③ 브러시 ④ 로터 철심

12. **건설기계 기관의 압축압력 측정 방법으로 틀린 것은?**

① 습식시험을 먼저 하고 건식시험을 나중에 한다.
② 배터리의 충전상태를 점검한다.
③ 기관을 정상온도 작동시킨다.
④ 기관의 분사노즐(또는 점화플러그)은 모두 제거한다.

13. **건설기계의 기동장치 취급 시 주의사항으로 틀린 것은?**

① 기관이 시동된 상태에서 시동스위치를 켜서는 안 된다.
② 기동전동기의 회전속도가 규정 이하이면 오랜 시간 연속 회전시켜도 시동이 되지 않으므로 회전속도에 유의해야 한다.
③ 기동전동기의 연속 사용기간은 3분 정도로 한다.
④ 전선 굵기는 규정 이하의 것을 사용하면 안 된다.

14. **방향지시등 전구에 흐르는 전류를 일정한 주기로 단속 · 점멸하여 램프의 광도를 증감시키는 것은?**

① 디머 스위치
② 플래셔 유닛
③ 파일럿 유닛
④ 방향지시기 스위치

15. **도로교통법상 서행 또는 일시정지할 장소로 지정된 곳은?**

① 교량 위
② 좌우를 확인할 수 있는 교차로
③ 가파른 비탈길의 내리막
④ 안전지대 우측

16. **엔진의 윤활유 압력이 높아지는 이유는?**

① 윤활유의 점도가 너무 높을 때
② 윤활유 펌프의 성능이 좋지 않을 때
③ 기관 각 부분의 마모가 심할 때

④ 윤활유량이 부족할 때

17. 그림의 교통안전표지에 대한 설명으로 옳은 것은?

① 최저시속 30킬로미터 속도제한 표시
② 최고중량 제한 표시
③ 30톤 자동차 전용도로
④ 최고시속 30킬로미터 속도제한 표시

18. 축전지의 자기방전 원인에 대한 설명으로 틀린 것은?

① 축전지의 구조상 부득이하다.
② 이탈된 작용물질이 극판의 아랫부분에 퇴적되어 있다.
③ 축전지 케이스의 표면에서 전기누설이 없다.
④ 전해액 중에 불순물이 혼입되어 있다.

19. 건설기계 조종사는 주소 · 주민등록번호 및 국적의 변경이 있는 경우에는 주소지를 관할하는 시장 · 군수 또는 구청장에게 그 사실이 발생한 날부터 며칠 이내에 변경신고서를 제출하여야 하는가?

① 30일 ② 15일
③ 45일 ④ 10일

20. 교통사고 시 사상자가 발생하였을 때, 도로교통법상 운전자가 즉시 취하여야 할 조치사항 중 가장 옳은 것은?

① 즉시 정차 → 신고 → 위해 방지
② 즉시 정차 → 사상자 구호 → 신고
③ 즉시 정차 → 위해 방지 → 신고
④ 증인 확보 → 정차 → 사상자 구호

21. 그림의 유압 기호는 무엇을 표시하는가?

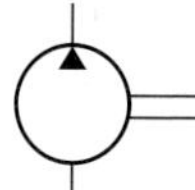

① 유압 펌프 ② 유압 밸브
③ 유압 탱크 ④ 오일 냉각기

22. 건설기계관리법에서 정의한 건설기계 형식을 가장 옳은 것은?

① 엔진구조 및 성능을 말한다.
② 형식 및 규격을 말한다.
③ 성능 및 용량을 말한다.
④ 구조 · 규격 및 성능 등에 관하여 일정하게 정한 것을 말한다.

23. 유압유를 한쪽 방향으로만 흐르게 하는 밸브는?

① 체크 밸브(check valve)
② 로터리 밸브(rotary valve)
③ 파일럿 밸브(pilot valve)
④ 릴리프 밸브(relief valve)

24. 건설기계 검사의 종류가 아닌 것은?

① 구조변경검사
② 예비검사
③ 신규등록검사
④ 정기검사

25. 유압 계통에서 오일누설 시의 점검사항이 아닌 것은?

① 볼트의 이완
② 실(seal)의 마모
③ 유압유의 윤활성
④ 실(seal)의 파손

26. 차마가 도로 이외의 장소에 출입하기 위하여 보도를 횡단하려고 할 때 가장 적절한 통행 방법은?

① 보행자가 없으면 빨리 주행한다.
② 보행자가 있어도 차마가 우선 출입한다.
③ 보행자 유무에 구애받지 않는다.
④ 보도 직전에서 일시정지하여 보행자의 통행을 방해하지 말아야 한다.

27. 건설기계의 정기검사 연기사유에 해당되지 않는 것은?

① 건설기계를 건설현장에 투입했을 때
② 건설기계를 도난당했을 때
③ 건설기계의 사고가 발생했을 때
④ 1월 이상에 걸친 정비를 하고 있을 때

28. 기어형 유압 펌프에 폐쇄작용이 생기면 어떤 현상이 생길 수 있는가?

① 기포가 발생한다.
② 유압유를 토출한다.
③ 유압 펌프의 출력을 증가시킨다.
④ 기어의 진동이 소멸된다.

29. 다음 중 4차로 일반도로에서 굴삭기의 주행차로는?

① 4차로 ② 1차로
③ 3차로 ④ 2차로

30. 유압 실린더의 종류에 해당하지 않는 것은?

① 복동 실린더 더블로드형
② 단동 실린더 램형
③ 복동 실린더 싱글로드형
④ 단동 실린더 배플형

31. 유압 모터의 종류에 해당하지 않는 것은?

① 플런저 모터 ② 기어 모터
③ 베인 모터 ④ 직권형 모터

32. 동력기계장치의 방호덮개 설치 목적이 아닌 것은?

① 동력전달장치와 신체의 접촉 방지
② 주유나 검사의 편리성
③ 방음이나 집진
④ 가공물 등의 낙하에 의한 위험 방지

33. 다음 중 유압의 장점이 아닌 것은?

① 유압유의 온도가 변하면 속도가 변한다.
② 과부하 방지가 간단하고 정확하다.
③ 소형으로 힘이 강력하다.
④ 무단변속이 가능하고 작동이 원활하다.

34. 굴삭기의 작업 중 운전자가 관심을 가져야 할 사항이 아닌 것은?

① 엔진 회전속도 게이지
② 온도 게이지
③ 작업속도 게이지
④ 굴삭기의 잡음 상태

35. 다음 중 연소조건에 대한 설명으로 틀린 것은?

① 산화되기 쉬운 것일수록 타기 쉽다.
② 열전도율이 적은 것일수록 타기 쉽다.
③ 발열량이 적은 것일수록 타기 쉽다.
④ 산소와의 접촉면이 클수록 타기 쉽다.

36. 현장에서 작동유의 오염도 판정 방법 중 가열한 철판 위에 작동유를 떨어뜨리는 방법은 작동유의 무엇을 판정하기 위한 방법인가?

① 먼지나 이물질 함유
② 작동유의 열화

③ 수분 함유
④ 산성도

37. **장갑을 끼고 작업할 때 가장 위험한 작업은?**

① 타이어 교환 작업
② 오일교환 작업
③ 해머 작업
④ 건설기계 운전 작업

38. **굴삭기를 이용하여 수중 작업을 하거나 하천을 건널 때의 안전사항으로 맞지 않는 것은?**

① 타이어형 굴삭기는 액슬 중심점 이상이 물에 잠기지 않도록 주의하면서 도하한다.
② 무한궤도형 굴삭기는 주행 모터의 중심선 이상이 물에 잠기지 않도록 주의하면서 도하한다.
③ 타이어형 굴삭기는 블레이드를 앞쪽으로 하고 도하한다.
④ 수중작업 후에는 물에 잠겼던 부위에 새로운 그리스를 주입한다.

39. **감전재해 사고 발생 시 취해야 할 행동으로 틀린 것은?**

① 설비의 전기 공급원 스위치를 내린다.
② 피해자 구출 후 상태가 심할 경우 인공호흡 등 응급조치를 한 후 작업을 직접 마무리하도록 도와준다.
③ 전원을 끄지 못했을 때는 고무장갑이나 고무장화를 착용하고 피해자를 구출한다.
④ 피해자가 지닌 금속체가 전선 등에 접촉되었는지를 확인한다.

40. **타이어형 굴삭기의 액슬 허브에 오일을 교환하고자 한다. 오일을 배출시킬 때와 주입할 때의 플러그 위치로 옳은 것은?**

① 배출시킬 때 : 1시 방향, 주입할 때 : 9시 방향
② 배출시킬 때 : 2시 방향, 주입할 때 : 12시 방향
③ 배출시킬 때 : 3시 방향, 주입할 때 : 9시 방향
④ 배출시킬 때 : 6시 방향, 주입할 때 : 9시 방향

41. **안전 · 보건표지의 종류와 형태에서 그림의 안전표지판이 사용되는 곳은?**

① 폭발성의 물질이 있는 장소
② 발전소나 고전압이 흐르는 장소
③ 방사능 물질이 있는 장소
④ 레이저 광선에 노출될 우려가 있는 장소

42. **굴삭기의 붐 제어레버를 계속하여 상승위치로 계속 당기고 있으면 어느 부분에 가장 큰 손상이 발생하는가?**

① 릴리프 밸브 및 시트
② 유압 펌프
③ 엔진
④ 유압 모터

43. **콘크리트 전주 주변을 굴삭기로 굴착작업을 할 때의 주의사항으로 옳은 것은?**

① 전선 및 지선 주위는 굴착해서는 안 된다.
② 전주 밑동은 근기를 이용하여 지지되어 있어 지선의 단선과는 무관하다.
③ 전주는 지선을 이용하여 지지되어 있어 전주 굴착과는 무관하다.
④ 작업 중 지선이 끊어지면 같은 굵기의 철선을 이으면 된다.

44. 압력제어밸브 중 상시 닫혀 있다가 일정 조건이 되면 열려 작동하는 밸브가 아닌 것은?

① 시퀀스 밸브 ② 무부하 밸브
③ 릴리프 밸브 ④ 감압 밸브

45. 굴삭기 작업 중 운전자가 하차 시 주의사항으로 틀린 것은?

① 엔진 가동을 정지시킨 후 가속레버를 최대로 당겨 놓는다.
② 타이어형인 경우 경사지에서 정차 시 고임목을 설치한다.
③ 버킷을 땅에 완전히 내린다.
④ 전 · 후진레버를 중립위치로 한다.

46. 산업안전보건법상 산업재해의 정의로 맞는 것은?

① 고의로 물적 시설을 파손한 것도 산업재해에 포함하고 있다.
② 일상 활동에서 발생하는 사고로서 인적 피해뿐만 아니라 물적 손해까지 포함하는 개념이다.
③ 근로자가 업무에 관계되는 작업이나 기타 업무에 기인하여 사망 또는 부상하거나 질병에 걸리게 되는 것이다.
④ 운전 중 본인의 부주의로 교통사고가 발생된 것이다.

47. 굴삭기 작업 시 작업 안전사항으로 틀린 것은?

① 기중작업은 가능한 피하는 것이 좋다.
② 경사지 작업 시 측면절삭을 행하는 것이 좋다.
③ 타이어형 굴삭기로 작업 시 안전을 위하여 아우트리거를 받치고 작업한다.
④ 한쪽 트랙을 들 때에는 암과 붐 사이의 각도는 90~110°범위로 해서 들어 주는 것이 좋다.

48. 공기 브레이크 장치의 구성품 중 틀린 것은?

① 브레이크 밸브 ② 공기탱크
③ 마스터 실린더 ④ 릴레이 밸브

49. 굴삭기 버킷용량 표시로 옳은 것은?

① m^2 ② m^3 ③ in^2 ④ yd^2

50. 타이어에서 고무로 피복된 코드를 여러 겹으로 겹친 층에 해당되며 타이어 골격을 이루는 부분은?

① 카커스(carcass)
② 트레드(tread)
③ 숄더(should)
④ 비드(bead)

51. 굴삭기의 효과적인 굴착작업이 아닌 것은?

① 붐과 암의 각도를 80~110° 정도로 선정한다.
② 버킷 투스의 끝이 암(디퍼스틱)보다 안쪽으로 향해야 한다.
③ 버킷은 의도한 대로 위치하고 붐과 암을 계속 변화시키면서 굴착한다.
④ 굴착한 후 암(디퍼스틱)을 오므리면서 붐은 상승위치로 변화시켜 하역위치로 스윙한다.

52. 건설기계에서 변속기의 구비조건으로 가장 적합한 것은?

① 대형이고, 고장이 없어야 한다.
② 조작이 쉬우므로 신속할 필요는 없다.

③ 연속적 변속에는 단계가 있어야 한다.
④ 전달효율이 좋아야 한다.

53. 무한궤도형 굴삭기의 장점으로 가장 거리가 먼 것은?

① 접지압력이 낮다.
② 노면 상태가 좋지 않은 장소에서 작업이 용이하다.
③ 운송수단 없이 장거리 이동이 가능하다.
④ 습지 및 사지에서 작업이 가능하다.

54. 타이어형 굴삭기가 주행 중 발생할 수도 있는 히트 세퍼레이션 현상에 대한 설명으로 옳은 것은?

① 물에 젖은 노면을 고속으로 달리면 타이어와 노면 사이에 수막이 생기는 현상
② 고속으로 주행 중 타이어가 터져 버리는 현상
③ 고속주행 시 차체가 좌 · 우로 밀리는 현상
④ 고속으로 주행할 때 타이어 공기압이 낮아져 타이어가 찌그러지는 현상

55. 전부장치가 부착된 굴삭기를 트레일러로 수송할 때 붐이 향하는 방향으로 가장 적합한 것은?

① 앞 방향　② 뒤 방향
③ 왼쪽 방향　④ 오른쪽 방향

56. 굴삭기로 작업할 때 주의사항으로 틀린 것은?

① 땅을 깊이 팔 때는 붐의 호스나 버킷 실린더의 호스가 지면에 닿지 않도록 한다.
② 암석, 토사 등을 평탄하게 고를 때는 선회관성을 이용하면 능률적이다.
③ 암 레버의 조작 시 잠깐 멈췄다가 움직이는 것은 유압 펌프의 토출유량이 부족하기 때문이다.
④ 작업 시는 유압 실린더의 행정 끝에서 약간 여유를 남기도록 운전한다.

57. 유압장치에서 유압 펌프의 흡입 쪽에 설치하여 여과작용을 하는 것은?

① 에어필터(air filter)
② 바이패스필터(by–pass filter)
③ 스트레이너(strainer)
④ 리턴필터(return filter)

58. 굴삭기의 작업장치 중 아스팔트, 콘크리트 등을 깰 때 사용되는 것으로 가장 적합한 것은?

① 브레이커(breaker)
② 파일드라이버(piledriver)
③ 마그넷(magnet)
④ 드롭 해머(drop hammer)

59. 다음 중 사고의 직접원인으로 가장 옳은 것은?

① 성격결함
② 불안전한 행동 및 상태
③ 사회적 환경요인
④ 유전적인 요소

60. 굴삭 작업 시 작업능력이 떨어지는 원인으로 옳은 것은?

① 트랙 슈에 주유가 안 됨
② 아워미터 고장
③ 조향핸들 유격 과다
④ 릴리프 밸브 조정 불량

굴삭기
운전기능사

모의고사 3

01. 그림과 같이 12V용 축전지 2개를 사용하여 24V용 건설기계를 시동하고자 할 때 연결 방법으로 옳은 것은?

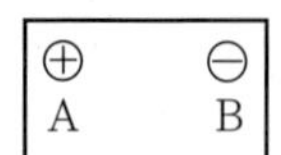

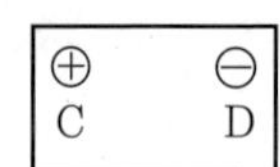

① B와 D ② A와 C
③ A와 B ④ B와 C

02. 디젤기관 연료장치 내에 있는 공기를 배출하기 위하여 사용하는 펌프는?

① 분사 펌프 ② 프라이밍 펌프
③ 연료 펌프 ④ 공기 펌프

03. 기동전동기가 회전하지 않을 경우 점검할 사항이 아닌 것은?

① 타이밍 벨트의 이완여부
② 축전지의 방전여부
③ 배터리 단자의 접촉여부
④ 배선의 단선여부

04. 건설기계 조종사 면허를 받은 자가 면허의 효력이 정지된 때에는 며칠 이내 관할 행정청에 그 면허증을 반납해야 하는가?

① 10일 이내
② 60일 이내
③ 30일 이내
④ 100일 이내

05. 2행정 사이클 디젤기관의 소기방식에 속하지 않는 것은?

① 단류소기 방식
② 복류소기 방식
③ 횡단소기 방식
④ 루프소기 방식

06. 자동차 1종 대형면허로 조종할 수 없는 건설기계는?

① 아스팔트 피니셔
② 콘크리트믹서트럭
③ 아스팔트살포기
④ 덤프트럭

07. 굴삭기의 충전장치에서 가장 많이 사용하고 있는 발전기는?

① 단상 교류발전기
② 3상 교류발전기
③ 직류발전기
④ 와전류 발전기

08. 도로 교통법규상 주차금지장소가 아닌 곳은?

① 소방용 기계기구가 설치된 곳으로부터 15m 이내
② 터널 안
③ 소방용 방화물통으로부터 5m 이내
④ 화재경보기로부터 3m 이내

09. 윤활장치에서 기관오일의 여과방식이 아닌 것은?

① 합류식 ② 전류식
③ 분류식 ④ 샨트식

10. 교통안전시설이 표시하고 있는 신호와 경찰공무원의 수신호가 다른 경우 통행 방법으로 옳은 것은?

① 신호기 신호를 우선적으로 따른다.
② 수신호는 보조신호이므로 따르지 않아도 좋다.
③ 경찰공무원의 수신호에 따른다.
④ 자기가 판단하여 위험이 없다고 생각되면 아무 신호에 따라도 좋다.

11. 굴삭기로 작업할 때 안전한 작업 방법에 관한 사항들이다. 가장 적절하지 않은 것은?

① 작업 후에는 암과 버킷 실린더 로드를 최대로 줄이고 버킷을 지면에 내려놓을 것
② 토사를 굴착하면서 스윙하지 말 것
③ 암석을 옮길 때는 버킷으로 밀어내지 말 것
④ 버킷을 들어 올린 채로 브레이크를 걸어 두지 말 것

12. 특별표지판 부착 대상인 대형 건설기계가 아닌 것은?

① 길이가 15m인 건설기계
② 너비가 2.8m인 건설기계
③ 높이가 6m인 건설기계
④ 총중량 45톤인 건설기계

13. 정기검사 유효기간을 1개월 경과한 후에 정기검사를 받은 경우 다음 정기검사 유효기간 산정 기산일은?

① 검사를 받은 날의 다음 날부터
② 검사를 신청한 날부터
③ 종전검사유효기간 만료일의 다음 날부터
④ 종전검사신청기간 만료일의 다음 날부터

14. 유압장치에 사용되는 오일 실(oil seal)의 종류 중 O-링이 갖추어야 할 조건은?

① 체결력이 작을 것
② 작동 시 마모가 클 것
③ 오일의 누설이 클 것
④ 탄성이 양호하고 압축변형이 적을 것

15. 건설기계대여업의 등록 시 필요 없는 서류는?

① 주기장 시설 보유 확인서
② 건설기계 소유사실을 증명하는 서류
③ 사무실의 소유권 또는 사용권이 있음을 증명하는 서류
④ 모든 종업원의 신원증명서

16. 유압장치의 작동원리는 어느 이론에 바탕을 둔 것인가?

① 파스칼의 원리
② 에너지 보존의 법칙
③ 보일의 원리
④ 열역학 제1법칙

17. 도로교통법을 위반한 경우는?

① 밤에 교통이 빈번한 도로에서 전조등을 계속 하향했다.
② 낮에 어두운 터널 속을 통과할 때 전조등을 켰다.
③ 노면이 얼어붙은 곳에서 최고속도의 20/100을 줄인 속도로 운행하였다.
④ 소방용 방화물통으로부터 10m 지점에 주차하였다.

18. 유압 모터와 유압 실린더의 설명으로 옳은 것은?

① 유압 모터는 회전운동, 유압 실린더는 직선운동을 한다.
② 둘 다 왕복운동을 한다.
③ 둘 다 회전운동을 한다.
④ 유압 모터는 직선운동, 유압 실린더는 회전운동을 한다.

19. 굴삭기로 작업할 때 주의사항으로 틀린 것은?

① 땅을 깊이 팔 때는 붐의 호스나 버킷 실린더의 호스가 지면에 닿지 않도록 한다.
② 암석, 토사 등을 평탄하게 고를 때는 선회관성을 이용하면 능률적이다.
③ 암 레버의 조작 시 잠깐 멈췄다가 움직이는 것은 유압 펌프의 토출유량이 부족하기 때문이다.
④ 작업 시는 유압 실린더의 행정 끝에서 약간 여유를 남기도록 운전한다.

20. 유압장치에 사용되는 펌프형식이 아닌 것은?

① 베인 펌프 ② 플런저 펌프
③ 분사 펌프 ④ 기어 펌프

21. 건설기계의 정비 작업 시 안전에 가장 위배되는 것은?

① 연료를 비운 상태에서 연료통을 용접한다.
② 가연성 물질을 취급 시 소화기를 준비한다.
③ 회전 부분에 옷이나 손이 닿지 않도록 한다.
④ 깨끗하고 먼지가 없는 작업환경을 조정한다.

22. 유압유의 점도에 대한 설명으로 틀린 것은?

① 점성계수를 밀도로 나눈 값이다.
② 온도가 상승하면 점도는 낮아진다.
③ 점성의 정도를 표시하는 값이다.
④ 온도가 내려가면 점도는 높아진다.

23. 다음 중 재해 발생원인 중 직접원인이 아닌 것은?

① 불량공구 사용
② 교육훈련 미숙
③ 기계배치의 결함
④ 작업조명의 불량

24. 유압장치에서 내구성이 강하고 작동 및 움직임이 있는 곳에 사용하기 적합한 호스는?

① 구리 파이프
② 플렉시블 호스
③ PVC 호스
④ 강 파이프

25. 다음 중 무한궤도형 굴삭기의 트랙조정 방법으로 맞는 것은?

① 상부롤러의 이동
② 아이들러의 이동
③ 하부롤러의 이동
④ 스프로킷의 이동

26. 벨트를 풀리(pulley)에 장착 시 기관의 상태로 옳은 것은?

① 고속으로 회전상태
② 저속으로 회전상태
③ 중속으로 회전상태
④ 회전을 중지한 상태

27. 점검주기에 따른 안전점검의 종류에 해당되지 않는 것은?

① 정기점검
② 구조점검
③ 특별점검
④ 수시점검

28. 유량제어밸브를 실린더와 병렬로 연결하여 실린더의 속도를 제어하는 회로는?

① 블리드 오프 회로
② 블리드 온 회로
③ 미터 인 회로
④ 미터 아웃 회로

29. 작업안전상 보호안경을 사용하지 않아도 되는 작업은?

① 건설기계운전 작업
② 먼지세척 작업
③ 용접 작업
④ 연마 작업

30. 무한궤도형 굴삭기 좌 · 우 트랙에 각각 한 개씩 설치되어 있으며 센터조인트로부터 유압을 받아 조향기능을 하는 구성부품은?

① 주행 모터
② 드래그 링크
③ 조향기어 박스
④ 동력조향 실린더

31. 기관에서 완전연소 시 배출되는 가스 중에서 인체에 가장 해가 없는 가스는?

① NOx ② HC
③ CO ④ CO_2

32. 무한궤도형 굴삭기로 주행 중 회전 반경을 가장 적게 할 수 있는 방법은?

① 한쪽 주행 모터만 구동시킨다.
② 구동하는 주행 모터 이외에 다른 모터의 조향 브레이크를 강하게 작동시킨다.
③ 2개의 주행 모터를 서로 반대 방향으로 동시에 구동시킨다.
④ 트랙의 폭이 좁은 것으로 교체한다.

33. 토크 컨버터에 대한 설명으로 옳은 것은?

① 구성부품 중 펌프(임펠러)는 변속기 입력축과 기계적으로 연결되어 있다.
② 펌프, 터빈, 스테이터 등이 상호운동하여 회전력을 변환시킨다.
③ 엔진의 회전속도가 일정한 상태에서 건설기계의 속도가 줄어들면 토크는 감소한다.
④ 구성품 중 터빈은 기관의 크랭크축과 기계적으로 연결되어 구동된다.

34. 그림의 유압 기호가 나타내는 것은?

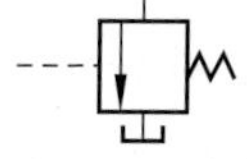

① 릴리프 밸브(relief valve)
② 무부하 밸브(unloader valve)
③ 감압 밸브(reducing valve)
④ 순차 밸브(sequence valve)

35. 양중기에 해당되지 않는 것은?

① 곤돌라 ② 리프트
③ 크레인 ④ 지게차

36. **크롤러형 굴삭기(유압방식)의 센터조인트에 관한 설명으로 적합하지 않은 것은?**

① 상부회전체의 회전중심 부분에 설치되어 있다.
② 상부회전체의 유압유를 주행 모터로 전달한다.
③ 상부회전체가 롤링작용을 할 수 있도록 설치되어 있다.
④ 상부회전체가 회전하더라도 호스, 파이프 등이 꼬이지 않고 원활히 공급하는 기능을 한다.

37. **화재에 대한 설명으로 틀린 것은?**

① 화재가 발생하기 위해서는 가연성 물질, 산소, 발화원이 반드시 필요하다.
② 가연성 가스에 의한 화재를 D급 화재라 한다.
③ 전기 에너지가 발화원이 되는 화재를 C급 화재라 한다.
④ 화재는 어떤 물질이 산소와 결합하여 연소하면서 열을 방출시키는 산화반응을 말한다.

38. **무한궤도형 굴삭기의 유압방식 하부추진체 동력전달 순서로 맞는 것은?**

① 엔진 → 제어밸브 → 센터조인트 → 유압 펌프 → 주행 모터 → 트랙
② 엔진 → 제어밸브 → 센터조인트 → 주행 모터 → 유압 펌프 → 트랙
③ 엔진 → 센터조인트 → 유압 펌프 → 제어밸브 → 주행 모터 → 트랙
④ 엔진 → 유압 펌프 → 제어밸브 → 센터조인트 → 주행 모터 → 트랙

39. **철탑에 154000V라는 표시판이 부착되어 있는 전선 근처에서 작업으로 틀린 것은?**

① 전선에 30cm 이내로 접근되지 않게 작업한다.
② 철탑 기초에서 충분히 이격하여 굴착한다.
③ 철탑 기초 주변 흙이 무너지지 않도록 한다.
④ 전선이 바람에 흔들리는 것을 고려하여 접근금지 로프를 설치한다.

40. **타이어형 굴삭기의 주행 전 주의사항으로 틀린 것은?**

① 버킷 실린더, 암 실린더를 충분히 눌려 펴서 버킷이 캐리어 상면 높이 위치에 있도록 한다.
② 버킷 레버, 암 레버, 붐 실린더 레버가 움직이지 않도록 잠가 둔다.
③ 선회고정 장치는 반드시 풀어 놓는다.
④ 굴삭기에 그리스, 오일, 진흙 등이 묻어 있는지 점검한다.

41. **항타기는 부득이한 경우를 제외하고 가스배관과의 수평거리를 최소한 몇 m 이상 이격하여 설치하여야 하는가?**

① 5m ② 2m ③ 3m ④ 1m

42. **굴삭기의 양쪽 주행레버를 조작하여 급회전하는 것을 무슨 회전이라고 하는가?**

① 저속 회전 ② 스핀 회전
③ 피벗 회전 ④ 원웨이 회전

43. **제동장치의 마스터 실린더를 조립 시 무엇으로 세척하는 것이 좋은가?**

① 석유 ② 브레이크액
③ 경유 ④ 솔벤트

44. 굴삭기 작업 종료 후 점검사항과 가장 거리가 먼 것은?

① 각종 게이지
② 타이어의 손상여부
③ 연료량
④ 오일누설 부위

45. 무한궤도형 굴삭기의 환향은 무엇에 의하여 작동되는가?

① 주행 펌프
② 스티어링 휠
③ 스로틀 레버
④ 주행 모터

46. 플런저 펌프의 특징으로 가장 거리가 먼 것은?

① 구조가 간단하고 값이 싸다.
② 펌프효율이 높다.
③ 베어링에 부하가 크다.
④ 일반적으로 토출압력이 높다.

47. 크롤러형 굴삭기가 주행 중 주행방향이 틀려지고 있을 때 그 원인과 가장 관계가 적은 것은?

① 트랙의 균형이 맞지 않았을 때
② 유압 계통에 이상이 있을 때
③ 트랙 슈가 약간 마모되었을 때
④ 지면이 불규칙할 때

48. 차마가 도로의 중앙이나 좌측 부분을 통행할 수 있는 경우는 도로 우측 부분의 폭이 몇 미터에 미달하는 도로에서 앞지르기를 할 때인가?

① 2미터　　② 3미터
③ 5미터　　④ 6미터

49. 굴삭기의 작업안전 사항으로 적합하지 않은 것은?

① 스윙하면서 버킷으로 암석을 부딪쳐 파쇄하는 작업을 하지 않는다.
② 안전한 작업 반경을 초과해서 하중을 이동시킨다.
③ 굴삭하면서 주행하지 않는다.
④ 작업을 중지할 때는 파낸 모서리로부터 굴삭기를 이동시킨다.

50. 굴삭기 작업 시 진행방향으로 옳은 것은?

① 전진　　② 후진
③ 선회　　④ 우방향

51. 건설기계관리법상 건설기계가 국토교통부장관이 실시하는 검사에 불합격하여 정비명령을 받았음에도 불구하고, 건설기계 소유자가 이 명령을 이행하지 않았을 때의 벌칙은?

① 500만 원 이하의 벌금
② 1000만 원 이하의 벌금
③ 300만 원 이하의 벌금
④ 100만 원 이하의 벌금

52. 크롤러형 굴삭기가 진흙에 빠져서, 자력으로는 탈출이 거의 불가능하게 된 상태의 경우 견인 방법으로 가장 적당한 것은?

① 버킷으로 지면을 걸고 나온다.
② 두 대의 굴삭기 버킷을 서로 걸고 견인한다.
③ 전부장치로 잭업 시킨 후, 후진으로 밀면서 나온다.
④ 하부기구 본체에 와이어로프를 걸고 크레인으로 당길 때 굴삭기는 주행레버를 견인방향으로 밀면서 나온다.

53. **축전지의 방전은 어느 한도 내에서 단자 전압이 급격히 저하하며 그 이후는 방전 능력이 없어지게 되는데 이때의 전압을 무엇이라고 하는가?**

① 충전전압
② 방전전압
③ 방전종지전압
④ 누전전압

54. **굴삭기 하부구동체 기구의 구성요소와 관련된 사항이 아닌 것은?**

① 트랙 프레임
② 주행용 유압 모터
③ 트랙 및 롤러
④ 붐 실린더

55. **유압 회로 내의 압력이 설정압력에 도달하면 유압 펌프에서 토출된 유압유를 전부 탱크로 회송시켜 유압 펌프를 무부하로 운전시키는 데 사용하는 밸브는?**

① 언로드 밸브
② 카운터 밸런스 밸브
③ 체크밸브
④ 시퀀스 밸브

56. **트랙형 굴삭기의 주행 장치에 브레이크 장치가 없는 이유로 옳은 것은?**

① 주행 제어레버를 반대로 작용시키면 정지하기 때문이다.
② 주행 제어레버를 중립으로 하면 주행 모터의 작동유 공급 쪽과 복귀 쪽 회로가 차단되기 때문이다.
③ 저속으로 주행하기 때문이다.
④ 트랙과 지면의 마찰이 크기 때문이다.

57. **라디에이터 캡의 스프링이 파손되었을 때 가장 먼저 나타나는 현상은?**

① 냉각수 비등점이 높아진다.
② 냉각수 비등점이 낮아진다.
③ 냉각수 순환이 불량해진다.
④ 냉각수 순환이 빨라진다.

58. **굴삭기를 트레일러에 상차하는 방법에 대한 것으로 가장 적합하지 않은 것은?**

① 가급적 경사대를 사용한다.
② 트레일러로 운반 시 작업장치를 반드시 앞쪽으로 한다.
③ 경사대는 10~15° 정도 경사시키는 것이 좋다.
④ 붐을 이용하여 버킷으로 차체를 들어 올려 탑재하는 방법도 이용되지만 전복의 위험이 있어 특히 주의를 요하는 방법이다.

59. **라이너 방식 실린더에 비교한 일체형 실린더의 특징으로 틀린 것은?**

① 라이너 형식보다 내마모성이 높다.
② 부품 수가 적고 중량이 가볍다.
③ 강성 및 강도가 크다.
④ 냉각수 누출 우려가 적다.

60. **디젤기관에서 실화할 때 나타나는 현상으로 옳은 것은?**

① 기관이 과랭한다.
② 기관회전이 불량해진다.
③ 연료 소비가 감소한다.
④ 냉각수가 유출된다.

굴삭기 운전기능사

모의고사 정답 및 해설

모의고사 1

01. ②
모든 고속도로에서 건설기계의 최고속도는 80km/h, 최저속도는 50km/h이다.

02. ③
채터링이란 릴리프 밸브에서 스프링 장력이 약할 때 볼(ball)이 밸브의 시트를 때려 소음을 내는 진동현상이다.

03. ④
주행 모터는 무한궤도형 굴삭기 좌 · 우 트랙에 각각 한 개씩 설치되어 있으며 센터조인트로부터 유압을 받아 주행과 조향기능을 한다.

04. ①
커먼레일 디젤엔진의 연료장치는 연료탱크, 연료여과기, 저압연료펌프, 고압연료펌프, 커먼레일, 인젝터로 구성되어 있다.

05. ④
최고속도 15km/h 미만 타이어식 건설기계에 갖추어야 하는 조명장치는 전조등, 후부반사기, 제동등이다.

06. ③
손이나 공구에 기름이 묻었을 때에는 미끄럽기 때문에 깨끗이 닦아 내고 작업을 하여야 한다.

07. ②
주행 전에 선회고정 장치는 반드시 잠가 놓는다.

08. ②
유압유는 규정량보다 부족할 경우에만 보충하여야 한다.

09. ③
차축의 스플라인 부분은 차동기어장치의 차동 사이드기어와 결합되어 있다.

10. ②
부동액의 종류에는 에틸렌글리콜, 메탄올(메틸알코올), 글리세린이 있으며 현재는 에틸렌글리콜만 사용한다.

11. ③
사고로 인한 재해가 가장 많이 발생하는 것은 벨트와 풀리이다.

12. ③
언로드(무부하) 밸브는 유압 회로 내의 유압이 설정압력에 도달하면 유압 펌프에서 토출된 작동유를 전부 탱크로 회송시켜 유압 펌프를 무부하로 운전시키는 데 사용한다.

13. ④
밸브 스템(valve stem)은 밸브 가이드 내부를 상하 왕복운동하며 밸브헤드가 받는 열을 가이드를 통해 방출하고, 밸브의 개폐를 돕는다.

14. ①
축전지 용량의 단위는 Ah(암페어 시)를 사용한다.

15. ①
지게차의 건설기계 범위는 타이어식으로 들어 올림 장치와 조종석을 가진 것. 다만, 전동식으로 솔리드 타이어를 부착한 것 중 도로가 아닌 장소에서만 운행하는 것은 제외한다.

16. ④
연료압력이 낮아지는 원인 : 연료펌프의 공급압력이 누설될 때, 연료압력 레귤레이터에 있는 밸브의 밀착이 불량하여 리턴포트 쪽으로 연료가 누설될 때, 연료필터가 막혔을 때

17. ①
정기검사 연기신청 사유 : 건설기계의 도난, 사고발생, 압류, 1개월 이상에 걸친 정비, 사업의 휴지, 기타 부득이한 사유로 정기검사를 신청할 수 없는 경우

18. ①
공기청정기가 막히면 불완전 연소가 일어나 실린더 마멸을 촉진한다.

19. ④

20. ①
총중량 2000kg 미달인 자동차를 그의 3배 이상의 총중량 자동차로 견인할 때의 속도는 매시 30km 이내이다.

21. ④
교류발전기는 스테이터 철심에 코일을 감아 사용하고, 여자전류를 공급받아 전자석이 되는 로터가 있으며, 로터에는 브러시로부터 여자전류를 공급받는 슬립링을 2개 둔다.

22. ①
일시정지선은 백색 실선으로 표시한다.

23. ①
등록의 경정은 등록을 행한 후에 그 등록에 관하여 착오 또는 누락이 있음을 발견한 때 한다.

24. ②
충전할 때 전해액의 온도가 45℃ 이상 되지 않도록 한다.

25. ③
1년간 벌점에 누산점수가 최소 121점 이상이면 운전면허가 취소된다.

26. ②
옴의 법칙은 전류는 전압에 비례하고 저항에 반비례한다는 법칙이며, 도체의 저항은 도체 길이에 비례하고 단면적에 반비례한다.

27. ③
플러싱(flushing)이란 유압계통의 오일장치 내에 슬러지 등이 생겼을 때 이것을 용해하여 장치 내를 깨끗이 하는 작업이다.

28. ①
건설기계를 도로에 계속하여 버려 두거나 정당한 사유 없이 타인의 토지에 버려 둔 경우의 처벌은 1년 이하의 징역 또는 1000만 원 이하의 벌금

29. ①
유압 실린더 지지방식 : 푸트형, 플랜지형, 트러니언형, 클레비스형

30. ③
유압유의 점도가 너무 높으면 동력 손실이 증가한다.

31. ③
터닝 조인트(turning joint)가 불량하면 원활한 주행이 어려워진다.

32. ③
유압 펌프는 동력원과 커플링으로 직결되어 있어 동력원이 회전하는 동안에는 항상 회전하여 오일탱크 내의 유압유를 흡입하여 컨트롤 밸브로 송유(토출)한다.

33. ④
유압유의 압력에 영향을 주는 요소는 유압유의 흐름량, 유압유의 점도, 관로직경이다.

34. ③
유압유의 열화를 확인하는 인자는 오일의 점도, 오일의 냄새, 오일의 색깔 등이다.

35. ③
오거는 유압 모터를 이용한 스크루로 구멍을 뚫고 전신주 등을 박는 작업에 사용되는 굴삭기 작

업장치이다.

36. ③
벨트의 장력은 회전을 정지시킨 상태에서 점검한다.

37. ④
무한궤도형은 접지면적이 크고 접지압력이 작아 사지나 습지와 같이 위험한 지역에서 작업이 가능하다.

38. ④
굴삭 작업에 직접 관계되는 것은 암(스틱) 제어레버, 붐 제어레버, 버킷 제어레버 등이다.

39. ②

40. ④
파이널 드라이브 기어(종감속기어)는 엔진의 동력을 바퀴까지 전달할 때 마지막으로 감속하여 전달하는 동력전달장치이다.

41. ②
접근 반응형 방호장치 : 작업자의 신체부위가 위험한계 또는 그 인접한 거리로 들어오면 이를 감지하여 그 즉시 동작하던 기계를 정지시키거나 스위치가 꺼지도록 하는 방호 방법이다.

42. ①
타이어형 굴삭기가 주행할 때 주행 모터의 회전력이 입력축을 통해 전달되면 변속기를 통해 차축으로 전달된다.

43. ②
사고의 직접원인은 작업자의 불안전한 행동 및 상태이다.

44. ②
굴삭기의 작업 사이클 : 굴착 → 붐 상승 → 스윙(선회) → 적재(덤프) → 스윙(선회) → 굴착

45. ④

46. ③
버킷 투스의 종류 : 샤프형은 점토, 석탄 등의 굴착 및 적재작업에 사용하며, 록형은 암석, 자갈 등의 굴착 및 적재작업에 사용한다.

47. ④

48. ①
도시가스의 압력
㉠ 저압 : 0.1MPa 미만
㉡ 중압 : 0.1Mpa 이상 1Mpa 미만
㉢ 고압 : 1MPa 이상

49. ②
굴삭기로 작업할 때 작업 반경을 초과해서 하중을 이동시켜서는 안 된다.

50. ④

51. ②
굴삭 작업을 할 때에는 주로 암(디퍼스틱) 실린더를 사용한다.

52. ①
클러치 페달의 유격이 크면 변속기의 기어를 변속할 때 기어가 끌리는 소음이 발생한다.

53. ①
트랙 유격을 조정할 때 브레이크가 있는 경우에는 브레이크를 사용해서는 안 된다.

54. ③
브레이크 드럼의 구비조건 : 내마멸성이 클 것, 정적 · 동적 평형이 잡혀 있을 것, 가볍고 강도와 강성이 클 것, 냉각이 잘될 것

55. ③
상부 롤러는 싱글 플랜지형을 사용한다.

56. ②
유압 모터는 회전체의 관성이 작아 응답성이 빠르다.

57. ②
굴삭기는 토사굴토 작업, 굴착 작업, 도랑파기 작업, 쌓기, 깎기, 되메우기, 토사상차 작업에 사용된다.

58. ②
디젤기관은 흡입행정에서 공기만을 흡입한 후 압축하여 자기 착화시킨다.

59. ③
무한궤도형 굴삭기에는 일반적으로 주행 모터 2개와, 스윙 모터 1개가 설치된다.

60. ②
센터조인트는 상부 회전체의 회전중심부에 설치되어 있으며, 메인펌프의 유압유를 주행 모터로 전달한다.

모의고사 2

01. ④
카운터 웨이트(밸런스 웨이트, 평형추)는 작업할 때 안정성을 주고 굴삭기의 균형을 잡아 주기 위하여 설치한 것이다.

02. ②
연소가스가 자체의 압력에 의해 배출되는 것을 블로다운이라고 한다.

03. ③
도로교통법에 따라 소방용 기계기구가 설치된 곳, 소방용 방화물통, 소화전 또는 소화용 방화물통의 흡수구나 흡수관으로부터 5m 이내의 지점에 주차하여서는 안 된다.

04. ④
주행 중 이상소음, 냄새 등의 이상을 느낀 경우에는 작업 전에 점검한다.

05. ①
가스배관용 폴리에틸렌관은 도시가스 저압관으로 사용된다.

06. ③
암석을 옮길 때는 버킷으로 밀어내도록 한다.

07. ③
열처리된 재료(담금질한 재료)는 해머로 타격해서는 안 된다.

08. ③
수온조절기가 닫힌 채 고정되면 과랭한다.

09. ④
4행정 사이클 기관에서 크랭크축 기어와 캠축 기어와의 지름의 비율은 1 : 2이고, 회전비율은 2 : 1이다.

10. ④
오일 스트레이너는 오일 펌프로 들어가는 오일을 여과하는 부품이며, 철망으로 제작하여 비교적 큰 입자의 불순물을 여과한다.

11. ③
브러시는 엔드프레임에 고정되어 있으며, 슬립링과 접촉되어 로터 코일에 여자전류를 공급한다.

12. ①
압축압력을 측정할 때 건식시험을 먼저 한 후 밸브 불량, 실린더 벽 및 피스톤 링, 헤드개스킷 불량 등의 상태를 판단하기 위하여 습식시험을 한다.

13. ③
기동전동기의 연속 사용기간은 10~15초 정도로 한다.

14. ②
플래셔 유닛(flasher unit)은 방향지시등 전구에 흐르는 전류를 일정한 주기로 단속 · 점멸하여 램프의 광도를 증감시키는 부품이다.

15. ③
서행 또는 일시정지해야 할 장소 : 비탈길의 고갯마루 부근, 도로가 구부러진 부분, 가파른 비탈길

의 내리막

16. ①
유압이 높아지는 원인 : 윤활유의 점도가 너무 높을 때, 윤활회로의 일부가 막혔을 때, 유압조절밸브 스프링의 장력이 과다할 때, 유압조절밸브가 닫힌 상태로 고장 났을 때

17. ①

18. ③
축전지 커버와 케이스의 표면에서 전기누설이 있으면 자기방전이 발생한다.

19. ①
건설기계 조종사는 성명, 주민등록번호 및 국적의 변경이 있는 경우에는 그 사실이 발생한 날부터 30일 이내에 기재사항변경신고서를 주소지를 관할하는 시장 · 군수 또는 구청장에게 제출하여야 한다.

20. ②
교통사고로 인하여 사상자가 발생하였을 때 운전자가 취하여야 할 조치사항은 즉시 정차 → 사상자 구호 → 신고이다.

21. ①

22. ④
건설기계 형식이란 구조 · 규격 및 성능 등에 관하여 일정하게 정한 것이다.

23. ①
체크 밸브는 유압유를 한쪽 방향으로만 흐르도록 한다.

24. ②
건설기계 검사의 종류 : 신규등록검사, 정기검사, 구조변경검사, 수시검사

25. ③

26. ④

27. ①
정기검사 연기사유 : 건설기계의 도난, 사고 발생, 압류, 1개월 이상에 걸친 정비, 사업의 휴지, 기타 부득이한 사유로 정기검사를 신청할 수 없는 경우

28. ①
폐쇄작용이 발생하면 토출유량 감소, 펌프를 구동하는 동력 증가 및 케이싱 마모, 기포 발생 등이 발생한다.

29. ①

30. ④
유압 실린더의 종류 : 단동 실린더, 복동 실린더 싱글로드형, 복동 실린더 더블로드형, 다단 실린더형, 램형 실린더

31. ④
유압 모터의 종류 : 기어형, 베인형, 플런저형

32. ②
방호덮개 설치 목적 : 동력전달장치와 신체의 접촉 방지, 방음 및 집진, 가공물 등의 낙하에 의한 위험 방지

33. ①
유압장치는 오일온도가 변하면 속도가 변하는 단점이 있다.

34. ③

35. ③
연소조건 : 발열량이 많은 것일수록, 산화되기 쉬운 것일수록, 열전도율이 적은 것일수록, 산소와의 접촉면이 클수록 타기 쉽다.

36. ③
작동유의 수분 함유 여부를 판정하기 위해 가열한 철판 위에 작동유를 떨어뜨려 본다.

37. ③
해머 작업을 할 때 장갑을 껴서는 안 된다.

38. ②
무한궤도형 굴삭기는 상부 롤러 중심선 이상이 물에 잠기지 않도록 주의하면서 도하한다.

39. ②

40. ④
액슬 허브 오일을 교환할 때 오일을 배출시킬 경우에는 플러그를 6시 방향에, 주입할 때는 플러그를 9시 방향에 위치시킨다.

41. ④

42. ①
굴삭기의 붐 제어레버를 계속하여 상승위치로 당기고 있으면 릴리프 밸브 및 시트에 가장 큰 손상이 발생한다.

43. ①

44. ④
감압(리듀싱) 밸브는 상시개방 상태로 되어 있다가 출구(2차 쪽)의 압력이 설정압력보다 높아지면 유로를 닫는다.

45. ①
운전자가 하차할 때에는 엔진의 가동을 정지시킨 후 가속레버는 아래로 내려놓는다.

46. ③
산업재해란 근로자가 생산 활동 중 신체장애와 유해물질에 의한 중독 등으로 직업성 질환에 걸려 나타난 장애이다.

47. ②
경사지에서 작업할 때 측면절삭을 해서는 안 된다.

48. ③
공기 브레이크는 공기압축기, 압력조정기와 언로드 밸브, 공기탱크, 브레이크 밸브, 퀵 릴리스 밸브, 릴레이 밸브, 슬랙 조정기, 브레이크 체임버, 캠, 브레이크슈, 브레이크 드럼으로 구성된다.

49. ②

50. ①
카커스는 고무로 피복된 코드를 여러 겹 겹친 층에 해당되며, 타이어 골격을 이루는 부분이다.

51. ②
버킷 투스의 끝이 암(디퍼스틱)보다 바깥쪽으로 향해야 한다.

52. ④
변속기의 구비조건 : 소형이고, 고장이 없을 것, 조작이 쉽고 신속 · 정확할 것, 연속적 변속에는 단계가 없을 것, 전달효율이 좋을 것

53. ③
무한궤도형 굴삭기를 장거리 이동할 경우에는 트레일러로 운반해야 하는 단점이 있다.

54. ②
히트 세퍼레이션(heat separation)이란 고속으로 주행할 때 열에 의해 타이어의 고무나 코드가 용해 및 분리되어 터지는 현상이다.

55. ②
전부장치(작업장치)가 부착된 굴삭기를 트레일러로 수송할 때 붐의 방향은 뒤 방향이다.

56. ②
암석, 토사 등을 평탄하게 고를 때는 선회관성을 이용하면 스윙모터에 과부하가 걸리기 쉽다.

57. ③
스트레이너는 유압 펌프의 흡입관에 설치하는 여과기이다.

58. ①
브레이커는 정(chisel)의 머리 부분에 유압방식 왕복해머로 연속적으로 타격을 가해 암석, 콘크리트 등을 파쇄하는 작업장치이다.

59. ②
사고의 직접원인은 작업자의 불안전한 행동 및 상태이다.

60. ④
릴리프 밸브의 조정이 불량하면 굴삭작업을 할 때 능력이 떨어진다.

모의고사 3

01. ④
직렬연결이란 전압과 용량이 동일한 축전지 2개 이상을 (+)단자와 연결대상 축전지의 (−)단자에 서로 연결하는 방식이다.

02. ②
프라이밍 펌프는 디젤기관 연료계통의 공기를 배출할 때 사용한다.

03. ①
타이밍 벨트가 이완되면 밸브개폐 시기가 틀려진다.

04. ①
건설기계 조종사 면허가 취소되었을 경우 그 사유가 발생한 날로부터 10일 이내에 면허증을 반납해야 한다.

05. ②
2행정 사이클 디젤기관의 소기방식에는 단류소기 방식, 횡단소기 방식, 루프소기 방식이 있다.

06. ①
제1종 대형 운전면허로 조종할 수 있는 건설기계 : 덤프트럭, 아스팔트살포기, 노상안정기, 콘크리트 믹서트럭, 콘크리트펌프, 트럭적재식 천공기

07. ②
건설기계에서는 주로 3상 교류발전기를 사용한다.

08. ①
소방용 기계기구가 설치된 곳으로부터 5m 이내

09. ①
기관오일의 여과 방식에는 분류식, 샨트식, 전류식이 있다.

10. ③
가장 우선하는 신호는 경찰공무원의 수신호이다.

11. ③
암석을 옮길 때는 버킷으로 밀어내도록 한다.

12. ①
특별표지판 부착 대상 건설기계 : 길이가 16.7m 이상인 경우, 너비가 2.5m 이상인 경우, 최소회전반경이 12m 이상인 경우, 높이가 4m 이상인 경우, 총중량이 40톤 이상인 경우, 축하중이 10톤 이상인 경우

13. ①
정기검사 유효기간을 1개월 경과한 후에 정기검사를 받은 경우 다음 정기검사 유효기간 산정 기산일은 검사를 받은 날의 다음 날부터이다.

14. ④
O–링은 탄성이 양호하고 압축변형이 적어야 한다.

15. ④

16. ①
유압장치는 파스칼의 원리를 이용한다.

17. ③
노면이 얼어붙은 곳에서는 최고속도의 50/100을 줄인 속도로 운행하여야 한다.

18. ①

19. ②
암석, 토사 등을 평탄하게 고를 때는 선회관성을 이용하면 스윙모터에 과부하가 걸리기 쉽다.

20. ③
유압 펌프의 종류 : 기어 펌프, 베인 펌프, 피스톤(플런저) 펌프, 나사 펌프, 트로코이드 펌프

21. ①
연료통은 폭발할 우려가 있으므로 용접을 해서는 안 된다.

22. ①
점도란 점성의 정도를 표시하는 값이며, 온도가 상승하면 점도는 낮아지고, 온도가 내려가면 점도는 높아진다.

23. ③

24. ②
플렉시블 호스는 내구성이 강하고 작동 및 움직임이 있는 곳에 사용하기 적합하다.

25. ②
트랙의 장력조정은 프런트 아이들러를 이동시켜서 조정한다.

26. ④
벨트를 풀리에 장착할 때에는 기관의 가동을 정지시켜야 한다.

27. ②
안전점검에는 일상점검, 정기점검, 수시점검, 특별점검 등이 있다.

28. ①
블리드 오프(bleed off) 회로는 유량제어밸브를 실린더와 병렬로 연결하여 실린더의 속도를 제어한다.

29. ①

30. ①
주행 모터는 무한궤도형 굴삭기 좌 · 우 트랙에 각각 한 개씩 설치되어 있으며 센터조인트로부터 유압을 받아 조향기능을 한다.

31. ④
기관에서 배출되는 유해가스는 일산화탄소(CO), 탄화수소(HC), 질소산화물(NOx)이다.

32. ③
회전 반경을 적게 하려면 2개의 주행 모터를 서로 반대 방향으로 동시에 구동시킨다.

33. ②
토크 컨버터는 펌프(크랭크축에 연결), 터빈(변속기 입력축에 연결), 스테이터 등이 상호운동하여 회전력을 변환시킨다.

34. ②

35. ④
양중기에 해당되는 것은 크레인(호이스트 포함), 이동식 크레인, 리프트, 곤돌라, 승강기이다.

36. ③
센터조인트는 상부회전체의 회전중심부에 설치되어 있으며, 메인펌프의 유압유를 주행 모터로 전달한다. 또 상부회전체가 회전하더라도 호스, 파이프 등이 꼬이지 않고 원활히 공급한다.

37. ②
가연성 가스에 의한 화재를 B급 화재라 한다.

38. ④
무한궤도형 굴삭기의 하부추진체 동력전달순서는 엔진 → 유압 펌프 → 제어밸브 → 센터조인트 → 주행 모터 → 트랙이다.

39. ①
전선에 5m 이내로 접근되지 않게 작업한다.

40. ③
주행 전에 선회고정 장치는 반드시 잠가 놓는다.

41. ②
항타기는 부득이한 경우를 제외하고 가스배관과의 수평거리를 최소한 2m 이상 이격하여 설치하여야 한다.

42. ②
스핀 회전(spin turn) : 양쪽 주행레버를 한쪽 레버를 앞으로 밀고, 한쪽 레버는 당기면 차체중심을 기점으로 급회전이 이루어진다.

43. ②
마스터 실린더를 조립할 때 부품의 세척은 브레이크액이나 알코올로 한다.

44. ①
각종 게이지 점검은 운전 중에 점검한다.

45. ④
무한궤도식 굴삭기의 환향(조향)작용은 유압(주행) 모터로 한다.

46. ①

플런저 펌프는 토출압력이 높고 펌프효율이 높으나, 구조가 복잡해 값이 비싸고 베어링에 부하가 큰 단점이 있다.

47. ③

주행방향이 틀려지는 이유 : 트랙의 균형(정렬) 불량, 센터조인트 작동 불량, 유압 계통의 불량, 지면의 불규칙 등이다.

48. ④

차마가 도로의 중앙이나 좌측 부분을 통행할 수 있는 경우는 도로 우측 부분의 폭이 6미터에 미달하는 도로에서 앞지르기를 할 때이다.

49. ②

굴삭기로 작업할 때 작업 반경을 초과해서 하중을 이동시켜서는 안 된다.

50. ②

굴삭기로 작업을 할 때에는 후진시키면서 한다.

51. ④

정비명령을 이행하지 아니한 자에 대한 벌칙은 100만 원 이하의 벌금

52. ④

53. ③

방전종지전압이란 축전지의 방전은 어느 한도 내에서 단자 전압이 급격히 저하하며 그 이후는 방전능력이 없어지게 되는데, 이때의 전압을 말한다.

54. ④

55. ①

언로드 밸브(unload valve)는 유압 회로 내의 압력이 설정압력에 도달하면 유압 펌프에서 토출된 유압유를 전부 탱크로 회송시켜 유압 펌프를 무부하로 운전시키는 데 사용한다.

56. ②

트랙형 굴삭기의 주행 장치에 브레이크 장치가 없는 이유는 주행 제어레버를 중립으로 하면 주행 모터의 작동유 공급 쪽과 복귀 쪽 회로가 차단되기 때문이다.

57. ②

라디에이터 캡의 스프링이 파손되면 냉각수의 비등점이 낮아져 기관이 과열되기 쉽다.

58. ②

트레일러로 굴삭기를 운반할 때 작업장치를 반드시 뒤쪽으로 한다.

59. ①

일체형 실린더는 강성 및 강도가 크고 냉각수 누출 우려가 적으며, 부품 수가 적고 중량이 가볍다.

60. ②

실화(miss fire)가 발생하면 기관의 회전이 불량해진다.

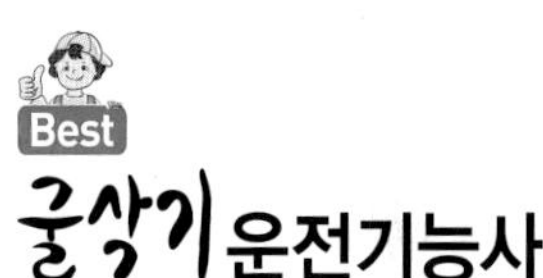

2019년 4월 10일 인쇄
2019년 4월 15일 발행

저자 : 박광암
펴낸이 : 이정일

펴낸곳 : 도서출판 **일진사**
www.iljinsa.com

(우)04317 서울시 용산구 효창원로 64길 6
대표전화 : 704-1616, 팩스 : 715-3536
등록번호 : 제1979-000009호(1979.4.2)

값 14,000원

ISBN : 978-89-429-1582-8